中国建设教育协会继续教育委员会推荐培训教材

建设工程
绿色施工与环境管理

JIANSHE GONGCHENG
LUSE SHIGONG YU HUANJING GUANLI

主 编 李 君
副主编 武果亮 曲 鸣 李 硕
参 编 彭 芳 张 明

中国电力出版社
CHINA ELECTRIC POWER PRESS

内 容 提 要

绿色施工是建筑施工环境管理的核心，绿色施工是可持续发展战略在工程施工中应用的主要体现，是可持续发展的建筑工业的重要组成。在施工阶段落实可持续发展思想对促进建筑业可持续发展具有重要的作用和意义。

本书根据当前环境管理的发展趋势研究，提炼了国内外环境管理的具有典型意义的案例和方法，在集成管理的基础上，举出了大量的管理方法，提出了当今行之有效的绿色施工的管理理念和方式，为施工现场的环境管理人员提供了一个十分有意义的信息平台。本书可作为施工现场技术和管理人员的继续教育教材，也可供相关专业大中专院校师生学习参考。

图书在版编目(CIP)数据

建设工程绿色施工与环境管理/李君主编. —北京：中国电力出版社，2013.1 (2017.8 重印)
中国建设教育协会继续教育委员会推荐培训教材
ISBN 978-7-5123-0960-9

Ⅰ.①建… Ⅱ.①李… Ⅲ.①建筑工程—无污染技术—继续教育—教材②建筑工程—环境管理—继续教育—教材 Ⅳ.①TU-023

中国版本图书馆 CIP 数据核字(2012)第 229972 号

中国电力出版社出版、发行
北京市东城区北京站西街 19 号 100005 http://www.cepp.sgcc.com.cn
责任编辑：周娟华 E mail：juanhuazhou@163.com
责任印制：蔺义舟 责任校对：闫秀英
北京天宇星印刷厂印刷·各地新华书店经售
2013 年 1 月第 1 版·2017 年 8 月第 30 次印刷
787mm×1092 mm 1/16·13.5 印张·326 千字
定价：38.00元

编委会成员

序

按照国家有关规定，在职人员的继续教育已形成制度，工程建设行业的继续教育也已有相当规模。但是，由于受各种条件的限制，致使培训教材建设有些滞后，迫切需要反映当前建设行业最新的理念、知识和技术的新教材，以适应在职人员的培训和学习需要。

由于我国经济建设发展迅猛，新技术、新工艺、新材料层出不穷，培训教材的更新也应加快速度，缩短周期。两年多来，我们搜集了近十多年来出版的数十个版本的相关培训教材和书籍，逐一进行对比分析；调研了各地培训现状，深入基层了解实际需求，广泛征求各方意见；多次召开编审会和教材研讨会，本着求真务实、宁缺勿滥的原则，力争编写内容新、实用性强的培训教材。于是，我们邀集了活跃在我国重点工程建设的著名高级技术人才，从事教学、管理数十年的资深专家，作为这套丛书的主编。虽然他们异常忙碌，但却非常支持我们的工作，在此表示衷心的感谢。

本套培训教材的主要特点如下：

1. 内容新颖凝练，实用性强，理论与实践相结合，有些新技术、新工艺已成功地运用到北京国家大剧院和上海世博会。

2. 主编资历深、专业水平高，既有扎实的理论功底，又有丰富的实践经验。

3. 从岗位实际出发，以提高从业人员的业务能力为目标，基础理论点到为止，侧重以新的理念为先导，在讲解新技术、新方法的同时，辅以解决问题的思路和管理模式，体例便于自学。

4. 由于旨在补充新知识，因此受众较为宽泛，可作为工程建设专业技术人员和施工现场管理人员的继续教育培训教材、各类资质培训的选修教材，又可作为相关人员的自修读物。

编委会

前　言

工程建设产品是人类生活的客观需要，对产品生产过程的现场管理需求随着人们生活水平和价值观的提高而提高。高品质、低成本、短工期、低碳化是当前工程建设施工企业管理所面临的客观趋势，其中包括：

（1）建筑结构设计更加丰富多样。更多建筑采用混合结构、轻型钢结构等新型结构体系，满足人们对建筑物灵活分割的多元需求。

（2）建筑的使用功能更加智能、环保。围绕信息化与智能，建筑采用新型节能、环保和可再生资源材料，满足节能、防火、隔声、抗震等功能要求。

（3）建设分工更加合理、高效。建立科学、可靠的总分包生产机制，通过工厂化加工，实现制造与施工分离，提高制造与施工的机械化水平。

（4）作业现场更加清洁。大力采用统一模数构件，减少大规模现场湿作业，降低劳动强度，交叉作业方便有序，工序质量可查可控，降低施工过程对环境的污染。

（5）建筑理念体现出与人的和谐统一。工程产品最大限度地符合人们的生活习惯、操作习惯，展示出新的工作、生活方式，预示着简单、健康、安全、舒适和高效的工作、生活理念，体现出对人的深切关怀，使产品与人的关系和谐统一，反映时代文明。

上述工程建设产品及其实现的发展特点，决定了施工企业环境管理的发展方向，环境管理必将通过自身的改进、提升来实现与时俱进的目标。

建筑业在有效促进经济和社会发展的同时，也带来了巨大的能源消耗和环境污染。作为国民经济的支柱产业，既要使国民经济又好又快发展，又要加强能源资源节约和生态环境保护，是可持续发展能力。因此，建筑业可持续发展必须满足国民经济又好又快发展的需要，同时建筑业自身也必须符合国家节约资源能源和生态保护的基本要求，强化建筑施工环境管理的意义重大。

绿色施工是建筑施工环境管理的核心，绿色施工是可持续发展战略在工程施工中应用的主要体现，是可持续发展的建筑工业的重要组成。在施工阶段落实可持续发展思想对促进建筑业可持续发展具有重要的作用和意义。

建筑施工环境管理和绿色施工涉及与可持续发展密切相关的生态与环境保护、资源与能源利用、社会与经济发展问题，对提高人们的环保意识、解决经济性障碍、建立和完善管理体系十分有帮助，是促进绿色施工的必要措施。随着可持续发展战略的进一步实施，重视环境管理必将成为建筑业发展的必然选择。

为了满足工程建设领域管理人员和技术人员的工作要求，特别是适应施工现场环境管理人员提高业务水平，拓宽管理视野的需求，我们组织有关专家编写了本书。

本书根据当前环境管理的发展趋势研究，提炼了国内外环境管理的具有典型意义的案例和方法，在集成管理的基础上，举出了大量的管理方法，提出了当今行之有效的绿色施工的管理理念和方式，为施工现场的环境管理人员提供了一个十分有意义的信息平台。我们希望本书能够为大家带来新的管理理念和思维方式，为施工企业环境管理的可持续发展提供内在的动力。

由于时间较紧，水平有限，因此期望大家提出宝贵的批评意见，以便在今后修订时及时进行完善。

编　者

目　　录

第1章 概 论

环境既是人类生存的基础，也是社会发展的条件。随着科学技术的不断进步，生产力水平的不断提高，人类改造影响自然的能力大大地增强了，人类对环境的影响已经超出了自然界的自净能力。各种资源濒临耗尽，物种绝灭的速度惊人，酸雨、有毒有害化学物质等污染物的排放和影响日趋严重，几乎每种污染都达到了无法承受的程度，环境问题已经成为人类发展的一个严重问题。

我国目前的主要环境问题是大气污染严重，酸雨污染严重，水体污染严重，城市垃圾污染严重，城市噪声污染严重。

我国的环境本来就面临严峻的形势，再加上人口的持续增长和一些地区采取的以过度消耗资源、损毁环境为代价的传统经济发展模式，以大量消耗资源和污染环境为代价的经济行为，环境问题变得越来越严重。

建筑行业作为我国国民经济的支柱产业，在我国的经济建设中发挥着重要作用，特别是改革开放以来国家对基础设施建设的投资不断加大以及城镇化的建设，多年来工程建设的投资占社会总投资额的60%以上，其带动的产业链能耗巨大，对环境的直接与间接影响非常重大。

1.1 建筑施工环境管理和绿色施工概要

建筑施工作为基础建设的一个环节，环境管理极为重要，工程建设项目的实现会对周围的各种环境产生影响，引起环境条件的改变。在工程的建设过程中会产生噪声、粉尘、施工渣土、有毒有害物质，消耗大量的能源等，对周边环境造成破坏。

实施建筑工程环境管理，意义重大，对建筑业可持续发展具有重要的作用，落实节地、节能、节水、节材和保护环境的技术经济政策，建设资源节约型、环境友好型社会，通过采用先进的技术措施和管理，最大程度地节约资源，提高能源利用率，减少施工活动对环境造成的不利影响，促进行业和社会健康有序的发展。

绿色施工是可持续发展思想在工程施工中的应用体现，是绿色施工技术的综合应用，是建筑环境管理的重要内容和具体的环保施工的具体措施。绿色施工技术并不是独立于传统施工技术的全新技术，而是用“可持续”的眼光对传统施工技术的重新审视，是符合可持续发展战略的施工技术。

建筑工程施工环境管理应符合国家的法律、法规及相关的标准规范，实现经济效益、社会效益和环境效益的统一。实施环境管理和绿色施工，应依据因地制宜的原则，贯彻执行国家、行业和地方相关的技术经济政策。

环境管理和绿色施工应坚持可持续发展价值观，这是落实社会责任的体现。

建筑工程施工环境管理和绿色施工，应对施工策划、材料采购、现场施工、工程验收等各阶段进行控制，加强对整个施工过程的管理和监督。

建筑工程环境管理的内容主要有：

(1) 建筑工程施工环境管理体系策划。

(2) 建筑工程施工环境管理和绿色施工的环境责任。

(3) 环境因素识别与评价。

(4) 环境目标指标与管理方案。

(5) 环境管理方案实施及效果验证。

(6) 环境管理预案与应急响应。

(7) 环境管理和绿色施工的持续改进。

1.2 基本术语和概念

1. 环境

环境的概念分为广义的和狭义的。

我国的辞典中对“环境”作出了广义的定义：“围绕着人群的空间及其中可以直接、间接影响人类生活和发展的各种自然因素的总体，但有些人认为环境除自然因素外，还应包括有些社会因素。”它既包括未经人类改造过的众多自然要素，如阳光、空气、陆地、天然水体、天然森林和草原、野生生物等；也包括经过人类改造过和创造出的事物，如水库、农田、园林、村落、城市、工厂、港口、公路、铁路等。即环境概念是从地表、地下、空气乃至宇宙。

狭义的环境概念，在我国主要指各级环境保护行政主管所具有的职能。

ISO14001 认证中环境的概念是：组织运行活动的外部存在，包括自然资源、植物、动物、空气、水、土地、人，以及它们之间的相互关系。从这一意义上，外部存在从组织内延伸到全球系统。

——组织的概念是指具有自身职能和行政管理的公司、集团公司、商行、企事业单位或社会团体，或是上述单位的部分或结合体，不论其是否法人团体、公营或私营、独资或合资。

——“外部存在”是指从组织内一直延伸到全球系统，在考虑环境时不仅应用于组织内部的、组织外部周边的事物，还应将思路扩展到全球系统。

——环境不仅是指水、土壤、空气、自然资源、植物、动物和人类、气候、自然景观等一切客观存在，还包含这些物质之间的相互作用、相互依存和相互转换。

——就一个建立 ISO14001 环境管理体系的组织来讲，例如某建筑公司，其环境的概念，既包括公司所在地及项目所在地，其中包括其办公区、生活区等；也可以包括其所在地周围的大气环境、海、河、地下水；甚至还可包含比较远的南极、北极等。

——环境还应包括产品以及产品生产活动和相关的服务活动的外部存在。

2. 环境影响

“全部或部分地由组织的活动、产品或服务给环境造成的任何有害或有益变化的变化。”

——组织的活动是指组织产品的设计、生产、服务，如某建筑公司，其房屋建筑工程中分部分项工程的施工、材料的采购及存储、工序检验等。

——组织的产品是指活动或过程的结果。产品可以是有形的，如房屋、厂房、设备（也可以是其一部分）、钢材、水泥等。产品也可以是无形的，如知识、信息、概念、服务等。

——组织的服务，既可以是供方与顾客之间，也可以是供方内部活动生产的结果，服务的提供者可以是人员，也可以是设备或设施。例如，工程的回访保修，公司的后勤（如食堂、娱乐、供暖、交通，以及其他服务等）。

——影响可能是有害的，也可能是有益的。如污水的排放、化学品的泄漏等活动对水体、大气和土壤等环境造成的影响，是有害的影响；而使用可回收的包装材料、绿化、安装节能灯，以及使用电、天然气、风能等清洁能源替代燃煤，都是有益的影响或变化。

3. 环境因素

环境因素是指一个组织的活动、产品或服务中能与环境发生相互作用的要素。

注：重要环境因素是指具有或能够产生重大环境影响的环境因素。

注：重大环境因素是指具有或可能具有重大环境影响的环境因素。

——在组织的活动、产品或服务中包含着许多的基本要素，每一个基本要素都有可能与环境发生作用，作用的结果即产生有益或有害的影响，我们把这些对环境产生正负影响的基本要素，称为环境因素。如：工程施工混凝土的浇筑过程的环境因素一般有：①噪声的排放；②原材料拌和粉尘的排放；③水泥、砂、石、水、电等能源消耗；④污水的排放；⑤垃圾的排放；⑥有毒、有害物的排放等。

——由于因素对环境的影响大小、程度各不相同，通过评价可以得出组织相对影响大的环境因素，即重大环境因素；对于产生环境影响相对较大的环境因素，即为主要环境因素。主要环境因素可能是重大环境因素，也可能不是。对于工程建设企业而言，常见的主要环境因素有城市噪声、施工扬尘、建筑垃圾、能源的消耗等。对于不同的组织或同一组织的不同时段，重大环境因素都可能不同，但主要环境因素一般不会变化。

4. 环境方针

“组织对其全部环境表现（行为）的意图与原则的声明，为环境目标和指标的建立提供了一个框架。”

——环境方针是一个组织建立并实施环境管理体系的最高管理者承诺，是展开环境管理工作的指导思想和行为准则。

——环境方针是组织建立环境目标和指标的基础，它应阐明组织在环境管理方面所追求的目标，以及为达到这一目标所遵循的方向。

——环境方针是组织总体经营方针的一个非常重要的组成部分，它与组织的总方针，以及并行的方针（如质量、职业健康安全等）应协调一致。

——在制订目标、指标的框架时应该是原则性的、长期的。

5. 环境目标

“组织依据其环境方针规定自己所要实现的总体环境目的，如可行应予以量化。”

——组织应根据其确定的环境方针明确其环境目标，并使之文件化。

——环境目标的制订应尽可能量化，并考虑相关方的观点。通过环境表现参数测量实现目标和进展情况，并定期对环境目标予以评审和修订。

——可测量包括定性和定量两种情况，如定性的，我公司排污三年内达标；定量的，我公司的污水排放量三年内逐年减少上年的20%。

6. 环境指标

“直接来自环境目标，或为实现环境目标所须规定并满足的具体的环境表现（行为）要求，它们可适用于组织或其局部，如可行应予以量化。”

——为了保证组织环境目标的实现，就应针对组织内部的每一层次和职能，制订更为具体的环境表现需求，以便在某一规定时间内确保环境目标的实现。

——各环境指标，既可以是组织总目标的分解，也可以是某一部门、某一现场的独立目标。

——环境指标应符合环境方针，对应于组织的环境目标，尽可能地量化。

7. 环境管理体系

“整个管理体系的一个组成部分，包括为制订、实施、实现、评审和保持环境方针所需的组织结构、计划活动、职责、惯例、程序、过程和资源。”

——一个组织的管理涉及方方面面的内容，包括生产管理、质量管理、物流管理、人事管理、财务管理、健康与安全的管理、计量管理及环境管理等，所以，环境管理只是其中的一个组成部分。

——一般情况下，组织本身就客观地存在相应的组织机构、管理办法、活动、产品、过程、职责和资源。这些都可为环境管理体系的建立、实施和保持提供各种帮助，但有必要充实、完善。

——环境管理体系的实施是以实现环境表现的持续、有效改进为目的的，它的内容应以实现环境方针满足环境目标为依据；同时，也应充分考虑其有效性和经济技术可行性。

——建立并实施一个有效的环境管理体系，可以给组织带来巨大的社会和环境效益。

——环境管理体系是由诸多相互关联、相互作用的要素（环节）组成，由五个一级要素组成，它们是环境方针、规划（策划）、实施与运行、检查与措施、管理评审。各一级要素下又分成若干二级要素。

8. 污染预防

“旨在避免、减少或控制污染而对各种过程、惯例、材料或产品的采用，可包括再循环、处理、过程更改、控制机制、资源的有效利用和材料替代等。”

注：污染预防的潜在利益包括减少有害的环境影响，提高效益和降低成本。

——污染预防概念的建立是对传统的侧重于污染末端控制思想的根本变革，它对改变传统粗放经营的生产发展模式和调整末端治理的环保工作方式，实现可持续发展战略，具有重要的推动作用和指导意义。

——遵循污染预防的原则，进行环境管理的优先顺序是：

（1）首先，采用先进工艺、设备等在生产全过程中消除或减少废物或污染的产生。

（2）对可能消减的废物，以环境安全的方式循环回用，综合利用。

（3）对残余的废弃污染物，进行妥善处理、处置，尽可能降低对人类健康和环境影响的风险。

——污染预防并不排除污染末端治理作为降低环境污染最后有效手段的必要性，但它更强调的是，减少避免污染的产生比末端治理（产生后的治理措施）更经济、更有效。

9. 持续改进

强化环境管理体系的过程，目的是根据组织的环境方针，实现对整体环境表现（行为）

的改进。

注：该过程不必同时发生于活动的所有方面。

一个组织的持续改进包括以下两个方面的内容：

——环境管理体系的改进。这里指组织通过日常监督检查、内部审核、管理评审等方式不断根据组织内外部要求和变化条件，对包括环境方针、目标、指标等17个体系要素的环境管理体系不断调整和完善的过程。

——组织环境表现（行为）的改进。这里指伴随着环境管理体系的改进，按照组织的环境方针、目标去实现环境表现（行为）的改进。这种改进具体是指：水、电、煤等资源的节约；二氧化硫、烟尘等污染物质排放的减少；化学物质、钢材、氟里昂等原材料消耗的减少；设计时采用节能、降耗减少排污工艺的程度。

体系的改进是手段，环境表现（行为）的改进才是建立环境管理体系的最终目的。

——持续改进的思想应贯穿于环境管理体系建立、实施和运行的全过程。同时，改进所有的方方面面是不可能的，因此，应根据组织的经济、技术可行性和组织的环境方针、目标和指标来选择改进的方向、内容和程度。

10. 组织

“具有自身职能和行政管理的公司、集团公司、商行、企事业单位、政府机构或社团，或是上述单位的部分或结合体，无论其是否是法人团体，公营或私营。”

注：对于拥有一个以上运行单位的组织，可以把一个运行单位视为一个组织。

——“组织”是指具有其自身职能和行政管理的各种单位，可以是国有、集体、民营、私营企业，也可以是协会等。

——一个组织可能由若干单位组成，如一个集团公司下属的各个子公司。当然，每一个子公司也可以是独立运行体系，也可视为一个组织。

——“组织”的性质可分为如下几类：

(1) 生产性企业，如中国建筑工程总公司等。

(2) 服务性行业，如北京市建筑工程招投标代理公司。

(3) 政府机构及社团，如住房与城乡建设部、北京市城乡建设委员会等。

11. 相关方

相关方是指用于环境表现（行为）影响的个人或团体。

——所谓相关方，是指关注企业的活动产品和服务对环境所造成影响的个人或单位。

——相关方可以是个人，也可以是团体。

——相关方举例：①股东、董事会；②政府部门，包括规划部门、环保部门、市政部门等；③周围社区；④银行、保险公司；⑤本组织的员工；⑥材料供应商、工程承包方；⑦顾客；⑧其他。

12. 环境表现（行为）

（用于环境管理体系）组织基于其环境方针、目标和指标，对它的其环境因素进行控制所取得的可测量的环境管理体系结果。

环境表现（行为）是可测量的，组织应定期予以测量，从中获得证据，证明所建立的环境管理体系是合理有效的，其环境方针、目标和指标是切实可行的。

环境表现（行为）是对其环境因素，特别是重大环境因素控制的结果，这种结果可能是正的，也可能是负的。例如，对于用电这个环境因素的控制的结果可能是节约了电能，减少了发电厂对环境的污染，以及对于煤炭资源的消耗，其结果是正面的；如果污水排放这个环境因素失控的话，则水中排放的CO、重金属、农药就有可能污染下游水体，甚至农田，其结果是负面的。

13. 绿色施工的定义

建设工程施工阶段严格按照建设工程规划、设计要求，通过建立管理体系和管理制度，采取有效的技术措施，全面贯彻落实国家关于资源节约和环境保护的政策，最大限度节约资源，减少能源消耗，减少施工活动对环境造成的不利影响，提高施工人员的职业健康安全水平，保护施工人员的安全与健康。

绿色施工是指工程建设中，在保证质量、安全等基本要求的前提下，通过科学管理和技术进步，最大限度地节约资源与减少对环境负面影响的施工活动，实现“四节一环保”（节能、节地、节水、节材和环境保护）。

绿色施工也有这样的定义：“通过切实、有效的管理制度和绿色技术，最大程度地减少施工活动对环境的不利影响，减少资源与能源的消耗，实现可持续发展的施工”。

14. 可再利用材料

在不改变所回收物质形态的前提下，进行材料的直接再利用，或经过再组合、再修复后再利用的材料。

15. 非传统水源

不同于传统的表水供水和地下水供水的水源，包括再生水、雨水、海水等。

16. 一体化施工

以施工区域为基础，使各专业的设计、施工融合为一体、统筹规划，提高区域内各生产要素的运行效率，达到资源的有效配置和利用。

17. 固体废弃物

固体废弃物是指施工现场施工、管理和其他活动中产生的污染环境的固态、半固态废弃物质。如现场施工、管理活动中产生的建材废料、建筑垃圾、办公废弃物、生活垃圾等。本定义中不包含《国家危险废物名录》中明文规定的危险废物。

第2章　建筑工程环境管理与绿色施工管理的内容

2.1　建筑工程环境管理的内容

施工企业应根据本标准的要求建立实施、保持和持续改进环境管理体系，确定如何实现这些要求，并形成文件。企业应界定环境管理体系的范围，并形成文件。

1. 环境方针

环境方针确定了实施与改进组织环境管理体系的方向，具有保持和改进环境绩效的作用。因此，环境方针应当反映最高管理者对遵守适用的环境法律法规和其他环境要求、进行污染预防和持续改进的承诺。环境方针是组织建立和指标的基础。环境方针的内容应当清晰明确，使内、外相关方能够理解。应当对方针进行定期评审与修订，以反映不断变化的条件和信息。方针的应用范围应当是可以明确办公室的，并反映环境管理体系覆盖范围内活动、新产品和服务的特有性质、规模和环境影响。

应当就环境方针和所有为组织工作，或代表它工作的人员进行沟通，包括和为它工作的合同方进行沟通。对合同方，不必拘泥于传达方针条文，而可采取其他形式，如规则、指令、程序等，或仅传达方针中和它有关的部分。如果该组织是一个更大组织的一部分，组织的最高管理者应当在后者环境方针的框架内规定自己的环境方针，将其形成文件，并得到上级组织的认可。

2. 环境因素识别与评价

环境因素在ISO14001：2004中的定义是：一个组织的活动、产品或服务中能与环境发生相互作用的要素。简言之，就是一个组织（企业、事业以及其他单位，包括法人、非法人单位）日常生产、工作、经营等活动提供的产品，以及在服务过程中那些对环境有益或者有害的影响因素。

环境因素识别与评价是一个基本过程，企业对环境因素进行识别，并从中确定环境管理体系应当优先考虑的那些重要环境因素。企业应通过考虑和它当前及过去的有关活动、产品和服务、纳入计划的或新开发的项目、新的或修改的活动以及产品和服务所伴随的投入和产出（无论是期望还是非期望的），以识别其环境管理体系范围内的环境因素。这一过程中应考虑正常和异常的运行条件、关闭与启动时的条件，以及可合理预见的紧急情况。企业不必对每一种具体产品、部件和输入的原材料进行分析，而可以按活动、产品和服务的类别识别环境因素。

环境影响评价简称环评，英文缩写EIA，即Environmental Impact Assessment，是指对规划和建设项目实施后可能造成的环境影响进行分析、预测和评估，提出预防或者减轻不良环境影响的对策和措施，进行跟踪监测的方法与制度。通俗说，就是分析项目建成投产后可能对环境产生的影响，并提出污染防止对策和措施。

3. 环境目标指标

企业应确定环境管理和绿色施工的方针。

最高管理者应确定本企业的环境管理和绿色施工方针，并在界定的环境管理和绿色施工体系范围内，确保该方针。

（1）适合于组织活动、产品和服务的性质、规模和环境影响。

（2）包括对持续改进和污染预防的承诺。

（3）包括对遵守与其环境因素有关的适用法律法规要求和其他要求的承诺。

（4）提供建立和评审环境目标和指标的框架。

（5）形成文件，付诸实施，并予以保持。

（6）传达到所有为组织或代表组织工作的人员。

（7）可为公众所获取。

企业应对其内部有关职能和层次，建立、实施并保持形成文件的环境目标和指标。如可行，目标和指标应可予以量化。目标和指标应符合环境方针，并包括对污染预防、持续改进和遵守适用的法律法规及其他要求的承诺。企业在建立和评审目标和指标时，应考虑法律法规和其他要求，以及自身的重要环境因素。此外，还应考虑可选的技术方案，财务、运行和经营要求，以及相关方的观点。

企业应制订、实施并保持一个或多个用于实现其目标和指标的方案，其中应包括：

（1）规定组织内各有关职能和层次实现目标和指标的职责。

（2）实现目标和指标的方法和时间表。

1）环境管理目标。针对节能减排、施工噪声、扬尘、污水、废气排放、建筑垃圾处置、防火防爆炸等设立管理目标和指标。具体见表 2 - 1。

表 2 - 1　　环境管理目标和指标

<table>
<tr><th rowspan="3">序号</th><th rowspan="3">环境因素</th><th rowspan="3">目　　标</th><th colspan="3">指　　标</th></tr>
<tr><td rowspan="2">施工内容</td><td colspan="2">场界噪声限值</td></tr>
<tr><td>昼间</td><td>夜间</td></tr>
<tr><td rowspan="4">1</td><td rowspan="4">施工噪声排放</td><td rowspan="4">确保施工现场场界噪声达标</td><td>土石方</td><td>≤75</td><td>≤55</td></tr>
<tr><td>打桩</td><td>≤85</td><td>禁止施工</td></tr>
<tr><td>结构施工</td><td>≤70</td><td>≤55</td></tr>
<tr><td>装修施工</td><td>≤65</td><td>≤55</td></tr>
<tr><td rowspan="6">2</td><td rowspan="6">施工现场扬尘排放</td><td rowspan="6">减少施工现场粉尘排放</td><td colspan="3">施工现场主要道路硬化率 100%</td></tr>
<tr><td colspan="3">出场车轮清洗或清扫率 100%</td></tr>
<tr><td colspan="3">四级风禁止土方作业</td></tr>
<tr><td colspan="3">运输车辆覆盖或封闭率 100%</td></tr>
<tr><td colspan="3">搅拌站封闭率 100%</td></tr>
<tr><td colspan="3">水泥等易飞扬材料入库率 100%</td></tr>
<tr><td>3</td><td>有毒、有害气体排放</td><td>住宅工程室内空气质量检测达标
运输机械尾气达标</td><td colspan="3">室内空气质量检测合格率 100%
运输机械尾气达标率 100%</td></tr>
</table>

续表

<table>
<tr><th>序号</th><th>环境因素</th><th>目　　标</th><th colspan="4">指　　标</th></tr>
<tr><td rowspan="7">4</td><td rowspan="7">施工污水排放</td><td rowspan="6">主要污染物排入 GB 3838—2002 中Ⅲ类水域与 GB 3097—1997 中二类海域，达到一级排放标准
主要污染物排入 GB 3838—2002 中Ⅳ、Ⅴ水域和 GB 3097—1997 中三类海域，达到二级排放标准
主要污染物排入城市污水管网，达到三级排放标准</td><td>污染物</td><td>一级</td><td>二级</td><td>三级</td></tr>
<tr><td>pH</td><td>6～9</td><td>6～9</td><td>6～9</td></tr>
<tr><td>COD/(mg/L)</td><td>100</td><td>150</td><td>500</td></tr>
<tr><td>SS/(mg/L)</td><td>70</td><td>200</td><td>400</td></tr>
<tr><td>油类/(mg/L)</td><td>20</td><td>20</td><td>100</td></tr>
<tr><td>浴厕、食堂、现场污水</td><td colspan="3">100%经化粪池或沉淀池或隔油池沉淀过滤后排入城市污水管网</td></tr>
<tr><td>在 GB 3838—2002 中Ⅰ、Ⅱ水域和Ⅲ类水域中划定保护区与 GB 3097 中一类海域，施工污水处置达标</td><td colspan="4">禁止排放施工污水</td></tr>
<tr><td>5</td><td>废弃物排放</td><td>建筑垃圾及废弃物实行分类管理达标
可回收废物合规回收处置达标</td><td colspan="4">分类管理达标率 100%
废充电电池、胶合类模板、硒鼓、墨盒等有毒，有害废弃物处置 100%，符合当地政府对环保的要求
可回收废物回收合规处置率 100%</td></tr>
<tr><td>6</td><td>道路遗洒</td><td>杜绝物料灰土遗洒</td><td colspan="4">各项目经理部不发生任何物料的道路遗洒</td></tr>
<tr><td rowspan="2">7</td><td rowspan="2">节能减排</td><td rowspan="2">综合能源消耗［标准吨煤/企业产值增加值（万元)］
减少三大材消耗</td><td colspan="4">综合能源消耗［标准吨煤/企业产值增加值（万元)］比去年降低 5%</td></tr>
<tr><td colspan="4">三大材消耗降低率按计划完成</td></tr>
<tr><td rowspan="2">8</td><td rowspan="2">火灾爆炸</td><td rowspan="2">控制达到国家或地方规定要求</td><td colspan="4">重大火灾、爆炸事故为 0</td></tr>
<tr><td colspan="4">一般火灾，每亿元产值 0.15 次以内</td></tr>
</table>

2）环境管理目标策划。应围绕环境管理目标，策划分解年度目标。目标包括工程环境目标指标、合同及中标目标、顾客满意目标等。

①分支机构、项目经理部应根据企业的安全目标、环境目标指标和合同要求，策划并分解本项目的环境目标指标。

②各项目应按照项目⟶单项工程⟶单位工程⟶分部工程⟶分项工程的顺序逐次进行分解，通过分项工序目标的实施，逐次上升，最终保证项目目标的实现。

③企业总的环境目标，要逐年不断完善和改进。各级安全目标、环境目标指标，必须与企业的环境方针保持一致，并且必须满足产品、适用法律法规和相关方要求的各项内容。目标指标必须形成文件，做出具体规定。

4. 环境管理方案

工程开工前，企业或项目经理部应编制旨在实现环境目标指标的管理方案/管理计划。管理方案/管理计划的主要内容包括：

（1）本项目（部门）评价出的重大环境因素或不可接受风险。

（2）环境目标、指标。

（3）各岗位的职责。

（4）控制重大环境因素或不可按受风险方法及时间安排。

（5）监视和测量。

（6）预算费用等。

（7）管理方案/管理计划由各单位编制，授权人员审批。各级管理者应为保证管理方案/管理计划的实施提供必需的资源。

企业内部各单位应对自身管理方案/管理计划的完成情况进行日常监控；在组织环境、安全检查时，应对环境管理方案的完成情况进行抽查。在环境管理体系审核及不定期的监测时，对各单位管理方案/管理计划的执行情况进行检查。

当施工内容、外界条件或施工方法发生变化时，项目（部门）应重新识别环境因素、评价重大环境因素，并修订管理方案/管理计划。管理方案/管理计划修改时，执行《文件管理程序》的有关规定。

5. 实施与运行

（1）资源、作用、职责和权限。

管理者应确保为环境管理体系的建立、实施、保持和改进提供必要的资源。资源包括人力资源专项技能、组织的基础设施，以及技术和财力资源。

为便于环境管理工作的有效开展，应对作用、职责和权限作出明确规定，形成文件，并予以传达。

企业的最高管理者应任命专门的管理者代表，无论他们是否还负有其他方面的责任，应明确规定其作用、职责和权限，以便确保按照本标准的要求建立、实施和保持环境管理体系；向最高管理者报告环境管理体系的运行情况以供评审，并提出改进建议。

环境管理体系的成功实施需要为组织或代表组织工作的所有人员的承诺。因此，不能认为只有环境管理部门才承担环境方面的作用和职责，事实上，企业内的其他部门，如运行管理部门、人事部门等，也不能例外。这一承诺应当始于最高管理者，他们应当建立组织的环境方针，并确保环境管理体系得到实施。作为上述承诺的一部分，是指定专门的管理者代表，规定他们对实施环境管理体系的职责和权限。对于大型或复杂的组织，可以有不止一个管理者代表。对于中、小型企业，可由一个人承担这些职责。最高管理者还应当确保提供建立、实施和保持环境管理体系所需的适当资源，包括企业的基础设施，例如建筑物、通信网络、地下储罐、下水管道等。另一重要事项是，妥善规定环境管理体系中的关键作用和职责，并传达到为组织或代表组织工作的所有人员。

（2）能力、培训和意识。

企业应确保所有为它或代表它从事被确定为可能具有重大环境影响的工作的人员，都具备相应的能力。该能力基于必要的教育、培训或经历。组织应保存相关的记录。

企业应确定与其环境因素和环境管理体系有关的培训需求并提供培训，或采取其他措施来满足这些需求。组织应保存相关的记录。

企业应建立、实施并保持一个或多个程序，使为它或代表它工作的人员都意识到：

1）符合环境方针与程序和符合环境管理体系要求的重要性。

2）他们工作中的重要环境因素和实际的或潜在的环境影响，以及个人工作的改进所能带来的环境效益。

3）他们在实现与环境管理体系要求符合性方面的作用与职责。

4）偏离规定的运行程序的潜在后果。

企业应当确定负有职责和权限代表其执行任务的所有人员所需的意识、知识、理解和技能。要求：

1）其工作可能产生重大环境影响的人员，能够胜任所承担的工作。

2）确定培训需求，并采取相应措施加以落实。

3）所有人员了解组织的环境方针和环境管理体系，以及与他们工作有关的组织活动、产品和服务中的环境因素。

可通过培训、教育或工作经历，获得或提高所需的意识、知识、理解和技能。

企业应当要求代表它工作的合同方能够证实他们的员工具有必要的能力和（或）接受了适当的培训。

企业管理者应当确定为保障人员（特别是行使环境管理职能的人员）胜任所需的经验、能力和培训的程度。

（3）信息交流。

企业应建立、实施并保持一个或多个程序，用于有关其环境因素和环境管理体系的。

1）组织内部各层次和职能间的信息交流。

2）与外部相关方联络的接收、形成文件和回应。

企业应决定是否应其重要环境因素与外界进行信息交流，并将决定形成文件。如决定进行外部交流，就应规定交流的方式并予以实施。

内部交流对于确保环境管理体系的有效实施至为重要。内部交流可通过例行的工作组会议、通信简报、公告板，内联网等手段或方法进行。

企业应当按照程序，对来自相关方的沟通信息进行接收、形成文件并做出响应。程序可包含与相关方交流的内容，以及对他们所关注问题的考虑。在某些情况下，对相关方关注的响应，可包含组织运行中的环境因素及其环境影响方面的内容。这些程序中，还应当包含就应急计划和其他问题与有关公共机构的联络事宜。

企业在对信息交流进行策划时，一般还要考虑进行交流的对象、交流的主题和内容、可采用的交流方式等方面问题。

在考虑应环境因素进行外部信息交流时，企业应当考虑所有相关方的观点和信息需求。如果企业决定就环境因素进行外部信息交流，它可以制订一个这方面的程序。程序可因所交流的信息类型、交流的对象及企业的个体条件等具体情况的不同而有所差别。进行外部交流的手段可包括年度报告，通信简报、互联网和社区会议等。

（4）文件。

环境管理体系文件应包括：

1）环境方针、目标和指标。

2）对环境管理体系的覆盖范围的描述。

3）对环境管理体系主要要素及其相互作用的描述，以及相关文件的查询途径。

4）本标准要求的文件，包括记录。

5）企业为确保对涉及重要环境因素的过程进行有效策划、运行和控制所需的文件和记录。

文件的详尽程度，应当足以描述环境管理体系及其各部分协同运作的情况，并指示获取环境管理体系某一部分运行的更详细信息的途径。可将环境文件纳入组织所实施的其他体系文件，而不强求采取手册的形式。对于不同的企业，环境管理体系文件的规模可能由于它们在以下方面的差别而各不相同：

1）组织及其活动、产品或服务的规模和类型。

2）过程及其相互作用的复杂程度。

3）人员的能力。

文件可包括环境方针、目标和指标；重要环境因素信息；程序；过程信息；组织机构图；内、外部标准；现场应急计划；记录。

对于程序是否形成文件，应当从下列方面考虑；不形成文件可能产生的后果，包括环境方面的后果；用来证实遵守法律法规和其他要求的需要；保证活动一致性的需要；形成文件的益处例如：易于交流和培训，从而加以实施，易于维护和修订，避免含混合偏离，提供证实功能和直观性等；出于本标准的要求。

不是为环境管理体系所制订的文件，也可用于本体系。此时应当指明其出处。

文件控制：应对环境管理体系所要求的文件进行控制。记录是一种特殊的文件，应该按要求进行控制。企业应建立、实施并保持一个或多个程序，作出以下规定：

①在文件发布前进行审批，确保其充分性和适宜性。

②必要时对文件进行评审和更新，并重新审批。

③确保对文件的更改和现行修订状态做出标识。

④确保在使用处能得到适用文件的有关版本。

⑤确保文件字迹清楚，标识明确。

⑥确保对策划和运行环境管理体系所需的外部文件做出标识，并对其发放予以控制。

⑦防止对过期文件的非预期使用。如须将其保留，要做出适当的标识。

文件控制旨在确保企业对文件的建立和保持能够充分适应实施环境管理体系的需要。但企业应当把主要注意力放在对环境管理体系的有效实施及其环境绩效上，而不是放在建立一个繁琐的文件控制系统。

（5）运行控制（绿色施工）。

企业应根据其方针、目标和指标，识别和策划与所确定的重要环境因素有关的运行，以确保它们通过下列方式在规定的条件下进行：

1）建立、实施并保持一个或多个形成文件的程序，以控制因缺乏程序文件而导致偏离环境方针、目标和指标的情况。

2）在程序中规定运行准则。

3）对于企业使用的产品和服务中所确定的重要环境因素，应建立、实施并保持程序，并将适用的程序和要求通报供方及合同方。

企业应当评价与所确定的重要环境因素有关的运行，并确保在运行中能够控制或减少有害的环境影响，以满足环境方针的要求、实现环境目标和指标。所有的运行，包括维护活动，都应当做到这一点。

（6）应急准备和响应。

企业应建立、实施并保持一个或多个程序，用于识别可能对环境造成影响的潜在的紧急情况和事故，并规定响应措施。

企业应对实际发生的紧急情况和事故作出响应，并预防或减少随之产生的有害环境影响。

企业应定期评审其应急准备和响应程序。必要时对其进行修订，特别是当事故或紧急情况发生后。可行时，企业还应定期试验上述程序。

每个企业都有责任制定适合它自身情况的一个或多个应急准备和响应程序。组织在制订这类程序时应当考虑现场危险品的类型，如存在易燃液体，储罐、压缩气体等，以及发生溅洒或意外泄漏时的应对措施；对紧急情况或事故类型和规模的预测；处理紧急情况或事故的最适当方法；内、外部联络计划；把环境损害降到最低的措施；针对不同类型的紧急情况或事故的补救和响应措施；事故后考虑制订和实施纠正和预防措施的需要；定期试验应急响应程序；对实施应急响应程序人员的培训；关键人员和救援机构（如消防、泄漏清理等部门）名单，包括详细联络信息；疏散路线和集合地点；周边设施（如工厂、道路、铁路等）可能发生的紧急情况和事故；邻近单位相互支援的可能性。

6. 检查及效果验证

（1）监测和测量。

企业应建立、实施并保持一个或多个程序，对可能具有重大环境影响的运行的关键特性进行例行监测和测量。程序中应规定将监测环境绩效、适用的运行控制、目标和指标符合情况的信息形成文件。

企业应确保所使用的监测和测量设备经过校准或验证，并予以妥善维护。且应保存相关的记录。

一个企业的运行可能包括多种特性。例如，在对废水排放进行监测和测量时，值得关注的特点可包括生物需氧量、化学需氧量、温度和酸碱度。

对监测和测量取得的数据进行分析，能够识别类型并获取信息。这些信息可用于实施纠正和预防措施。

关键特性是指组织在决定如何管理重要环境因素、实现环境目标和指标、改进环境绩效时须要考虑的哪些特性。

为了保证测量结果的有效性，应当定期，或在使用前，根据测量标准对测量器具进行校准或检验。测量标准要以国家标准或国际标准为依据。如果不存在国家或国际标准，则应当对校验所使用的依据作出记录。

（2）合规性评价。

为了履行遵守法律法规要求的承诺，企业应建立、实施并保持一个或多个程序，以定期评价对适用法律法规的遵守情况。企业应保存对上述定期评价结果的记录。

企业应评价对其他要求的遵守情况。企业应保存上述定期评价结果的记录。

企业应当能证实它已对遵守法律法规要求（包括有关许可和执照的要求）的情况进行了评价。企业应当能证实它已对遵守其他要求的情况进行了评价。

（3）持续改进。

企业应建立、实施并保持一个或多个程序，用来处理实际或潜在的不符合，采取纠正措施和预防措施。程序中应规定以下方面的要求：

1）识别和纠正不符合，并采取措施以减少所造成的环境影响。

2）对不符合进行调查，确定其产生原因，并采取措施避免再度发生。

3）评价采取措施以预防不符合的需求；实施所制订的适当措施，以避免不符合的发生。

4）记录采取纠正措施和预防措施的结果。

5）评审所采取的纠正措施和预防措施的有效性。所采取的措施应与问题和环境影响的严重程度相符。企业应确保对环境管理文件进行必要的更改。

企业在制订程序以执行本节的要求时，根据不符合的性质，有时可能只须制订少量的正式计划，即能达到目的，不时则有赖于更复杂、更长期的活动。文件的制订应当和这些措施的规模相适配。

（4）记录控制。

企业应根据需要，建立并保持必要的记录，用来证实对环境管理体系和本标准要求的符合，以及所实现的结果。

企业应建立、实施并保持一个或多个程序，用于记录的标识、存放、保护、检索、留存和处置。

环境记录可包括：抱怨记录；培训记录；过程监测记录；检查、维护和校准记录；有关的供方与承包方记录；偶发事件报告；应急准备试验记录；审核结果；管理评审结果；和外部进行信息交流的决定；适用的环境法律法规要求记录；重要环境因素记录；环境会议记录；环境绩效信息；对法律法规符合性的记录；和相关方的交流。

应当对保守机密信息加以考虑。环境记录应字迹清楚，标识明确，并具有可追溯性。

（5）内部审核。

企业应确保按照计划的时间间隔对管理体系进行内部审核。其目的是：

1）判定环境管理体系是否符合组织对环境管理工作的预定安排和本标准的要求；是否得到了恰当的实施和保持。

2）向管理者报告审核结果。

企业应策划、制订、实施和保持一个或多个审核方案，此时，应考虑相关运行的环境重要性和以前的审核结果。应建立、实施和保持一个或多个审核程序，用来规定：策划和实施审核及报告审核结果、保存相关记录的职责和要求；审核准则、范围、频次和方法。

对环境管理体系的内部审核，可由组织内部人员或组织聘请的外部人员承担，无论哪种情况，从事审核的人员都应当具备必要的能力，并处在独立的地位，从而能够公正、客观地实施审核。对于小型组织，只要审核员与所审核的活动无责任关系，就可以认为审核员是独立的。

2.2 建筑工程绿色施工

1. 绿色施工的定义

绿色施工是指工程建设中，在保证质量、安全等基本要求的前提下，通过科学管理和技术进步，最大限度地节约资源与减少对环境负面影响的施工活动，实现“四节一环保”（节能、节地、节水、节材和环境保护）。

绿色施工，也有这样的定义：“通过切实有效的管理制度和绿色技术，最大程度地减少施工活动对环境的不利影响，减少资源与能源的消耗，实现可持续发展的施工”。

绿色施工是施工企业环境管理的主要内容。

2. 绿色施工的内涵

绿色施工是一种“以环境保护为核心的施工组织体系和施工方法”。可见，对于绿色施工还有其他的一些说法，但是万变不离其宗，绿色施工的内涵大概包括如下四个方面含义：一是尽可能采用绿色建材和设备；二是节约资源，降低消耗；三是清洁施工过程，控制环境污染；四是基于绿色理念，通过科技和管理进步的方法，对设计产品（即施工图纸）所确定的工程做法、设备和用材提出优化和完善的建议和意见，促使施工过程安全文明，质量保证，促使实现建筑产品的安全性、可靠性、适用性和经济性。

3. 绿色施工的六个方面

绿色施工由施工管理、环境保护、节材与材料资源利用、节水与水资源利用、节能与能源利用、节地与施工用地保护六个方面组成。这六个方面涵盖了绿色施工的基本指标，同时包含了施工策划、材料采购、现场施工、工程验收等各阶段的指标的子集。

4. 绿色施工应遵循的原则

传统的施工模式以追求施工进度和控制项目成本为主要目标，虽然各个工程项目也有对于施工安全生产和环境包含的目标，但是它们都处在从属于进度和成本的次要地位。为了节约成本和加快施工进度，施工企业往往会沿用落后的施工工艺，采用人海战术，拼设备、拼材料，造成资源的浪费和环境破坏。

绿色施工是清洁生产原则和循环经济“3R”原则在建筑施工过程中的具体应用。清洁生产原则要求在建筑施工全过程的每一个环节，以最小量的资源和能源消耗，使污染的产生降低到最低程度。清洁生产，不仅要实现施工过程的无污染或少污染，而且要求建筑物在使用和最终报废处置过程中，也不对人类的生存环境造成损害。循环经济所要求的“3R”原则包括“Reduce，Reuse，Recycle”即“减量化”、“再使用”、“循环再生利用”的原则。减量化原则要求建筑施工项目应当用较少的原材料和能源投入来达到完成建筑施工的目的，即从源头上注意节约资源和减少污染。再使用原则是要求建成的建筑物应当有一个相对较长的使用期限，而不是太过频繁的更新换代，即所谓“造了就拆，拆了又造”。再循环原则是要求建筑物在完成其使用功能而被拆除后，原来的建筑材料还能够被重新利用，而不是变成建筑垃圾。

“四节一环保”：绿色施工所强调的“四节一环保”并非以“经济效益最大化”为基础，而是强调在环境和资源保护前提下的“四节一环保”，是强调以“节能减排”为目标的“四节一环保”。因此，符合绿色施工做法的“四节一环保”对于项目成本控制而言，往往使施工的成本大量增加。但是，这种企业效益的“小损失”换来的却是国家整体环境治理的“大收益”。这种局部利益与整体利益、眼前利益与长远利益在客观上存在不一致性，短期内会增加推进绿色施工的困难。

5. 绿色施工的方法

绿色施工并不是完全独立于传统施工的施工体系，它是在传统施工的基础上按科学发展观对传统施工体系进行创新和提升，其主要方法如下：

（1）系统化。施工体系是一个系统工程，它包括施工组织设计、施工准备（场地、机具、材料、后勤设施等准备），施工运行、设备维修和竣工后施工场地的生态复原等。如前所述，传统施工也有节约资源和环保指标，但往往局限于选用环保型施工机具和实施降噪、降尘的环保型封闭施工局部环节，而绿色施工要求从施工组织设计开始的施工全过程（全系统）都要贯彻绿色施工的原则。

(2) 社会化。在传统施工中，设法节约资源和保护环境主要是施工企业的现场施工人员，而绿色施工要求全社会（政府主管部门、施工企业、广大民众）达成绿色施工的共识，支持和监督绿色施工的实施。按照绿色施工的全体人员（领导成员、现场人员、后勤服务人员等）都担负着绿色施工的相应任务，如中铁三局在青藏铁路工地举办青藏铁路环保培训班培训员工，除了在施工环保外，对生活垃圾和施工污水也进行无害化处理，以保护环境。

(3) 信息化。在施工中工程量是动态变化的，随着施工的推进，工程量参数实时变化，传统施工是粗放型施工，施工机械的机种和机台数量往往采用定性方法选定，固定的机种和机台数量不能有效地适应动态变化的工程量，所以会造成机种不匹配、机台数量偏多或偏少、工序衔接不顺畅或脱节等弊病，很难实现高效、低耗、环保的目标。

(4) 一体化。

1) 一体化的体现。施工实践表明，在确保完成工程任务的前提下投入的工程机械和机台数越少，则工程的工效、耗料、环保的指标数就越好，所以一体化施工方式成为实施绿色施工的又一重要施工方式，一体化作业工程机械成为国内外著名工程机械厂商竞相开发的新机种。一体化施工是指使用单台工程机械可以连续地完成工程的多个或全部工序，从而减少进场的工程机械机种和数量，消除工序衔接的停闲时间，减少施工人员，从而提高工效、降低物料消耗、减少环境污染。

2) 实施一体化施工的两种主要方式。一是使用多功能工程机械进行一体化作业，即一机作业，化（工序）繁为简。二是改善运输方式、采用清洁能源，降低环境负荷，运输连续、无二次运输、提高效率、降低作业成本。

(5) 其他。尽量少占施工用地，在施工中尽量保护生态环境；大力开发和使用环保型工程机械，重视建设副产物（建设固体废弃物、建筑垃圾）的再生利用；推广使用环保型建筑材料（建筑砌块、加气混凝土、轻质板材、复合板材等），努力提高工程机械及零部件的3R率（可重复使用、可循环使用、可再生使用率）等。

第3章 绿色施工和环境责任

承担绿色施工和环境责任的企业应当：

（1）制订适宜的环境方针。

（2）识别其过去、当前或计划中的活动、产品和服务中的环境因素，以确定其中的重大环境影响。

（3）识别适用的法律法规和组织应该遵守的其他要求。

（4）确定优先事项并建立适宜的环境目标和指标。

（5）建立组织机构，制订方案，以实施环境方针，实现目标和指标。

（6）开展策划、控制、监测、纠正措施和预防措施、审核和评审活动，以确保对环境方针的遵循和环境管理体系的适宜性。

（7）有根据客观环境的变化作出修正的能力。

3.1 勘察设计单位的绿色施工和环境责任

1. 勘察设计单位应遵循的原则

绿色建筑应坚持“可持续发展”的建筑理念。理性的设计思维方式和科学程序的把握，是提高绿色建筑环境效益、社会效益和经济效益的基本保证。绿色建筑除满足传统建筑的一般要求外，尚应遵循以下基本原则。

（1）关注建筑的全寿命周期。建筑从最初的规划设计到随后的施工建设、运营管理及最终的拆除，形成了一个全寿命周期。关注建筑的全寿命周期，意味着不仅在规划设计阶段充分考虑并利用环境因素，而且确保施工过程中对环境的影响最低，运营管理阶段能为人们提供健康、舒适、低耗、无害空间，拆除后又对环境危害降到最低，并使拆除材料尽可能再循环利用。

（2）适应自然条件，保护自然环境。

1）充分利用建筑场地周边的自然条件，尽量保留和合理利用现有适宜的地形、地貌、植被和自然水系。

2）在建筑的选址、朝向、布局、形态等方面，充分考虑当地气候特征和生态环境。

3）建筑风格与规模和周围环境保持协调，保持历史文化与景观的连续性。

4）尽可能减少对自然环境的负面影响，如减少有害气体和废弃物的排放，减少对生态环境的破坏。

（3）创建适用与健康的环境。绿色建筑应优先考虑使用者的适度需求，努力创造优美和谐的环境；保障使用的安全，降低环境污染，改善室内环境质量；满足人们生理和心理的需求，同时为人们提高工作效率创造条件。

（4）加强资源节约与综合利用，减轻环境负荷。

1）通过优良的设计和管理，优化生产工艺，采用适用技术、材料和产品。

2）合理利用和优化资源配置，改变消费方式，减少对资源的占有和消耗。

3）因地制宜，最大限度地利用本地材料与资源。

4）最大限度地提高资源的利用效率，积极促进资源的综合循环利用。

5）增强耐久性能及适应性，延长建筑物的整体使用寿命。

6）尽可能地使用可再生的、清洁的资源和能源。

2. 绿色建筑规划设计技术要点

（1）节地与室外环境。

1）建筑场地。

①优先选用已开发且具城市改造潜力的用地。

②场地环境应安全可靠，远离污染源，并对自然灾害有充分的抵御能力。

③保护自然生态环境，充分利用原有场地上的自然生态条件，注重建筑与自然生态环境的协调。

④避免建筑行为造成的水土流失或其他灾害。

2）节地。

①建筑用地适度密集，适当提高公共建筑的建筑密度。住宅建筑立足创造宜居环境以确定建筑密度和容积率。

②强调土地的集约化利用，充分利用周边的配套公共建筑设施，合理规划用地。

③高效利用土地，如开发利用地下空间，采用新型结构体系与高强轻质结构材料，提高建筑空间的使用率。

3）低环境负荷。

①建筑活动对环境的负面影响应控制在国家相关标准规定的允许范围内。

②减少建筑产生的废水、废气、废物的排放。

③利用园林绿化和建筑外部设计以减少热岛效应。

④减少建筑外立面和室外照明引起的光污染。

⑤采用雨水回渗措施，维持土壤水生态系统的平衡。

4）绿化。

①优先种植乡土植物，采用少维护、耐候性强的植物，减少日常维护的费用。

②采用生态绿地、墙体绿化、屋顶绿化等多样化的绿化方式，应对乔木、灌木和攀缘植物进行合理配置，构成多层次的复合生态结构，达到人工配置的植物群落自然和谐，并起到遮阳、降低能耗的作用。

③绿地配置合理，达到局部环境内保持水土、调节气候、降低污染和隔绝噪声的目的。

5）交通。

①充分利用公共交通网络。

②合理组织交通，减少人车干扰。

③地面停车场采用透水地面，并结合绿化为车辆遮阴。

（2）节能与能源利用。

1）降低能耗。

①利用场地自然条件，合理考虑建筑朝向和楼距，充分利用自然通风和天然采光，减少

使用空调和人工照明。

②提高建筑围护结构的保温隔热性能，采用由高效保温材料制成的复合墙体和屋面，以及密封保温隔热性能好的门窗，采用有效的遮阳措施。

③采用用能调控和计量系统。

2）提高用能效率。

①采用高效建筑供能、用能系统和设备。合理选择用能设备，使设备在高效区工作；根据建筑物用能负荷动态变化，采用合理的调控措施。

②优化用能系统，采用能源回收技术。考虑部分空间、部分负荷下运营时的节能措施；有条件时宜采用热、电、冷联供形式，提高能源利用效率；采用能量回收系统，如采用热回收技术；针对不同能源结构，实现能源梯级利用。

③使用可再生能源。充分利用场地的自然资源条件，开发利用可再生能源，如太阳能、水能、风能、地热能、海洋能、生物质能、潮汐能，以及通过热泵等先进技术，取自自然环境（如大气、地表水、污水、浅层地下水、土壤等）的能量。可再生能源的使用不应造成对环境和原生态系统的破坏，以及对自然资源的污染。

④确定节能指标。

a. 各分项节能指标。

b. 综合节能指标。

3）节水与水资源利用。

①节水规划：根据当地水资源状况，因地制宜地制订节水规划方案，如中水、雨水回用等，保证方案的经济性和可实施性。

②提高用水效率：a. 按高质高用、低质低用的原则，生活用水、景观用水和绿化用水等按用水水质要求分别提供、梯级处理回用；b. 采用节水系统、节水器具和设备，如采取有效措施，避免管网漏损，空调冷却水和游泳池用水采用循环水处理系统，卫生间采用低水量冲洗便器、感应出水龙头或缓闭冲洗阀等，提倡使用免冲厕技术等；c. 采用节水的景观和绿化浇灌设计，如景观用水不使用市政自来水，尽量利用河湖水、收集的雨水或再生水，绿化浇灌采用微灌、滴灌等节水措施。

③雨污水综合利用：a. 采用雨水、污水分流系统，有利于污水处理和雨水的回收再利用；b. 在水资源短缺地区，通过技术经济比较，合理采用雨水和中水回用系统；c. 合理规划地表与屋顶雨水径流途径，最大程度降低地表径流，采用多种渗透措施增加雨水的渗透量。

④确定节水指标：a. 各分项节水指标；b. 综合节水指标。

4）节材与材料资源。

①节材：a. 采用高性能、低材耗、耐久性好的新型建筑体系；b. 选用可循环、可回用和可再生的建材；c. 采用工业化生产的成品，减少现场作业；d. 遵循模数协调原则，减少施工废料；e. 减少不可再生资源的使用。

②使用绿色建材：a. 选用蕴能低、高性能、高耐久性的建材和本地建材，减少建材在全寿命周期中的能源消耗；b. 选用可降解、对环境污染少的建材；c. 使用原料消耗量少和采用废弃物生产的建材；d. 使用可节能的功能性建材。

5）室内环境质量。

①光环境：a. 设计采光性能最佳的建筑朝向，发挥天井、庭院、中庭的采光作用，使天然光线能照亮人员经常停留的室内空间；b. 采用自然光调控设施，如采用反光板、反光镜、集光装置等，改善室内的自然光分布；c. 办公和居住空间，开窗能有良好的视野；d. 室内照明尽量利用自然光，如不具备自然采光条件，可利用光导纤维引导照明，以充分利用阳光，减少白天对人工照明的依赖；e. 照明系统采用分区控制、场景设置等技术措施，有效避免过度使用和浪费；f. 分级设计。分为一般照明和局部照明，满足低标准的一般照明与符合工作面照度要求的局部照明相结合；g. 局部照明可调节，以有利于使用者的健康和照明节能；h. 采用高效、节能的光源、灯具和电器附件。

②热环境：a. 优化建筑外围护结构的热工性能，防止因外围护结构内表面温度过高过低、透过玻璃进入室内的太阳辐射热等引起的不舒适感；b. 设置室内温度和湿度调控系统，使室内的热舒适度能得到有效的调控，建筑物内的加湿和除湿系统能得到有效的调节；c. 根据使用要求合理设计温度可调区域的大小，满足不同个体对热舒适性的要求。

③声环境：a. 采取动静分区的原则进行建筑的平面布置和空间划分，如办公、居住空间不与空调机房、电梯间等设备用房相邻，减少对有安静要求房间的噪声干扰；b. 合理选用建筑围护结构构件，采取有效的隔声、减噪措施，保证室内噪声级和隔声性能符合《民用建筑隔声设计规范》(GB 50118—2010) 的要求；c. 综合控制机电系统和设备的运行噪声，如选用低噪声设备，在系统、设备、管道（风道）和机房采用有效的减振、减噪、消声措施，控制噪声的产生和传播。

④室内空气品质：a. 对有自然通风要求的建筑，人员经常停留的工作和居住空间应能自然通风。可结合建筑设计提高自然通风效率，如采用可开启窗扇自然通风、利用穿堂风、竖向拔风作用通风等；b. 合理设置风口位置，有效组织气流，采取有效措施防止串气、乏味，采用全部和局部换气相结合，避免厨房、卫生间、吸烟室等处的受污染空气循环使用；c. 室内装饰、装修材料对空气质量的影响应符合《民用建筑室内环境污染控制规范》(GB 50325—2010) 的要求；d. 使用可改善室内空气质量的新型装饰装修材料；e. 设集中空调的建筑，宜设置室内空气质量监测系统，维护用户的健康和舒适；f. 采取有效措施防止结露和滋生霉菌。

3.2 施工单位的绿色施工和环境责任

施工单位应规定各部门的职能及相互关系（职责和权限），形成文件，予以沟通，以促进企业环境管理体系的有效运行。施工单位的绿色施工和环境责任包括以下方面。

建设工程实行施工总承包的，总承包单位应对施工现场的绿色施工负总责。分包单位应服从总承包单位的绿色施工管理，并对所承包工程的绿色施工负责。

施工单位应建立以项目经理为第一责任人的绿色施工管理体系，制定绿色施工管理责任制度，定期开展自检、考核和评比工作。

施工单位应在施工组织设计中编制绿色施工技术措施或专项施工方案，并确保绿色施工费用的有效使用。

施工单位应组织绿色施工教育培训，增强施工人员绿色施工意识。

施工单位应定期对施工现场绿色施工实施情况进行检查，做好检查记录。

在施工现场的办公区和生活区应设置明显的有节水、节能、节约材料等具体内容的警示标识，并按规定设置安全警示标志。

施工前，施工单位应根据国家和地方法律、法规的规定，制订施工现场环境保护和人员安全与健康等突发事件的应急预案。

按照建设单位提供的设计资料，施工单位应统筹规划，合理组织一体化施工。

1. 法人

(1) 主持制订、批准和颁布环境方针和目标，批准环境管理手册。

(2) 对企业环境方针的实现和环境管理体系的有效运行负全面和最终责任。

(3) 组织识别和分析顾客和相关方的明确及潜在要求，代表企业向顾客和相关方做出环境承诺，并向企业传达顾客和相关方要求的重要性。

(4) 决定企业发展战略和发展目标，负责规定和改进各部门的管理职责。

(5) 主持对环境管理体系的管理评审，对环境管理体系的改进作出决策。

(6) 委任管理者代表并听取其报告。

(7) 负责审批重大工程（含重大特殊工程）合同评审的结果。

(8) 确保环境管理体系运行中管理、执行和验证工作的资源需求。

(9) 领导对全体员工进行环境意识的教育、培训和考核。

2. 管理者代表

(1) 协助法人贯彻国家有关环境工作的方针、政策，负责管理企业的环境管理体系工作。

(2) 主持制订和批准颁布企业程序文件。

(3) 负责环境管理体系运行中各单位之间的工作协调。

(4) 负责企业内部体系审核和筹备管理评审，并组织接受顾客或认证机构进行的环境管理体系审核。

(5) 代表企业与业主或其他外部机构就环境管理体系事宜进行联络。

(6) 负责向法人提供环境管理体系的业绩报告和改进需求。

3. 企业总工程师

(1) 参与制订公司环境管理方针。

(2) 参与建立、实施环境管理体系。

(3) 遵守环境法律法规和其他要求，确保环境目标、指标和管理方案的实现。

(4) 负责组织公司的绿色施工技术方案的制订、审核和批准。

(5) 负责组织收集有关施工技术、工艺方面的环境法律、法规和标准。

(6) 负责组织识别有关新技术、新工艺方面的环境因素。

(7) 负责组织对建筑工程施工组织总体设计方案的审查和批准。

(8) 负责组织领导工程技术人员的岗位培训。

(9) 负责总经理委托办理的有关质量方面的其他工作。

(10) 负责组织研发环保技术措施并解决实施方面的相关问题。

(11) 负责与国家、地方政府环境主管部门的沟通交流。

(12) 参与环境事故的调查、分析、处理和报告。

4. 企业职能部门

（1）工程管理部门。

1）收集有关施工技术、工艺方面的环境法律、法规和标准。

2）识别有关新技术、新工艺方面的环境因素，并向企划部传递。

3）负责对监视和测量设备、器具的计量管理工作。

4）负责与设计结合，研发环保技术措施与实施方面的相关问题。

5）负责与国家、北京市政府环境主管部门的联络、信息交流和沟通。

6）负责组织环境事故的调查、分析、处理和报告。

（2）采购部门。

1）收集关于物资方面的环境法律、法规和标准，并传送给合约法律部。

2）收集和发布环保物资名录。

3）编制包括环保要求在内的采购招标文件及合同的标准文本。

4）负责有关物资采购、运输、储存和发放等过程的环境因素识别，评价重要环境因素，并制定有关的目标、指标和环境管理方案/环境管理计划。

5）负责有关施工机械设备的环境因素识别和制订有关的环境管理方案。

6）负责由其购买的易燃、易爆物资及有毒、有害化学品的采购、运输、入库、标识、存储和领用的管理，制订并组织实施有关的应急准备和响应措施。

7）向供应商传达企业环保要求并监督实施。

8）组织物资进货验证，检查所购物资是否符合规定的环保要求。

5. 企业各级员工

（1）企业代表。

1）企业工会主席作为企业职业健康安全事务的代表，参与企业涉及职业健康安全方针和目标的制订、评审，参与重大相关事务的商讨和决策。

2）组织收集和宣传关于员工职业健康安全方面的法律、法规，并监督行政部门按适用的法律法规贯彻落实。

3）组织收集企业员工意见和要求，负责汇总后向企业行政领导反映，并向员工反馈协商结果。

4）按企业和法规定，代表员工适当参与涉及员工职业健康安全事件调查和协商处理意见，以维护员工合法权利。

（2）内审员。

1）接受审核组长领导，按计划开展内审工作，在审核范围内客观、公正地开展审核工作。

2）充分收集与分析有关的审核证据，以确定审核发现并形成文件，协助编写审核报告。

3）对不符合、事故等所采取的纠正行动、纠正措施实施情况进行跟踪验证。

（3）全体员工。

1）遵守本岗位工作范围内的环境法律法规，在各自岗位工作中，落实企业环境方针。

2）接受规定的环境教育和培训，提高环境意识。

3）参加本部门的环境因素、危险源辨识和风险评价工作，执行企业环境管理体系文件中的相关规定。

4）按规定做好节水、节电、节纸、节油与废弃物的分类回收处置，不在公共场所吸烟，做好工作岗位的自身防护，对工作中的环境、职业健康安全管理情况提出合理化建议。

5）特殊岗位的作业人员必须按规定取得上岗资格，遵章守法、按章作业。

（4）项目经理部。

1）认真贯彻执行适用的国家、行业、地方政策、法规、规范、标准和企业环境方针及程序文件和各项管理制度，全面负责工程项目的环境目标，实现对顾客和相关方的承诺。

2）负责具体落实顾客和上级的要求，合理策划并组织实施管理项目资源，不断改进项目管理体系，确保工程环境目标的实现。

3）负责组织本项目环境方面的培训，负责与项目有关的环境、信息交流、沟通、参与和协商，工程分包和劳务分包的具体管理，并在环境、职业健康安全施加影响。

4）负责参加有关项目的合同评审，编制和实施项目环境技术措施，负责新技术、新工艺、新设备、新材料的实施和作业过程的控制，特殊过程的确认与连续监控，工程产品、施工过程的检验和试验、标识及不合格品的控制，以增强顾客满意。

5）负责收集和实施项目涉及的环境法律、法规和标准，组织项目的适用环境、职业健康安全法律、法规和其他要求的合规性评价，负责项目文件和记录的控制。

6）负责项目涉及的环境因素、危险源辨识与风险评价，制订项目的环境目标，编制和实施环境、职业健康安全管理方案和应急预案，实施管理程序、惯例、运行准则，实现项目环境、职业健康安全目标。

7）负责按程序、惯例、运行准则对重大环境因素和不可接受风险的关键参数或环节进行定期或不定期的检查、测量、试验，对发现的环境、职业健康安全的不符合项和事件严格处置，分析原因、制订、实施和验证纠正措施和预防措施，不断改善环境、职业健康安全绩效。

8）负责对项目测量和监控设备的管理，并按程序进行检定或校准，对计算机软件进行确认，组织内审不符合项整改，执行管理评审提出的相关要求，在“四新技术”推广中制订和实施环境、职业健康安全管理措施，持续改进管理绩效和效率。

（5）项目经理。

项目经理的绿色施工和环境责任包括以下内容：

1）履行项目第一责任人的作用，对承包项目的节约计划负全面领导责任。

2）贯彻执行安全生产的法律法规、标准规范和其他要求，落实各项责任制度和操作规程。

3）确定节约目标和节约管理组织，明确职能分配和职权规定，主持工程项目节约目标的考核。

4）领导、组织项目经理部全体管理人员负责对施工现场的可能节约因素的识别、评价和控制策划，并落实负责部门。

5）组织制订节约措施，并监督实施。

6）定期召开项目经理部会议，布置落实节约控制措施。

7）负责对分包单位和供应商的评价和选择，保证分包单位和供应商符合节约型工地的标准要求。

8）实施组织对项目经理部的节约计划进行评估，并组织人员落实评估和内审中提出的改进要求和措施。

9）根据项目节约计划组织有关管理人员制订针对性的节约技术措施，并经常监督检查。

10）负责对施工现场临时设施的布置，对施工现场的临时道路、围墙合理规划，做到文明施工不铺张。

11）合理利用各种降耗装置，提高各种机械的使用率和瞒着率。

12）合理安排施工进度，最大限度发挥施工效率，做到工完料尽和质量一次成优。

13）提高施工操作和管理水平，减少粉刷、地坪等非承重部位的正误差。

14）负责对分包单位合同履约的控制，负责向进场的分包单位进行总交底，安排专人对分包单位的施工进行监控。

15）实施现场管理标准化，采用工具化防护，确保安全不浪费。

（6）技术负责人。

项目技术负责人的绿色施工和环境责任包括以下内容：

1）负责对已识别浪费因素进行评价，确定浪费因素，并制订控制措施、管理目标和管理方案，组织编制节约计划。

2）编制施工组织设计，制订资源管理、节能降本措施，负责对能耗较大的施工操作方案进行优化。

3）和业主、设计方沟通，在建设项目中推荐使用新型节能高效的节约型产品。

4）积极推广十项新技术，优先采用节约材料效果明显的新技术。

5）鼓励技术人员开发新技术、新工艺、建立技术创新激励机制。

6）制定施工各阶段对新技术交底文本，并对工程质量进行检查。

（7）施工员。

项目施工员的绿色施工和环境责任包括以下内容：

1）参与节约策划，按照节约计划要求，对施工现场生产过程进行控制。

2）负责在上岗前和施工中对进入现场的从业人员进行节约教育和培训。

3）负责对施工班组人员及分包方人员进行有针对性的技术交底，履行签字手续，并对规程、措施及交底执行情况经常检查，随时纠正违章作业。

4）负责检查督促每项工作的开展和接口的落实。

5）负责对施工过程中的质量监督，对可能引起质量问题的操作，进行制止、指导、督促。

6）负责进行工序间的验收，确保上道工序的问题不带入下一道。

7）按照项目节约计划要求，组织各种物资的供应工作。

8）负责供应商有关评价资料的收集，实施对供应商进行分析、评价，建立合格供应商名录。

9）负责对进场材料按场容标准化要求堆放，杜绝浪费。

10）执行材料进场验收制度，杜绝不合格产品流入现场。

11）执行材料领用审批制度，限额领料。

（8）环保员。

项目环保员的绿色施工和环境责任包括以下内容：

1）参与浪费因素的调查识别和节约计划的编制，执行各项措施。

2）负责对施工过程的指导、监督和检查，督促文明施工、安全生产。

3）实施文明施工落实情况工作业绩评价，发现问题处理，并及时向项目副经理汇报。

4）环保员应指导和监督分包单位按照环境管理和绿色施工要求，做好以下两项工作。

①执行环保技术交底制度、环保例会制度与班前环保讲话制度，并做好跟踪检查管理工作。

②进行作业人员的班组级环保教育培训，特种作业人员必须持证上岗，并将花名册、特种作业人员复印件进行备案。特种作业人员包括电工作业、金属焊接、气割作业、起重机械作业、登高架设作业、机械操作人员等。

5）分包单位负责人及作业班组长必须接受环保教育、并签订相关的环保生产责任制。办理环保手续后方可组织施工。

6）工人入场一律接受环保教育，办理相关手续后方可进入现场施工，如果分包人员需要变动，必须提出计划报告，按规定进行教育，考核合格后方可上岗。

7）特种作业人员的配置必须满足施工需要，并持有有效证件，有效证件必须与操作者本人相符合。

8）工人变换工种时，要通知总包方对转场或变换工种人员进行环保技术交底和教育，分包方要进行转场和转换工种教育。

9）分包单位应执行班前活动制度，班前活动不得少于15min，班前活动的内容必须写相关的记录表格。

10）分包单位应执行总包方的安全检查制度。

11）分包单位应接受总包方以及上级主管部门和各级政府、各行业主管部门的环保检查。

12）分包单位应按照总包方的要求配备专职或兼职环保员。

13）分包单位应设立专职或兼职环保员实施日常安全生产检查及工长、班长跟班检查和班组自检。

14）分包单位对于检查出的各种问题必须按时按质的整改到位，并通过施工员、环保员验收合格后方可继续施工。如自身不能解决的，可以书面形式通知总包方进行协商解决。

15）分包单位应严格执行环境保护措施，设备验收制度和教育作业人员认真执行本工种的操作规程。

16）分包单位自带的各类施工机械设备，必须是合格产品且性能良好，各种装置齐全、灵敏、可靠，符合环保要求。

17）分包单位的中小型机械设备和一般防护设施执行自检后报总包方验收合格后方可使用。

18）分包单位的大型防护设施和大型机械设备，在自检的基础上申报总包方，接受专职部门的专业验收。分包单位应接规定提供设备技术数据，防护装置技术性能，设备履历档案以及防护设施支搭方案，其方案应满足有关规定。

19）分包单位应执行环境保护验收表和施工变化后交接检验制度。

20）分包单位应预防和治理污染事故。

21）分包单位应执行环境污染报告制度。

22）分包单位职工在施工现场从事施工过程中所发生的污染事故由分包单位应在10min

内通知总包方，报告事故的详情，由总包方及时逐级上报上级有关部门，同时积极组织抢救工作采取相应的措施，保护好现场，如因抢救伤员必须移动现场设备、设施者要做好记录或拍照，总包方为抢救提供必要的条件。

23）分包单位要积极配合总包方上级主管部门对事故的调查和现场勘查。凡因分包单位隐瞒不报，做伪证或擅自拆毁事故现场，所造成的一切后果均由分包单位承担。

24）分包单位应承担因为自身原因造成的环境污染事故的经济责任和法律责任。

25）分包单位应执行环境保护奖罚制度：要教育和约束职工严格执行施工现场安全管理规定，对遵章守纪者给予表扬和奖励，对违章作业、违章指挥、违反劳动纪律和规章制度者给予处罚。

26）分包单位要对分包工程范围内的工作人员的安全负责。

27）分包单位应采取一切严密的符合安全标准的预防措施，确保所有工作场所的安全，不得在危及工作人员安全和健康的危险情况下施工，并保证建筑工地所有人员或附近人员免遭本班组施工区域或相关区域可能发生的一切危险。

28）施工现场内，必须按总包方的要求，在工人可能经过的每一个工作场所和其他地方均应提供充足和适合的照明装置。

29）总包方有权要求立刻撤走现场内的任何分包队伍中没有适当理由而又不遵守、执行地方政府相关部门及行业主管部门发布的安全条例和指令，或多次不遵守总包方有关安全生产管理的办法、规定、制度的人员，无论在任何情况下，此人不得再雇于现场，除非事先有总包方的书面同意。

30）分包单位应按照合同向职工提供有效的安全用品，如安全带、安全帽等，若必要时须配戴面罩、眼罩、护耳、绝缘手套、绝缘鞋等其他的个人人身防护设备和用品。

6. 其他

施工单位在交工前应整理好关于施工期环境保护的有关资料，一般应包括以下内容。

(1) 工程资料。包括施工内容、施工工艺、大型船舶机械设备、施工平面图、施工周期、施工人数及污染物排放等基本工程概况。

(2) 环保制度与措施。包括生活区、施工现场及船舶机械设备环保管理措施与制度。

(3) 环保自查记录、整改措施与环境保护月报。

(4) 与监理单位往来文件。包括环境保护监理备忘录、环境保护监理检验报告表、环保事故报告表、环境保护监理业务联系单及回复单等。

(5) 环境恢复措施，主要包括以下两项：

①临时设施处置计划。主要内容有建筑物、构筑物（包括沉淀池、化粪池等）的处置计划。

②生态恢复及生态补偿措施等。主要包括取（弃）土场整治、道路（便道、便桥）及预制（拌和）场地、生活及建筑垃圾的处置，边坡整治、绿化等生态恢复和补偿措施。

3.3 供应商的绿色施工和环境责任

在环境管理和绿色施工方面，供应商的主要责任是根据项目需求，提供合格的绿色建材产品。

绿色建材的定义是：采用清洁生产技术，少用天然资源的能源，大量使用工业或城市固态废弃物生产的无毒害、无污染、有利于人体健康的建筑材料。它是对人体、周边环境无害的健康、环保、安全（消防）型建筑材料，是“绿色产品”大概念中的一个分支概念，国际上也称之为生态建材、健康建材和环保建材。1992年，国际学术界明确提出绿色材料的定义：绿色材料是指在原料采取、产品制造、使用或者再循环以及废料处理等环节中对地球环境负荷为最小和有利于人类健康的材料，也称之为“环境调和材料”。

绿色建材就是绿色材料中的一大类。从广义上讲，绿色建材不是单独的建材品种，而是对建材“健康、环保、安全”属性的评价，包括对生产原料、生产过程、施工过程、使用过程和废弃物处置五大环节的分项评价和综合评价。绿色建材的基本功能，除作为建筑材料的基本实用性外，就在于维护人体健康、保护环境。绿色建材的基本特征与传统建材相比，绿色建材可归纳出以下5个方面的基本特征：

（1）生产所用原料尽可能少用天然资源，大量使用尾矿、废渣、垃圾、废液等废弃物。

（2）采用低能耗制造工艺和不污染环境的生产技术。

（3）在产品配制或生产过程中，不使用甲醛、卤化物溶剂或芳香族碳氢化合物产品中不得含有汞及其化合物，不得使用含铅、铬及其化合物的颜料和添加剂。

（4）产品的设计是以改善生活环境、提高生活质量为宗旨，即产品不仅不损害人体健康，而且应有益于人体健康，产品具有多功能化，如抗菌、灭菌、防雾、除臭、隔热、阻燃、防火、调温、调温、消声、消磁、防射线、抗静电等。

（5）产品可循环或回收再生利用，无污染环境的废弃物。

3.4 监理单位的绿色施工和环境责任

监理单位受建设单位委托，依据《中华人民共和国环境保护法》及相关法律法规，对施工单位施工过程中的绿色施工活动和环境管理活动进行监督管理，确保各项措施满足环保要求，对施工过程中污染环境、破坏生态的行为进行监督管理。

1. 监理单位对环境管理和绿色施工进行监理时的依据

（1）国家有关的法律、法规。

包括：《中华人民共和国宪法》、《中华人民共和国环境保护法》、《中华人民共和国水法》、《中华人民共和国土地管理法》、《中华人民共和国水土保持法》、《中华人民共和国文物保护法》、《中华人民共和国水污染防治法》、《中华人民共和国大气污染防治法》、《中华人民共和国环境噪声污染防治法》、《中华人民共和国固体废物污染环境保护法》等。

（2）国家有关条例、办法、规定。

包括：《建设项目环境保护管理条例》、《建设项目环境保护设施竣工验收管理规定》、《关于开展交通工程环境监理工作的通知》、《关于加强自然资源开发建设项目的生态环境管理的通知》、《关于涉及自然保护区的开发建设项目环境管理工作有关问题的通知》等。

（3）地方性法规、文件。

地方人民代表大会及其常务委员会可以颁布地方性环境保护法规，它们同样是施工环境保护监理的依据。

（4）国家标准。

包括：《城市区域环境噪声标准》、《建筑施工场界噪声限值》、《工业企业厂界噪声标准》、《大气污染物综合排放标准》、《锅炉大气污染物排放标准》、《地表水环境质量标准》、《污水综合排放标准》、《城市区域环境振动标准》等。

2. 监理单位对环境管理和绿色施工进行监理时的工作程序

监理单位应对建设工程的绿色施工管理承担监理责任。监理单位应审查施工组织设计中的绿色施工技术措施或专项施工方案，并在实施过程中做好监督检查工作。

监理单位在施工过程中，应依照以下程序进行环境管理和绿色施工方面的监理工作。

（1）依据监理合同、设计文件、环评报告、水土保持方案以及施工合同、施工组织设计等编制施工环境保护监理规划。

（2）按照施工环境保护监理规划、工程建设进度、各项环保对策措施，编制施工环境保护监理实施细则。

（3）依据编制的施工环境保护监理规划和实施细则，开展施工期环境保护监理。

（4）工程交工后编写施工环境保护监理总结报告，整理监理档案资料，提交建设单位。

（5）参与工程竣工环保验收。

3. 监理单位在不同施工阶段的环保监理工作内容

（1）施工准备阶段。

1）参加设计交底，熟悉环评报告和设计文件，掌握沿线重要的环境保护目标，了解建设过程的具体环保目标，对敏感的保护目标做出标识。

2）审查施工单位的施工组织设计和开工报告，对施工过程的环保措施提出审查意见。

3）审查施工单位的临时用地方案是否符合环保要求，临时用地的恢复计划是否可行。

4）审查施工单位的环保管理体系是否责任明确，是否切实有效。

5）参加第一次工地会议，对工程的环保目标和环保措施提出要求。

（2）施工阶段。

1）审查施工单位编制的分部（分项）工程施工方案中的环保措施是否可行。

2）对施工现场、施工作业进行巡视或旁站监理，检查环境保护措施的落实情况。

3）监测各项环境指标，出具监测报告或成果。

4）向施工单位发出环保工作指示，并检查指令的执行情况。

5）编写环境监理月报。

6）参加工地例会。

7）建立、保管环境保护监理资料档案。

8）处理或协助主管部门和建设单位处理突发环保事件。

（3）交工及缺陷责任期。

1）定期检查施工单位对环保遗留问题整改计划的实施，并根据工程具体情况，建议施工单位对整改计划进行调整。

2）检查已实施的环保达标工程和环保工程，对交工验收后发生的环保问题或工程质量缺陷及时进行调查和记录，并指示施工单位进行环境恢复或工程修复。

3）督促施工单位按合同及有关规定完成环保施工资料。

4）参加交工检查，确认现场清理工作、临时用地的恢复等是否达到环保要求。

5）检查施工单位的环保资料是否达到要求。

6）评估环保任务或环保目标的完成情况，对尚存的主要环境问题提出继续监测或处理的方案和建议。

7）完成缺陷责任期的环境保护监理工作。

（4）竣工环保验收阶段。

1）整理施工环境保护监理竣工资料。

2）编制工程环境保护监理总结报告。

3）提出竣工前所需的环保部门的各种批件，并协助办理。

4）收集保存竣工验收时环保主管部门的所需资料。

5）完成竣工验收小组交办的工作。

（5）环境监测。

1）协助建设单位落实施工过程的环境监测计划。

2）监测应定期进行，使数据有可比性，为制订环境保护监理措施和判断环保措施执行效果提供必要的依据。

3）施工环境保护监理有时候会需要一些监测点以外的即时监测数据，因此环保监理单位有必要自备一些常用的监测设备，能够自行监测一些比较简单的项目，如噪声、TSP等。一般定期监测的项目有空气质量、地表水质量、声环境质量等。

（6）对环境影响报告书提出的其他环保措施。

根据不同项目的实际情况，环境影响报告会提出不同的环保措施，甚至会有比较特殊的措施。对于环境影响报告提出的已经批准的措施，应协助建设单位有效实施。

4. 环境管理和绿色施工监理竣工资料的主要内容

（1）施工环境保护监理规划。

（2）施工环境保护监理实施细则。

（3）与建设单位、施工单位、设计单位来往的环保监理文件。

（4）监理通知单及回复单。

（5）因环保问题签发的停（复）工通知单。

（6）与环境保护有关的会议记录和纪要。

（7）施工环境保护监理月报。

3.5 建设单位的绿色施工和环境责任

建设单位的绿色施工和环境责任包括以下方面。

（1）建设单位应向施工单位提供建设工程绿色施工的相关资料，保证资料的真实性和完整性。

（2）在编制工程概算和招标文件时，建设单位应明确建设工程绿色施工的要求，并提供包括场地、环境、工期、资金等方面的保障。

（3）建设单位应会同建设工程参建各方接受工程建设主管部门对建设工程实施绿色施工的监督、检查工作。

（4）建设单位应组织协调建设工程参建各方开展绿色施工管理工作。

第4章 环境因素识别与评价

4.1 环境因素识别与评价

环境因素识别应考虑时态和状态，以及影响因素。

1. 三种时态

环境因素识别应考虑三种时态：过去现在和将来。过去是指以往遗留的环境问题，而会对目前的过程、活动产生影响的环境问题。现在是指当前正在发生、并持续到未来的环境问题。将来是指计划中的活动在将来可能产生的环境问题，如新工艺、新材料的采用可能产生的环境影响。

2. 三种状态

环境因素识别应考虑三种状态：正常、异常和紧急。正常状态是指稳定、例行性的，计划已作出安排的活动状态，如正常施工状态。异常状态是指非例行的活动或事件，如施工中的设备检修，工程停工状态。紧急状态是指可能出现的突发性事故或环保设施失效的紧急状态，如发生火灾事故、地震、爆炸等意外状态。

3. 对环境因素的识别与评价要考虑的方面

对环境因素的识别与评价通常要考虑以下方面：

（1）向大气的排放。

（2）向水体的排放。

（3）向土地的排放。

（4）原材料和自然资源的使用。

（5）能源使用。

（6）能量释放（如热、辐射、振动等）。

（7）废物和副产品。

（8）物理属性，如大小、形状、颜色、外观等。

企业除了对它能够直接控制的环境因素外，还应当对它可能施加影响的环境因素加以考虑。例如与它所使用的产品和服务中的环境因素，以及它所提供的产品和服务中的环境因素。以下提供了一些对这种控制和影响进行评价的指导。不过，在任何情况下，对环境因素控制和施加影响的程度都取决于企业自身。

应当考虑的与组织的活动、产品和服务有关的因素，如：

（1）设计和开发。

（2）制造过程。

（3）包装和运输。

（4）合同方和供方的环境绩效和操作方式。

（5）废物管理。

（6）原材料和自然资源的获取和分配。

（7）产品的分销、使用和报废。

（8）野生环境和生物多样性。

4. 八大类环境因素

识别环境因素的步骤：选择组织的过程（活动、产品或服务）、确定过程伴随的环境因素；确定环境影响。

对企业所使用产品的环境因素的控制和影响，因不同的供方和市场情况而有很大差异。例如，一个自行负责产品设计的组织，可以通过改变某种输入原料有效地施加影响；而一个根据外部产品规范提供产品的组织在这方面的作用就很有限。

一般说来，组织对它所提供的产品的使用和处置（例如用户如何使用和处置这些产品），控制作用有限。可行时，它可以考虑通过让用户了解正确的使用方法和处置机制来施加影响。完全地或部分地由环境因素引起的对环境的改变，无论其有益还是有害，都称之这环境影响。环境因素和环境影响之间是因果关系。

在某些地方，文化遗产可能成为组织运行环境中的一个重要因素，因而在理解环境影响时应当加以考虑。

由于一个企业可能有很多环境因素及相关的环境影响，应当建立判别重要环境的准则和方法。唯一的判别方法是不存在的，原则是所采用的方法应当能提供一致的结果，包括建立和应用评价准则，例如有关环境事务、法律法规问题，以及内、外部相关方的关注等方面的准则。

对于重要环境信息，组织除在设计和实施环境管理地应考虑如何使用外，还应当考虑将它们作为历史数据予以留存的必要。

在识别和评价环境因素的过程中，还应当考虑从事活动的地点、进行这些分析所需的时间和成本，以及可靠数据的获得。对环境因素的识别不要求作详细的生命周期评价。

对环境因素进行识别和评价的要求，不改变或增加组织的法律责任。

确定环境因素的依据：客观地具有或可能具有环境影响的；法律法规及要求有明确规定的；积极的或负面的；相关方有要求的；其他。

（1）识别环境因素的方法。

识别环境因素的方法有：物料衡算、产品生命周期、问卷调查、专家咨询、现场观察（查看和面谈）、头脑风暴、查阅文件和记录、测量、水平对比——内部、同行业或其他行业比较、纵向对比——组织的现在和过去比较等。这些方法各有利弊，具体使用时可将各种方法组合使用，下面介绍几种常用的环境因素识别方法。

1）专家评议法。由有关环保专家、咨询师、组织的管理者和技术人员组成专家评议小组，评议小组应具有环保经验、项目的环境影响综合知识，ISO14000标准和环境因素识别知识，并对评议组织的工艺流程十分熟悉，才能对环境因素准确、充分的识别。在进行环境因素识别时，评议小组采用过程分析的方法，在现场分别对过程片段的不同的时态、状态和不同的环境因素类型进行评议，集思广益。如果评议小组专业人员选择得当，识别就能做到快捷、准确的结果。

2）问卷评审法（因素识别）。问卷评审是通过事先准备好的一系列问题，通过到现场察看和与人员交谈的方式，来获取环境因素的信息。问卷的设计应本着全面和定性与定量相结合的原则。问卷包括的内容应尽量覆盖组织活动、产品，以及其上、下游相关环境问题中的所有环境因素，一个组织内的不同部门可用同样的设计好的问卷，虽然这样在一定程度上缺乏针对性，但为一个部门设计一份调查卷是不实际的。典型的调查卷中的问题可包括如下内容。

①产生哪些大气污染物？污染物浓度及总量是多少？

②产生哪些水污染物？污染物浓度及总量是多少？

③使用哪些有毒有害化学品？数量是多少？

④在产品设计中如何考虑环境问题？

⑤有哪些紧急状态？采取了哪些预防措施？

⑥水、电、煤、油用量各多少？与同行业和往年比较结果如何？

⑦有哪些环保设备？维护状况如何？

⑧产生哪些有毒有害固体废弃物？如何处置的？

⑨主要噪声源有哪些？厂界是否达标？

⑩有否居民投诉情况？做没做调查？

以上只是部分调查内容，可根据实际情况制订完整的问卷提纲。

3）现场评审法（观察、面谈、书面文件收集及环境因素识别）。现场观察和面谈都是快速直接地识别出现场环境因素最有效的方法。这些环境因素可能是已具有重大环境影响的，或者具有潜在的重大环境影响的，有些是存在环境风险的。包括以下方面：

①观察到较大规模的废机油流向厂外的痕迹。

②询问现场员工，回答“这里不使用有毒物质”，但在现场房角处发现存有剧毒物质。

③员工不知道组织是否有环境管理制度，而组织确是存在一些环境制度。

④发现锅炉房烟囱黑烟。

⑤听到厂房传出刺耳的噪声。

⑥垃圾堆放场各类废弃物混放，包括金属、油棉布、化学品包装瓶、大量包装箱、生活垃圾等。

现场面谈和观察还能获悉组织环境管理的其他现状，如环保意识、培训、信息交流、运行控制等方面的缺陷，另外，也能发现组织增强竞争力的一些机遇。如果是初始环境评审，评审员还可向现场管理者提出未来体系建立或运行方面的一些有效建议。

一般的组织都存在有一定价值的环境管理信息和各种文件，评审员应认真审查这些文件和资料。需要关注的文件和资料包括以下方面：

①排污许可证、执照和授权。

②废物处理、运输记录、成本信息。

③监测和分析记录。

④设施操作规程和程序。

⑤过去场地使用调查和评审。

⑥与执法当局的交流记录。

⑦内部和外部的抱怨记录。

⑧维修记录、现场规划。

⑨有毒有害化学品安全参数。

⑩材料使用和生产过程记录，事故报告。

⑪水、排放物和排污收费。

⑫能源、资源、配件等的价格。

5. 环境因素的评价指标体系的建立原则

环境影响评价具备判断功能、预测功能、选择功能与导向功能。理想情况下，环境影响评价应满足以下条件。

(1) 基本上适应所有可能对环境造成显著影响的项目，并能够对所有可能的显著影响做出识别和评估。

(2) 对各种替代方案（包括项目不建设或地区不开发的情况）、管理技术、减缓措施进行比较。

(3) 生成清楚的环境影响报告书，以使专家和非专家都能了解可能影响的特征及其重要性。

(4) 包括广泛的公众参与和严格的行政审查程序。

(5) 及时、清晰的结论，以便为决策提供信息。

建立环境因素评价指标体系的原则主要有以下几项。

(1) 简明科学性原则：指标体系的设计必须建立在科学的基础上，客观如实地反映建筑绿色施工各项性能目标的构成，指标繁简适宜、实用、具有可操作性。

(2) 整体性原则：构造的指标体系全面真实地反映绿色建筑在施工过程中资源、能源、环境、管理、人员等方面的基本特征。每一个方面由一组指标构成，各指标之间既相互独立，又相互联系，共同构成一个有机整体。

(3) 可比可量原则：指标的统计口径、含义、适用范围在不同施工过程中要相同，保证评价指标具有可比性；可量化原则是要求指标中定量指标可以直接量化，定性指标可以间接赋值量化，易于分析计算。

(4) 动态导向性原则：要求指标能够反映我国绿色建筑施工的历史、现状、潜力以及演变趋势，揭示内部发展规律，进而引导可持续发展政策的制定、调整和实施。

6. 环境因素的评价的方法

环境因素的评价是采用某一规定的程序方法和评价准则对全部环境因素进行评价，最终确定重要环境因素的过程。常用的环境因素评价方法有是非判断法、专家评议法、多因子评分法、排放量/频率对比法、等标污染负荷法、权重法等。这些方法中前三种属于定性或半定量方法，评价过程并不要求取得每一项环境因素的定量数据；后四种则需要定量的污染物参数，如果没有环境因素的定量数据则评价难以进行，方法的应用将受到一定的限制。因此，评价前，必须根据评价方法的应用条件，适用的对象进行选择，或根据不同的环境因素类型采用不同的方法进行组合应用，才能得到满意的评价结果。下面介绍几种常用的环境因素评价方法。

(1) 是非判断法。

是非判断法根据制定的评价准则，进行对比、衡量并确定重要因素。当符合以下评价准则之一的，即可判为重要环境因素。该方法简便、操作容易，但评价人员应熟悉环保专业知识，才能做到判定准确。评价准则如下：

1) 违反国家或地方环境法律法规及标准要求的环境因素（如超标排放污染物，水、电消耗指标偏高等）。

2）国家法规或地方政府明令禁止使用或限制使用或限期替代使用的物质（如氟里昂替代、石棉和多氯联苯、使用淘汰的工艺、设备等）。

3）属于国家规定的有毒有害废物（如国家危险废物名录共47类，医疗废物的排放等）。

4）异常或紧急状态下可能造成严重环境影响（如化学品意外泄漏、火灾、环保设备故障或人为事故的排放）。

5）环保主管部门或组织的上级机构关注或要求控制的环境因素。

6）造成国家或地方级保护动物伤害、植物破坏的（如伤害保护动物一只以上，或毁残植物一棵以上）（适用于旅游景区的环境因素评价）。

7）开发活动造成水土流失而在半年内得到控制恢复的（修路、景区开发、开发区开发等）。

应用时可根据组织活动或服务的实际情况、环境因素复杂程度制定具体的评价准则。评价准则应适合实际，具备可操作、可衡量，保证评价结果客观、可靠。

（2）多因子评分法。

多因子评分法是对能源、资源、固废、废水、噪声等五个方面异常、紧急状况制定评分标准。制定评分标准时尽量使每一项环境影响量化，并以评价表的方式，依据各因子的重要性参数来计算重要性总值，从而确定重要性指标，根据重要性指标可划分不同等级，得到环境因素控制分级，从而确定重要环境因素。

在环境因素评价的实际应用中，不同的组织对环境因素重要性的评价准则略有差异，因此，评价时可根据实际情况补充或修订，对评分标准做出调整，使评价结果客观、合理。

7. 环境因素更新

环境因素更新包括：日常更新和定期更新。企业在体系运行过程中，如本部门环境因素发生变化时，应及时填写“环境因素识别、评价表”以便及时更新。当发生以下情况时，应进行环境因素更新。

（1）法律法规发生重大变更或修改时，应进行环境因素更新。

（2）发生重大环境事故后应进行环境因素更新。

（3）项目或产品结构、生产工艺、设备发生变化时，应进行环境因素更新。

（4）发生其他变化需要进行环境因素更新时，应进行环境因素的更新。

4.2 案例

1. 某教学大楼钢结构工程环境因素识别与评价

（1）工程概况。

某教学大楼由东、西两栋14层楼高的塔楼和中间两跨40m长的空中连廊组成，形成一个门字形结构。东、西两塔楼7层以下（包括7层）为钢筋混凝土结构；7层以上为劲性（钢骨）钢筋混凝土结构；连廊为钢结构。

连廊分为南、北两跨，跨度均为40m长，宽分别为17.4m和14.4m，高度17.6m；每个连廊底部均由3榀各重63T的钢桁架承受荷载，两个连廊共有钢桁架6榀，高度4.6m，建筑位置在11层，其上是3层楼的框架钢结构。

由于6榀钢桁架的安装位置均不在塔式起重机的起重吊装范围之内，需要采用特殊的施工方法进行钢桁架的安装。

(2) 施工环境方面特点与难点。

1) 由于是在校园区内进行施工，无论是白天还是夜间，其噪声控制，成为环境保护的重点工作之一。

2) 学校的位置处在繁华的市区，周围道路狭窄拥挤，大量的钢构件要运到学校内，其交通堵塞又成为环境保护的重点工作之二。

3) 该学校为民族大学，是来自全国各地的少数民族子弟和国外的学生，民族习惯和宗教信仰成为环境保护重点工作之三。

(3) 周边环境与文化背景。

1) 该学校学生来自全国各地，还有部分国外留学生，大部分是少数民族子弟，其语言、衣着习惯、饮食习惯、社交活动和宗教、信仰有所不同。

2) 学校周围居住着部分少数民族，主要是生意人和少数学生家长；学校周围有一些少数民族开办的餐饮店，如清真馆和回民馆等。

3) 距离学校500m处有一所市级人们医院，联络为我们的定点救护医疗机构。

4) 距离学校2km处有一个消防中队。

(4) 环境因素识别。

1) 施工噪声。

①塔式起重机运行中的噪声排放。

②空气压机启动后的噪声排放。

③钢结构安装时榔头的敲击噪声排放。

④压型钢板切割时的噪声排放。

2) 其他环境因素。

①运输车辆和施工活动引起的灰尘。

②电焊机电弧光和夜间施工强光污染。

③防火喷涂造成的空气污染。

④工地生活区环境卫生。

⑤公共秩序与治安。

所以，该项目的主要环境因素是噪声。

2. 某航站楼工程环境管理因素识别与评价案例

(1) 工程概况。

某机场航站楼工程，建筑平面布局为U形，根据建筑使用功能，将其分为A、B、C三个区。办理手续、安检及行李分拣主要在主楼C区，旅客候机在A、B指廊。主楼C区为筏板基础，并有地下室、局部设4.00m和12.5m（钢结构）双夹层的两层现浇混凝土框架结构，A、B指廊及连廊为桩基处，并设4.00m夹层的两层现浇混凝土框架结构，航站楼屋面主楼和指廊结构形式为大跨度弧形钢桁架结构，主桁架之间用平面桁架相连，平面桁架跨中上下弦之间有钢梁相连，桁架为圆管相贯焊接节点，平面桁架与主桁架之间铰接，钢结构总重约7200t。航站楼屋面采用为铝镁锰复合金属板，主楼入口雨棚为弧形钢结构悬挑形式，最远挑出长度为30.0m。主楼长315m，宽85.9～97.5m；指廊长256.8m，宽38m；连廊(A3、B3段）长54.3m，宽26m。

（2）周边环境。

1）地理环境情况。本航站楼现场附近无高大建筑物，周边相当空旷，周边建筑物主要用于航空公司及相关单位职工办公及生活用途。而最近的居民区是某镇，距离现场约 10 分钟车程，交通较便利。

2）交通环境情况。现场共设 3 个大门，位于现场东面，大门外连接机场路，交通较为便利。

3）合作方和相关方情况。与业主、监理组成联合安全监督小组，由各单位现场第一领导担任该小组的组长、副组长。

将机场内光纤接入施工现场，并在项目部内部建立局域网，使项目能实现网络化管理，通过网络预定一周的天气预报，在重大天气变化来临之前提前通知现场负责人。

土建阶段，现场有 6 支劳务分包队，均成立义务消防队、工程抢险队，应急情况时接受项目部统一调动和指挥，以保证各项应急准备和响应工作到位。

现场工人中有 40%的人员掌握了火灾的应急本领，有 20%的工人具备了基本伤害的应急本领。

（3）特殊设备情况。该工程土建施工共投入 9 台 F0-23C 塔式起重机，钢结构施工阶段投入 1 台 K50/50 行走式塔式起重机及 1 辆 300t 履带吊车。

（4）施工季节情况。该工程经历 3 个冬季，2 个雨季。所处的气象环境是四季分明，冬天最低温度平均可达到－5℃，冬、春期间多风，干燥，通常情况下最大风力可达到 6 级；夏天最高气温可达到 40℃，6～8 月雨水较为集中。

（5）环境影响因素识别。

1）施工现场扬尘排放影响飞行净空的安全。

3）混凝土振捣、木方切割等的噪声排放。

3）生产、生活污水混淆排放对水的污染。

4）各种复印机、电脑等对人体的电磁辐射污染。

5）各种永久性使用材料所含的氯离子、碱含量、放射性物质超标对污染大气。

常见的环境因素举例见表 4-1。

表 4-1　　常见环境影响因素

序号	项目	活动、产品、服务	环境因素	环境影响	过去	现在	将来	正常	异常	紧急	备注
1	施工准备	场地平整、现场道路	扬尘排放	大气污染		√		√			
2		场地平整、现场车辆	噪声排放	噪声污染		√		√			
3		临时设施搭建土方挖填	扬尘排放	大气污染		√		√			
4		临时设施搭建材料装卸	噪声排放	噪声污染		√		√			
5		临时设施搭建材料使用	材料消耗	资源消耗		√		√			
6		临时设施搭建施工垃圾	固体废弃物	污染土地		√		√			
7		临时用电的设计	电能消耗	资源消耗		√		√			
8		临时用电的设计	水的消耗	资源消耗		√		√			

续表

序号	项目	活动、产品、服务	环境因素	环境影响	过去	现在	将来	正常	异常	紧急	备注
9	地基与基础施工	基槽土方开挖	扬尘排放	大气污染		√		√			
10		基础打桩挖土方	扬尘排放	大气污染		√		√			
11		土方储存运移	扬尘排放	大气污染		√		√			
12		土方运移	扬尘排放	大气污染		√		√			
13		土方及垃圾处置	扬尘排放	大气污染		√		√			
14		打桩机打桩	噪声排放	噪声污染		√		√			
15		打桩机打桩	扬尘排放	大气污		√		√			
16		打桩机	废气排放	大气污染		√		√			
17		打桩机	噪声排放	噪声污染		√		√			
18		打桩机	油料消耗	资源消耗		√		√			
19		装载、运输车辆	扬尘排放	大气污染		√		√			
20		装载、运输车辆	噪声排放	噪声污染		√		√			
21		装载、运输车辆载物遗洒	固体废弃物	市容污染		√		√			
22		装载、运输车辆尾气	废气排放	大气污染		√		√			
23		装载、运输车辆尾气	油料消耗	资源消耗		√		√			
24		打桩机、装载、运输车辆维修	含油废弃物	土地污染		√		√			
25		打桩机、装载、运输车辆	漏油	土地污染		√		√			
26		搬运水泥	扬尘排放	大气污染		√		√			
27		搬运砂石	扬尘排放	大气污染		√		√			
28		搅拌机搅拌混凝土、砂浆上料	扬尘排放	大气污染		√		√			
29		搅拌机搅拌	噪声排放	噪声污染		√		√			
30		材料运输车辆	噪声排放	噪声污染		√		√			
31		材料运输车辆尾气	废气排放	大气污染		√		√			
32		搅拌混凝土	电能消耗	资源消耗		√		√			
33		搅拌混凝土	水的消耗	资源消耗		√		√			
34		混凝土振捣	噪声排放	噪声污染		√		√			
35		搅拌混凝土清洗	污水排放	水体污染		√		√			
36		遗洒混凝土、砂浆、搅拌混凝土清理杂物	固体废弃物	土地污染		√		√			
37		搅拌混凝土清理	噪声排放	噪声污染		√		√			
38		钢筋加工	噪声排放	噪声污染		√		√			
39		钢筋加工、使用	钢筋废料	资源消耗		√		√			
40		钢筋废料	废料遗弃	土地污染		√		√			
41		钢筋焊接	烟尘排放	大气污染		√	√	√			
42		钢筋焊接	弧光	光污染		√		√			
43		焊接焊条废料	固体废弃物	土地污染		√		√			
44		焊接材料	材料的消耗	资源消耗		√		√			
45		焊接用电	电的消耗	资源消耗		√		√			
46		钢筋焊接火花	火灾	大气污染		√				√	
47		模板加工	噪声排放	噪声污染		√		√			

续表

序号	项目	活动、产品、服务	环境因素	环境影响	过去	现在	将来	正常	异常	紧急	备注
48	地基与基础施工	模板安装	噪声排放	噪声污染		√		√			
49		模板拆除	噪声排放	噪声污染		√		√			
50		模板加工（木材使用）	木材消耗	资源消耗		√		√			
51		废旧模板	模板废弃	土地污染		√		√			
52		模板隔离剂	隔离剂废弃	土地污染		√		√			
53		冬施混凝土搅拌保温材料	废物遗弃	土地污染		√		√			
54		冬施混凝土材料加热	废气排放	大气污染		√		√			
55		冬施混凝土材料加热（煤）	煤的消耗	资源消耗		√		√			
56		冬施混凝土材料加热	火灾	大气污染		√		√			
57		冬施（含氨防冻剂的使用）	氨气释放	大气污染		√		√		√	
58		地下室防水施工	废气排放	大气污染		√		√			
59		防水材料废料	废料遗弃	土地污染		√		√			
60		土方回填	扬尘排放	大气污染		√		√			
61		土方夯实	噪声排放	噪声污染		√		√			
62		混凝土剔凿	噪声排放	噪声污染		√		√			
63		混凝土剔凿	混凝土废弃	土地污染		√		√			
64		火灾发生地干粉灭火器使用	废气排放	大气污染			√		√		
65		砂石使用（放射性）	放射污染	居住环境			√	√			
66	主体工程施工	搬运水泥	扬尘排放	大气污染		√		√			
67		搬运砂石	扬尘排放	大气污染		√		√			
68		搅拌机搅拌混凝土、砂浆上料	扬尘排放	大气污染		√		√			
69		搅拌机搅拌	噪声排放	噪声污染		√		√			
70		材料运输车辆	噪声排放	噪声污染		√		√			
71		材料运输车辆尾气	废气排放	大气污染		√		√			
72		搅拌混凝土	电能消耗	资源消耗		√		√			
73		搅拌混凝土	水的消耗	资源消耗		√		√			
74		混凝土振捣	噪声排放	噪声污染		√		√			
75		搅拌混凝土清洗	污水排放	水体污染		√		√			
76		遗洒混凝土、砂浆、搅拌混凝土清理杂物	固体废弃物	土地污染		√		√			
77		搅拌混凝土清理	噪声排放	噪声污染		√		√			
78		钢筋加工	噪声排放	噪声污染		√		√			
79		钢筋加工、使用	钢筋废料	资源消耗		√		√			
80		钢筋废料	废料遗弃	土地污染		√		√			
81		钢筋焊接	烟尘排放	大气污染		√		√			
82		钢筋焊接	弧光	光污染		√		√			
83		焊接焊条废料	固体废弃物	土地污染		√		√			

续表

序号	项目	活动、产品、服务	环境因素	环境影响	过去	现在	将来	正常	异常	紧急	备注
84	主体工程施工	焊接材料	材料的消耗	资源消耗		√		√			
85		焊接用电	电的消耗	资源消耗		√		√			
86		钢筋焊接火花	火灾	大气污染			√			√	
87		模板加工	噪声排放	噪声污染		√		√			
88		模板安装	噪声排放	噪声污染		√		√			
89		模板拆除	噪声排放	噪声污染		√		√			
90		模板加工（木材使用）	木材消耗	资源消耗		√		√			
91		废旧模板	模板废弃	土地污染		√		√			
92		模板隔离剂	隔离剂废弃	土地污染		√		√			
93		冬施混凝土搅拌保温材料	废物遗弃	土地污染			√	√			
94		冬施混凝土材料加热	废气排放	大气污染		√		√			
95		冬施混凝土材料加热（煤）	煤的消耗	资源消耗		√		√			
96		冬施混凝土材料加热	火灾	大气污染		√		√			
97		冬施（含氨防冻剂的使用）	氨气释放	大气污染			√	√			
98		地下室防水施工	废气排放	大气污染		√		√			
99		防水材料废料	废料遗弃	土地污染		√		√			
100		土方回填	扬尘排放	大气污染		√		√			
101		土方夯实	噪声排放	噪声污染		√		√			
102		混凝土剔凿	噪声排放	噪声污染		√		√			
103		混凝土剔凿	混凝土废弃	土地污染		√		√			
104		火灾发生地干粉灭火器使用	废气排放	大气污染			√		√		
105		砂石使用（放射性）	放射污染	居住环境			√	√			
106		砌筑砂浆落地灰	落地灰废弃	土地污染		√		√			
107		脚手架的搭设	噪声排放	噪声污染		√		√			
108		脚手架/脚手板	木材的消耗	资源消耗		√		√			
109		脚手架的搭设、拆除	噪声排放	噪声污染		√		√			
110		脚手架的搭设、拆除	扬尘排放	大气污染		√		√			
111		脚手板翻板	噪声排放	噪声污染		√		√			
112		脚手板翻板	扬尘排放	大气污染		√		√			
113		卷扬机（提升机）的使用	噪声排放	噪声污染		√		√			
114		卷扬机（提升机）的使用	电的消耗	资源消耗		√		√			
115		（提升机）物料装卸	扬尘排放	大气污染		√		√			
116		（提升机）物料装卸	噪声排放	噪声污染		√		√			
117		塔式起重机的使用	噪声排放	噪声污染		√		√			
118		塔式起重机的使用	电的消耗	资源消耗		√		√			
119		塔式起重机的维护	废油泄漏	土地污染		√		√			
120		混凝土的养护	水的消耗	资源消耗		√		√			

续表

序号	项目	活动、产品、服务	环境因素	环境影响	过去	现在	将来	正常	异常	紧急	备注
121	主体工程施工	防腐木砖的遗弃	防腐木砖废弃	土地污染			√	√			
122		现场（镝灯）照明	电能消耗	资源消耗		√		√			
123		现场（镝灯）照明	光线照射	光污染		√		√			
124		现场（镝灯）照明	火灾	大气污染		√		√			
125		摸板清理	噪声排放	噪声污染		√		√			
126		摸板使用机油养护	机油遗洒	土地污染		√		√			
127		木工电锯使用	噪声排放	噪声污染		√		√			
128		木工电锯使用	电能消耗	资源消耗		√		√			
129		锯末的堆积	火灾	大气污染		√		√			
130		锯末的废弃	垃圾排放	土地污染		√		√			
131		木工电刨使用	噪声排放	噪声污染		√		√			
132		木工电刨使用	电能消耗	资源消耗		√		√			
133		钉钉子	噪声排放	噪声污染		√		√			
134		钉子使用	钉子遗洒	资源消耗		√		√			
135		钢筋拉直	噪声排放	噪声污染		√		√			
136		钢筋拉直	电能消耗	资源消耗		√		√			
137		钢筋切断机	噪声排放	噪声污染		√		√			
138		钢筋切断机	电能消耗	资源消耗		√		√			
139		钢筋弯曲	噪声排放	噪声污染		√		√			
140		钢筋弯曲	电能消耗	资源消耗		√		√			
141		钢筋切断（砂轮锯）	噪声排放	噪声污染		√		√			
142		钢筋切断（砂轮锯）	电能消耗	资源消耗		√		√			
143		钢筋料头	废料遗弃	资源消耗		√		√			
144	装饰施工	水泥的运输	扬尘排放	大气污染		√		√			
145		水泥的储存	扬尘排放	大气污染		√		√			
146		砂石的运输	扬尘排放	大气污染		√		√			
147		砂石的储存	扬尘排放	大气污染		√		√			
148		白灰的运输	扬尘排放	大气污染		√		√			
149		白灰的熟化、储存	热能散发	大气升温		√		√			
150		运输遗洒	扬尘排放	大气污染		√		√			
151		腻子粉的运输	扬尘排放	大气污染		√		√			
152		腻子粉的储存	扬尘排放	大气污染		√		√			
153	装饰施工	胶粘剂的使用	有毒气体排放	居住环境污染		√		√			
154		胶粘剂的废弃	废物排放	土地污染		√		√			
155		油漆的使用	火灾	大气污染		√				√	
156		油漆的储存、运输	火灾	大气污染		√				√	
157		油漆的使用	苯的释放	大气污染			√	√			

续表

序号	项目	活动、产品、服务	环境因素	环境影响	过去	现在	将来	正常	异常	紧急	备注
158	装饰施工	油漆的储存、运输	油漆泄露	土地污染			√	√			
159		稀料的储存、运输	火灾	大气污染		√				√	
160		稀料的使用	火灾	大气污染		√				√	
161		废油漆刷	废物遗弃	土地污染		√		√			
162		废油漆	废物遗弃	土地污染		√		√			
163		人造板的使用	甲醛释放	居住环境污染			√	√			
164		人造板下脚料	废物遗弃	土地污染		√		√			
165		人造板下脚料	废物遗弃	大气污染		√		√			
166		人造板的储存	火灾	大气污染		√				√	
167		天然木材的使用	木材消耗	资源消耗		√		√			
168		天然木材的储存	火灾	大气污染		√				√	
169		天然木材的下脚料	废物遗弃	土地污染		√		√			
170		木材切割	噪声排放	噪声污染		√		√			
171		木材切割	扬尘排放	大气污染		√		√			
172		射钉枪	噪声排放	噪声污染		√		√			
173		电锤使用	噪声排放	噪声污染		√		√			
174		电锤使用	扬尘排放	大气污染		√		√			
175		油漆、稀料（危废）包装物	包装物废弃	土地污染		√		√			
176		塑料包装袋（不含盛装物）	包装物废弃	土地污染		√		√			
177		纸质包装物（不含盛装物）	包装物废弃	土地污染		√		√			
178		金属包装物（不含盛装物）	包装物废弃	土地污染		√		√			
179		瓷砖切割	噪声排放	噪声污染		√		√			
180		瓷砖切割粉末	粉尘排放	大气污染		√		√			
181		瓷砖废料	废物遗弃	土地污染		√		√			
182		瓷砖的放射性	射线放射	放射性污染			√	√			
183		涂料的使用（甲醛、苯）	甲醛、苯的释放	居住环境污染			√	√			
184		涂料的使用、装卸、储存	涂料遗洒	土地污染		√		√			
185		废涂料筒、废涂料刷	废物遗弃	土地污染		√		√			
186	门窗工程	门窗框的安装	噪声排放	噪声污染		√		√			
187		门窗扇的安装	噪声排放	噪声污染		√		√			
188		门窗扇的安装周边混凝土剔凿	噪声排放	噪声污染		√		√			
189		门窗扇的安装周边混凝土剔凿	粉尘排放	大气污染		√		√			
190		打胶	废物遗弃	土地污染		√		√			
191		打胶	甲醛、苯的释放	大气污染			√	√			
192		框边填料料头	废物遗弃	土地污染		√		√			
193		框边填料不足	保温性能降低	能源消耗			√	√			

续表

序号	项目	活动、产品、服务	环境因素	环境影响	过去	现在	将来	正常	异常	紧急	备注
194	楼地面施工	地面基层清理（剔凿）	噪声排放	噪声污染		√		√			
195		地面基层清理（剔凿）	粉尘排放	大气污染		√		√			
196		地面基层清理（废物）	废物排放	土地污染		√		√			
197		地砖的切割	噪声排放	噪声污染		√		√			
198		地砖的运输	噪声排放	噪声污染		√		√			
199		地砖切割粉末	粉尘排放	大气污染		√		√			
200		地砖废料	废物遗弃	土地污染		√		√			
201		地砖的放射性	射线放射	放射性污染		√	√	√			
202		地砖的镶贴（敲击）	噪声排放	噪声污染		√		√			
203		水磨石地面施工	水的使用	资源消耗		√		√			
204		水磨石地面磨平	污水的排放	水体污染		√		√			
205		水磨石地面磨平	噪声排放	噪声污染		√		√			
206		人造木地板的使用	甲醛释放	居住环境污染		√	√	√			
207		人造木地板下脚料	废物遗弃	土地污染		√		√			
208		人造木地板下脚料	废物遗弃	大气污染		√		√			
209		人造木地板的储存	火灾	大气污染		√				√	
210		天然木地板的使用	木材消耗	资源消耗		√		√			
211		天然木地板的储存	火灾	大气污染		√		√			
212		天然木地板的下脚料	废物遗弃	土地污染		√		√			
213		木材切割	噪声排放	噪声污染		√		√			
214		木材切割	扬尘	大气污染		√		√			
215	屋面工程施工	防水材料	材料挥发	大气污染		√		√			
216		防水材料料头	废物遗弃	土地污染		√		√			
217		喷灯、防水材料	火灾	大气污染		√				√	
218		喷灯	废气排放	大气污染		√		√			
219		喷灯	噪声排放	噪声污染		√		√			
220		保温材料的碎块	废物遗弃	土地污染		√		√			
221		保温材料的铺砌	噪声排放	噪声污染		√		√			
222		保温材料的铺砌	扬尘	大气污染		√		√			
223		保温材料的碎块	废物遗弃	土地污染		√		√			
224		冷底子油涂刷	挥发物挥发	大气污染		√		√			
225		冷底子油运输、储存	遗洒	土地污染		√		√			
226		冷底子油包装桶	废桶遗弃	土地污染		√		√			

续表

序号	项目	活动、产品、服务	环境因素	环境影响	过去	现在	将来	正常	异常	紧急	备注
227		给排水管材的加工、运输	噪声排放	噪声污染		√		√			
228		给排水管材的加工废料	废物遗弃	土地污染		√		√			
229		给排水管材的安装	噪声排放	噪声污染		√		√			
230		给排水管胶粘剂	有害物挥发	大气污染		√		√			
231		给排水管胶粘剂包装物及剩料	有害物挥发	大气污染		√		√			
232		给排水管胶粘剂包装物及剩料	废物遗弃	土地污染		√		√			
233		镀锌管的使用	电镀液排放	水体污染		√		√			
234		涂刷防锈漆	苯的挥发	大气污染			√	√			
235		防锈漆桶	废桶遗弃	土地污染		√		√			
236		防锈漆储存、运输	泄漏	土地污染		√				√	
237	给排水施工	防锈漆储存、运输、使用	着火	大气污染		√				√	
238		银粉涂刷	有害气体挥发	大气污染		√		√			
239		银粉储存、运输、使用	泄漏	土地污染		√				√	
240		废旧漆刷	漆刷废弃	土地污染		√		√			
241		洗漆刷溶液	溶液倾倒	土地污染		√		√			
242		银粉漆桶	废桶遗弃	土地污染		√		√			
243		给排水系统试水	水的使用	资源消耗		√		√			
244		给排水系统试水	噪声排放	噪声污染		√		√			
245		给排水系统吹洗	水的使用	资源消耗		√		√			
246		给排水系统吹洗	噪声排放	噪声污染		√		√			
247		给排水系统吹洗	废水排放	水体污染		√		√			
248		电线套管的使用	线管的消耗	资源消耗		√		√			
249		电线套管料头	废物遗弃	土地污染		√		√			
250		涂刷防锈漆	苯的挥发	大气污染			√	√			
251		防锈漆桶	废桶遗弃	土地污染		√		√			
252		防锈漆储存、运输	泄漏	土地污染		√				√	
253		防锈漆储存、运输、使用	火灾	大气污染		√				√	
254	电气施工	废旧漆刷	漆刷废弃	土地污染		√		√			
255		洗漆刷溶液	溶液倾倒	土地污染		√		√			
256		电线的使用	线的消耗	资源消耗		√		√			
257		电线料头	废物遗弃	土地污染		√		√			
258		接地线的焊接	弧光照射	光污染		√		√			
259		接地线的焊接烟尘	烟尘排放	大气污染		√		√			
260		接地线的焊接有毒气体	废气排放	大气污染		√		√			

续表

序号	项目	活动、产品、服务	环境因素	环境影响	过去	现在	将来	正常	异常	紧急	备注
261	电气施工	焊接火花	火灾	大气污染			√			√	
262		焊条料头、焊渣	废物遗弃	土地污染		√		√			
263		接地极的敷设（土方）	扬尘	大气污染		√		√			
264		接地极的敷设（打钎）	噪声排放	噪声污染		√		√			
265		电气安装	噪声排放	噪声污染		√		√			
266		通电试运行	火灾	大气污染			√			√	
267		电线包装物	包装物废弃	土地污染		√		√			
268	办公室	空调的使用	电的消耗	能源消耗		√		√			
269		空调的使用（氟里昂）	氟里昂泄漏	大气污染		√		√			
270		水的使用	水的消耗	能源消耗		√		√			
271		纸张的使用	纸张的消耗	能源消耗		√		√			
272		照明用电	电的消耗	能源消耗		√		√			
273		废旧纸张燃烧	废气排放	大气污染		√		√			
274		电脑、复印机的使用	电的消耗	能源消耗		√		√			
275		电脑、复印机	固体物废弃	土地污染		√		√			
276		废旧灯管	固体物废弃	土地污染		√		√			
277		废旧硒鼓	固体物废弃	土地污染		√		√			
278		废旧电池	固体物废弃	土地污染		√		√			
279		废旧复写纸	固体物废弃	土地污染		√		√			
280		道路清扫	扬尘	大气污染		√		√			
281		其他废弃物	固体物废弃	土地污染		√		√			
282		车辆尾气	尾气排放	大气污染		√		√			
283		车辆噪声	噪声排放	噪声污染		√		√			
284	厕所	厕所用水	水的消耗	能源消耗		√		√			
285		厕所污水	废水排放	水体污染		√		√			
286		厕所臭气	臭气排放	大气污染		√		√			
287		厕所用电	电的消耗	能源消耗		√		√			
288	食堂	电冰柜使用	电的消耗	能源消耗		√		√			
289		电冰柜使用	氟的泄漏	大气污染		√		√			
290		污水	污水排放	水体污染		√		√			
291		食堂用电	电的消耗	能源消耗		√		√			
292		食堂用水	水的消耗	能源消耗		√		√			
293		炒菜油烟	油烟排放	大气污染		√		√			
294		食堂用火	废气排放	大气污染		√		√			

续表

序号	项目	活动、产品、服务	环境因素	环境影响	过去	现在	将来	正常	异常	紧急	备注
295	食堂	食堂用火	火灾	大气污染			√			√	
296		煤气罐	爆炸	大气污染			√			√	
297		剩饭菜	剩饭菜倾倒	土地污染		√		√			
298		抽油烟机	噪声排放	噪声污染		√		√			
299		炒菜	噪声排放	噪声污染		√		√			
300	宿舍	宿舍用电	电的消耗	能源消耗		√		√			
301		宿舍用水	水的消耗	能源消耗		√		√			
302		生活污水	污水排放	水体污染		√		√			
303		生活垃圾	垃圾倾倒	土地污染		√		√			
304		宿舍抽烟、乱接电线	火灾	大气污染		√		√			
305		休息时间吵闹	噪声排放	噪声污染		√		√			
306	锅炉房	煤炭使用	煤的消耗	能源消耗		√		√			
307		锅炉用电	电的消耗	能源消耗		√		√			
308		锅炉用水	水的消耗	能源消耗		√		√			
309		煤炭储存、运输	扬尘排放	大气污染		√		√			
310		煤烟	烟尘排放	大气污染		√		√			
311		煤烟	废气排放	大气污染		√		√			
312		污水	污水排放	水体污染		√		√			
313		煤灰	扬尘排放	大气污染		√		√			
314		煤灰	煤灰倾倒	土地污染		√		√			
315		锅炉爆炸	噪声排放	噪声污染		√		√			
316		锅炉爆炸	废气排放	大气污染		√		√			
317		燃料着火	废气排放	大气污染			√			√	
318		水质化验	化学品泄漏	土地污染		√		√			
319		水质化验	废溶液倾倒	土地污染		√		√			
320	产品	油漆	苯的释放	大气污染		√	√	√			
321		水性涂料	苯、甲醛、TVOC、TDI的释放	大气污染		√	√	√			
322		胶粘剂	苯、甲醛、TVOC、TDI的释放	大气污染		√	√	√			
323		水泥	射线放射	射线污染		√	√	√			
324		砂子	射线放射	射线污染		√	√	√			
325		石子	射线放射	射线污染		√	√	√			

续表

序号	项目	活动、产品、服务	环境因素	环境影响	过去	现在	将来	正常	异常	紧急	备注
326		砖	射线放射	射线污染		√	√	√			
327		混凝土构件及其他新型墙体材料	射线放射	射线污染		√	√	√			
328		石材	射线放射	射线污染		√	√	√			
329		卫生陶瓷	射线放射	射线污染		√	√	√			
330	产品	石膏板	射线放射	射线污染		√	√	√			
331		吊顶材料	射线放射	射线污染		√	√	√			
332		人造木板	甲醛的释放	大气污染		√	√	√			
333		建筑地点土壤中氡的释放	氡的释放	大气污染		√	√	√			
334		混凝土外加剂	氨的释放	大气污染		√	√	√			
335		维修剔凿噪声	噪声排放	噪声污染			√	√			
336		给排水管安装噪声	噪声排放	噪声污染			√	√			
337		墙地面剔凿扬尘	扬尘	大气污染			√	√			
338	服务	废旧含油棉丝	含油棉丝废弃	土地污染			√	√			
339		剔凿产生的垃圾	垃圾处理	土地污染			√	√			
340		拆卸的旧物	垃圾处理	土地污染			√	√			
341		清洗废水	污水排放	水体污染			√	√			

第5章 环境目标、指标与管理方案

5.1 环境目标、指标和常见的环境管理措施案例

环境管理目标和指标与管理方案关系十分密切。管理方案是为了实现目标指标而采取的方法和途径。目标指标的合理确定应该考虑各种可能的条件和需求，合理科学的绩效确定。

1. 某施工现场的环境管理目标指标案例

总目标：施工过程达标排放，节能减排。

(1) 施工环境管理目标指标。

1) 场地土壤环境控制目标：杜绝由遗洒、废水随意排放和遗洒而造成的土壤污染。

2) 大气环境控制目标：一级风扬尘控制高度0.3～0.4m，二级风扬尘控制高度0.5～0.6m，三级风扬尘控制高度小于1m，四级风停止土方作业。

3) 噪声控制目标：详细数值见表5-1中所列。

表5-1 施工噪声限值表

施工阶段	主要噪声源	噪声限值/dB	
		白天	夜间
结构阶段	混凝土罐车、地泵、振捣棒、钢结构施工磨光机等小型机械、电锯等	70	55
装修阶段	电锤、电锯手持电动工具等	60	55

注：表中所列噪声值是指与敏感区域相应的建筑工场地边界线处的限值。

4) 污水排放控制目标：冲洗混凝土罐车的污水经三级沉淀池沉淀后排入市政污水管网，杜绝遗洒、溢流；食堂废水必须经隔油池过滤后排入城市污水管网，杜绝遗洒、溢流；浴室、厕所的污水必须经化粪池过滤沉淀后，排入城市污水管网，杜绝遗洒、溢流。

5) 电磁辐射控制目标：杜绝电磁辐射污染。

6) 放射性污染控制目标：杜绝放射物的污染事件。

(2) 施工过程能源、资源控制目标：水、电节约1%；油节约1%；木材、水泥、钢材节约1.5%。

2. 常见的施工现场绿色施工和环保措施

(1) 节材措施。

①图纸会审时，应审核节材与材料资源利用的相关内容，达到材料损耗率比定额损耗率降低30%的目标。

②根据材料计划用量用料时间，选择合适供应方，确保材料质高价低，按用料时间进场。建立材料用量台账，根据消耗定额，限额领料，做到当日领料当日用完，减少浪费。

③根据施工进度、库存情况等合理安排材料的采购、进场时间和批次，减少库存。

④现场材料堆放有序。储存环境适宜，措施得当。保管制度健全，责任落实。

⑤材料运输工具适宜，装卸方法得当，防止损坏和遗洒。根据现场平面布置情况就近卸载，避免和减少二次搬运。

⑥采取技术和管理措施提高模板、脚手架等的周转次数。

⑦优化安装工程的预留、预埋、管线路径等方案。

⑧应就地取材，施工现场 500km 以内生产的建筑材料用量占建筑材料总重量的 70%以上。

⑨减少材料损耗，通过仔细的采购和合理的现场保管，减少材料的搬运次数，减少包装，完善操作工艺，增加摊销材料的周转次数等降低材料在使用中的消耗，提高材料的使用效率。

一些具体材料的节材措施如下：

1）结构材料节材措施。

①推广使用预拌混凝土和商品砂浆。准确计算采购数量、供应频率、施工速度等，在施工过程中动态控制。结构工程使用散装水泥。

②推广使用高强钢筋和高性能混凝土，减少资源消耗。

③推广钢筋专业化加工和配送。

④优化钢筋配料和钢构件下料方案。钢筋及钢结构制作前应对下料单及样品进行复核，无误后方可批量下料。

⑤优化钢结构制作和安装方法。大型钢结构宜采用工厂制作，现场拼装；宜采用分段吊装、整体提升、滑移、顶升等安装方法，减少方案的措施用材量。

⑥采取数字化技术，对大体积混凝土、大跨度结构等专项施工方案进行优化。

2）围护材料节材措施。

①门窗、屋面、外墙等围护结构选用耐候性及耐久性良好的材料，施工确保密封性、防水性和保温隔热性。

②门窗采用密封性、保温隔热性能、隔声性能良好的型材和玻璃等材料。

③屋面材料、外墙材料具有良好的防水性能和保温隔热性能。

④当屋面或墙体等部位采用基层加设保温隔热系统的方式施工时，应选择高效节能、耐久性好的保温隔热材料，以减小保温隔热层的厚度及材料用量。

⑤屋面或墙体等部位的保温隔热系统采用专用的配套材料，以加强各层次之间的粘结或连接强度，确保系统的安全性和耐久性。

⑥根据建筑物的实际特点，优选屋面或外墙的保温隔热材料系统和施工方式，例如保温板粘贴、保温板干挂、聚氨酯硬泡喷涂、保温浆料涂抹等，以保证保温隔热效果，并减少材料浪费。

⑦加强保温隔热系统与围护结构的节点处理，尽量降低热桥效应。针对建筑物的不同部位保温隔热特点，选用不同的保温隔热材料及系统，以做到经济适用。

3）装饰装修材料节材措施。

①贴面类材料在施工前，应进行总体排版策划，减少非整块材的数量。

②采用非木质的新材料或人造板材代替木质板材。

③防水卷材、壁纸、油漆及各类涂料基层必须符合要求，避免起皮、脱落。各类油漆及胶粘剂应随用随开启，不用时及时封闭。

④幕墙及各类预留预埋应与结构施工同步。

⑤木制品及木装饰用料、玻璃等各类板材等宜在工厂采购或定制。

⑥采用自粘类片材，减少现场液态胶粘剂的使用量。

4）周转材料节材措施。

①应选用耐用、维护与拆卸方便的周转材料和机具。

②优先选用制作、安装、拆除一体化的专业队伍进行模板工程施工。

③模板应以节约自然资源为原则，推广使用定型钢模、钢框竹模、竹胶板。

④施工前应对模板工程的方案进行优化。多层、高层建筑使用可重复利用的模板体系，模板支撑宜采用工具式支撑。

⑤优化高层建筑的外脚手架方案，采用整体提升、分段悬挑等方案。

⑥推广采用外墙保温板替代混凝土施工模板的技术。

⑦现场办公和生活用房采用周转式活动房。现场围挡应最大限度地利用已有围墙，或采用装配式可重复使用围挡封闭。力争工地临房、临时围挡材料的可重复使用率达到70%。

（2）节水与水资源利用。

1）提高用水效率。

①施工中采用先进的节水施工工艺。

②施工现场喷洒路面、绿化浇灌不宜使用市政自来水。现场搅拌用水、养护用水应采取有效的节水措施，严禁无措施浇水养护混凝土。

③施工现场供水管网应根据用水量设计布置，管径合理、管路简捷，采取有效措施减少管网和用水器具的漏损。

④现场机具、设备、车辆冲洗用水必须设立循环用水装置。施工现场办公区、生活区的生活用水采用节水系统和节水器具，提高节水器具配置比率。项目临时用水应使用节水型产品，安装计量装置，采取针对性的节水措施。

⑤施工现场建立可再利用水的收集处理系统，使水资源得到梯级循环利用。

⑥施工现场分别对生活用水与工程用水确定用水定额指标，并分别计量管理。

⑦大型工程的不同单项工程、不同标段、不同分包生活区，凡具备条件的应分别计量用水量。在签订不同标段分包或劳务合同时，将节水定额指标纳入合同条款，进行计量考核。

⑧对混凝土搅拌站点等用水集中的区域和工艺点进行专项计量考核。施工现场建立雨水、中水或可再利用水的搜集利用系统。

2）非传统水源利用。

①优先采用中水搅拌、中水养护，有条件的地区和工程应收集雨水养护。

②处于基坑降水阶段的工地，宜优先采用地下水作为混凝土搅拌用水、养护用水、冲洗用水和部分生活用水。

③现场机具、设备、车辆冲洗、喷洒路面、绿化浇灌等用水，优先采用非传统水源，尽量不使用市政自来水。

④大型施工现场，尤其是雨量充沛地区的大型施工现场建立雨水收集利用系统，充分收集自然降水用于施工和生活中适宜的部位。

⑤力争施工中非传统水源和循环水的再利用量大于30%。

3）用水安全。

在非传统水源和现场循环再利用水的使用过程中，应制订有效的水质检测与卫生保障措施，确保避免对人体健康、工程质量以及周围环境产生不良影响。

（3）节能与能源利用。

1）节能措施。

①能源节约教育：施工前对所有工人进行节能教育，树立节约能源的意识，养成良好的习惯。

②制订合理施工能耗指标，提高施工能源利用率。

③优先使用国家、行业推荐的节能、高效、环保的施工设备和机具，如选用变频技术的节能施工设备等。

④施工现场分别设定生产、生活、办公和施工设备的用电控制指标，定期进行计量、核算、对比分析，并有预防与纠正措施。

⑤在施工组织设计中，合理安排施工顺序、工作面，以减少作业区域的机具数量，相邻作业区充分利用共有的机具资源。安排施工工艺时，应优先考虑耗用电能少的或其他能耗较少的施工工艺。避免出现设备额定功率远大于使用功率或超负荷使用设备的现象。

⑥根据当地气候和自然资源条件，充分利用太阳能、地热等可再生能源。

⑦可回收资源利用。使用可再生的或含有可再生成分的产品和材料，这有助于将可回收部分从废弃物中分离出来，同时减少了原始材料的使用，即减少了自然资源的消耗。加大资源和材料的回收利用、循环利用，如在施工现场建立废物回收系统，再回收或重复利用在拆除时得到的材料，这可减少施工中材料的消耗量或通过销售来增加企业的收入，也可降低企业运输或填埋垃圾的费用。

2）机械设备与机具。

①建立施工机械设备管理制度，开展用电、用油计量，完善设备档案，及时做好维修保养工作，使机械设备保持低耗、高效的状态。

②选择功率与负载相匹配的施工机械设备，避免大功率施工机械设备低负载长时间运行。机电安装可采用节电型机械设备，如逆变式电焊机和能耗低、效率高的手持电动工具等，以利节电。机械设备宜使用节能型油料添加剂，在可能的情况下，考虑回收利用，节约油量。

③合理安排工序，提高各种机械的使用率和满载率，降低各种设备的单位耗能。

④在基础施工阶段，优化土方开挖方案，合理选用挖土机及运载车。

3）生产、生活及办公临时设施。

①利用场地自然条件，合理设计生产、生活及办公临时设施的体形、朝向、间距和窗墙面积比，使其获得良好的日照、通风和采光。南方地区可根据需要在其外墙窗设遮阳设施。

②临时设施宜采用节能材料，墙体、屋面使用隔热性能好的材料，减少夏天空调、冬天取暖设备的使用时间及耗能量。

③合理配置采暖、空调、风扇数量，规定使用时间，实行分段分时使用，节约用电。

4）施工用电及照明。

①根据工程需要，统计设备加工的工作量，合理使用国家、行业推荐的节能、高效、环保的施工设备和机具。

②临时用电均选用节能电线和节能灯具，临电线路合理设计、布置。

③照明设计以满足最低照度为原则，照度不应超过最低照度的20%。

④合理安排工期，编制施工进度总计划、月、周计划，尽量减少夜间施工。

⑤夜间施工确保施工段的照明，无关区域不开灯。

⑥编制设备保养计划，提高设备完好率、利用率。

⑦电焊机配备空载短路装置，降低功耗，配置率100%。

⑧安装电度表，进行计量并对宿舍用电进行考核。

⑨建立激励和处罚机制，弘扬节约光荣，浪费可耻的风气。

⑩宿舍使用限流装置、分路供电技术手段进行控制。

⑪在宿舍限时停电，停电时间为上午7：00～11：00，下午1：00～5：30。

⑫加强检查，杜绝宿舍自炊或使用热电器具。

⑬办公室使用变频空调，规定制冷温度标准为26℃，设置合理的空调使用时间。

⑭办公室及生活区门口粘贴"节约用电、下班管好电源"等宣传标语。

⑮施工现场照明采用节能照明灯具，达到节约用电目的。

(4) 节地与施工用地保护。

1) 临时用地指标。

①根据施工规模及现场条件等因素合理确定临时设施，如临时加工厂、现场作业棚及材料堆场、办公生活设施等的占地指标。临时设施的占地面积应按用地指标所需的最低面积设计。

②要求平面布置合理、紧凑，在满足环境、职业健康与安全及文明施工要求的前提下尽可能减少废弃地和死角，临时设施占地面积有效利用率大于90%。

2) 临时用地保护。

①应对深基坑施工方案进行优化，减少土方开挖和回填量，最大限度地减少对土地的扰动，保护周边自然生态环境。

②红线外临时占地应尽量使用荒地、废地，少占用农田和耕地。工程完工后，及时对红线外占地恢复原地形、地貌，使施工活动对周边环境的影响降至最低。

③利用和保护施工用地范围内原有绿色植被。对于施工周期较长的现场，可按建筑永久绿化的要求，安排场地新建绿化。

3) 施工总平面布置。

①施工总平面布置应做到科学、合理，充分利用原有建筑物、构筑物、道路、管线为施工服务。

②施工现场搅拌站、仓库、加工厂、作业棚、材料堆场等的布置应尽量靠近已有交通线路或即将修建的正式或临时交通线路，缩短运输距离。

③临时办公和生活用房应采用经济、美观、占地面积小、对周边地貌环境影响较小，且适合于施工平面布置动态调整的多层轻钢活动板房、钢骨架水泥活动板房等标准化装配式结构。生活区与生产区应分开布置，并设置标准的分隔设施。

④施工现场围墙可采用连续封闭的轻钢结构预制装配式活动围挡，减少建筑垃圾，保护土地。

⑤施工现场道路按照永久道路和临时道路相结合的原则布置。施工现场内形成环形通

路，减少道路占用土地。

⑥临时设施布置应注意远近结合（本期工程与下期工程），努力减少和避免大量临时建筑拆迁和场地搬迁。

（5）环境保护。

1）扬尘控制。

①现场扬尘排放达标：现场施工扬尘排放达到国家要求的粉尘排放标准。

②施工期间加强环保意识、保持工地清洁、控制扬尘、杜绝材料浪费。

③现场主要道路：为降低施工现场扬尘发生，施工现场主要道路采用二灰石路面，每天派专人随时清扫现场主要施工道路，清扫前适量洒水压尘；同时对于黄土露天的部分场地进行随机插入式绿化，以减少扬尘。

④运送土方、垃圾、设备及建筑材料等，不污损场外道路。运输容易散落、飞扬、流漏的物料的车辆，必须采取措施封闭严密，保证车辆清洁。施工现场出口应设置洗车槽。

⑤土方作业阶段，采取洒水、覆盖等措施，达到作业区目测扬尘高度小于1.5m，不扩散到场区外。现场不堆放土方，运输时在车上覆盖密目网，防止扬尘。挖土期间，在车辆出门前，派专人清洗泥土车轮胎；运输坡道上可设置钢筋网格或基层废旧密目网振落轮胎上的泥土。在完全硬化的混凝土道路上设置淋湿地毯，防止车辆带土和扬尘。

⑥结构施工、安装装饰装修阶段，作业区目测扬尘高度小于0.5m。对易产生扬尘的堆放材料应采取覆盖措施；对粉末状材料应封闭存放；场区内可能引起扬尘的材料及建筑垃圾搬运应有降尘措施，如覆盖、洒水等；浇筑混凝土前清理灰尘和垃圾时尽量使用吸尘器，避免使用吹风器等易产生扬尘的设备；机械剔凿作业时可用局部遮挡、掩盖、水淋等防护措施；高层或多层建筑清理垃圾应搭设封闭性临时专用道或采用容器吊运。

⑦模板施工阶段，每次模板拆模后设专人及时清理模板上的混凝土和流浆，模板清理过程中的垃圾及时清运到施工现场垃圾存放点，保证模板及堆放场地清洁。

⑧施工现场非作业区达到目测无扬尘的要求。对现场易飞扬物质采取有效措施，如洒水、地面硬化、围挡、密网覆盖、封闭等，防止扬尘产生。

⑨回填土施工所采用的石灰用袋装进入现场，及时入库。禁止将白灰沿槽边倾倒，以免石灰颗粒飘散产生扬尘。

⑩切割、钻孔的防尘措施：齿锯切割木材时，在锯机的下方设置遮挡锯末挡板，使锯末在内部沉淀后回收。钻孔用水钻进行，在下方设置疏水槽，将浆水引至容器内沉淀后处理。

⑪水泥、石灰和其他易飞扬物、细颗粒散体材料，安排在室内存放或严密遮盖，运输时要防止遗洒、飞扬，卸运时采用码放措施，减少污染。

⑫钢筋加工棚、木工加工棚、封闭仓库地面，均采用水泥砂浆面层，并每天清扫，经常洒水降尘，木工操作面要及时清理木屑、锯末。

⑬构筑物机械拆除前，做好扬尘控制计划。可采取清理积尘、拆除体洒水、设置隔档等措施。

⑭建筑结构内的施工垃圾清运采用搭设封闭式临时专用垃圾道运输或采用袋装吊运，严禁随意凌空抛洒，并适量洒水，减少扬尘对空气的污染。

⑮构筑物爆破拆除前，做好扬尘控制计划。可采用清理积尘、淋湿地面、预湿墙体、屋面敷水袋、楼面蓄水、建筑外设高压喷雾状水系统、搭设防尘排栅和直升机投水弹等综合降

尘。选择风力小的天气进行爆破作业。

⑯在场界四周隔档高度位置测得的大气总悬浮颗粒物（TSP）月平均浓度与城市背景值的差值不大于0.08mg/m^3。

2）有害气体排放控制。

①施工现场严禁焚烧各类废弃物。

②施工车辆、机械设备的尾气排放应符合国家和北京市规定的排放标准。

③建筑材料应有合格证明。对含有害物质的材料应进行复检，合格后方可使用。

④民用建筑工程室内装修严禁采用沥青、煤焦油类防腐、防潮处理剂。

⑤施工中所使用的阻燃剂、混凝土外加剂氨的释放量应符合国家标准。

⑥废气排量控制：a. 与运输单位签署环保协议，使用满足本地区尾气排放标准的运输车辆，不达标的车辆不允许进入施工现场；b. 项目部自用车辆均要为排放达标车辆；c. 所有机械设备由专业企业负责提供，有专人负责保养、维修，定期检查，确保完好。

3）噪声与振动控制。

①对于噪声的控制是防止环境污染、提高环境品质的一个重要方面。中国已经出台相应规定对施工噪声进行限制。绿色施工也强调对施工噪声的控制，以防止施工扰民。合理安排施工时间，实施封闭式施工，采用现代化的隔离防护设备，采用低噪声、低振动的建筑机械，如无声振捣设备等，是控制施工噪声的有效手段。

②现场噪声排放不得超过国家标准《建筑施工场界环境噪声排放标准》（GB 12523—2011）的规定。

③在施工场界对噪声进行实时监测与控制。监测方法执行国家标准《建筑施工场界环境噪声排放标准》（GB 12523—2011）。

④加强环保意识的宣传，采用有利的措施以控制人为的施工噪声，严格管理，最大限度减少噪声污染。

⑤使用低噪声、低振动的机具，采取隔声与隔振措施，避免或减少施工噪声和振动。

⑥现场混凝土振捣采用低噪声混凝土振动棒，振捣混凝土时，不得振捣钢筋和模板，并做到快插慢拔。

⑦模板脚手架在支设、拆除和搬运时，必须轻拿轻放，上下、左右有人传递。

⑧木材切割噪声控制：在木材加工场地切割机周围搭设一面围挡结构，尽量减少噪声污染。

⑨使用电锯切割时，应及时在锯片上刷油，且锯片送速不能太快。

⑩使用电锤、电钻时，应使用合格的产品，及时在钻头上注油或水。

⑪塔式起重机指挥使用对讲机来消除起重工的哨声带来的噪声污染。

⑫对高噪声的设备实行封闭式隔声处理。

⑬车辆进入现场时速不得超过5km，不得鸣笛。

4）光污染控制。

①尽量避免或减少施工过程中的光污染。夜间室外照明灯加设灯罩，透光方向集中在施工范围。

②灯光集中照射，避免干扰周边场所。

③进出运输材料车辆一律不允许开大灯。

④灯尽量选择既能满足照明要求又不刺眼的新型灯具，夜间室外照明灯加设灯罩，只照射施工区而不影响周边场所。

⑤电焊作业采取遮挡措施，避免电焊弧光外泄。具体措施：设置焊接光棚：钢结构焊接部位设置遮光棚，防止强光外射对工地周围区域造成影响。对于板钢筋的焊接，可以用废旧模板钉围护挡板；对于大钢结构采用钢管扣件、防火帆布搭设，可拆卸循环利用。

⑥控制照明光线的角度：工地周边及塔式起重机上设置大型罩式灯，随着工地的进度及时调整罩灯的角度，保证强光线不射出工地外。施工工地上设置的碘钨灯照射方向始终朝向工地内侧。

5）水污染控制。

①施工现场污水排放应达到国家标准《皂素工业水污染物排放标准》（GB 20425—2006）的要求。

②在施工现场应针对不同的污水，设置相应的处理设施，如沉淀池、隔油池、化粪池等。具体措施有：a. 雨水，雨水经过沉淀池后排入市政管网；b. 污水排放，现场设置厕所，定期清理、定期检查，间隔时间要短；c. 设置隔油池，在工地食堂洗碗池下方设置隔油池；每天清扫、清洗，油物随生活垃圾一同收入生活垃圾桶，由专门养殖场收走；d. 设置沉淀池，沉淀池设置在现场大门处，清洗混凝土搅拌车、泥土车等的污水经过沉淀后，可再利用在现场洒水和混凝土养护等；e. 对于化学品等有毒材料、油料的储存地，应有严格的隔水层设计，做好渗漏液收集和处理。

③污水排放应委托有资质的单位进行废水水质检测，提供相应的污水检测报告。

④保护地下水环境。采用隔水性能好的边坡支护技术。在缺水地区或地下水位持续下降的地区，基坑降水尽可能少地抽取地下水；当基坑开挖抽水量大于 $50\times10^5 m^3$ 时，应进行地下水回灌，并避免地下水被污染。

6）土壤保护。

①保护地表环境，防止土壤侵蚀、流失。因施工造成的裸土，及时覆盖砂石或种植速生草种，以减少土壤侵蚀；因施工造成容易发生地表径流土壤流失的情况，应采取设置地表排水系统、稳定斜坡、植被覆盖等措施，减少土壤流失。

②沉淀池、隔油池、化粪池等不发生堵塞、渗漏、溢出等现象。及时清掏各类池内沉淀物，并委托有资质的单位清运。定期清理排水沟和沉淀池。

③对于有毒有害废弃物，如电池、墨盒、油漆、涂料等，应回收后交有资质的单位处理，不能作为建筑垃圾外运；废旧电池要回收，在领取新电池时交回旧电池，最后由项目部统一处理，避免污染土壤和地下水。

④机械机油处理：在机械的下方铺设苫布，上面铺上一层沙吸油，最后集中找有资质的单位处理。

⑤施工后应恢复施工活动破坏的植被（一般指临时占地内）。与当地园林、环保部门或当地植物研究机构进行合作，在先前开发地区种植当地或其他合适的植物，以恢复剩余空地地貌或科学绿化，补救施工活动中人为破坏植被和地貌造成的土壤侵蚀。

7）建筑垃圾控制。

①制订建筑垃圾减量化计划，如住宅建筑，每万平方米的建筑垃圾不宜超过400t。

②加强建筑垃圾的回收再利用，力争建筑垃圾的再利用和回收率达到30%，建筑物拆

除产生的废弃物的再利用和回收率大于40%。对于碎石类、土石方类建筑垃圾，可采用地基填埋、铺路等方式提高再利用率，力争再利用率大于50%。

③对建筑垃圾进行分类，生活垃圾与施工垃圾分开，实施全封闭管理。现场设立固定的垃圾临时存放点，并在各区域内设立足够尺寸的垃圾箱。所有垃圾在当天清运至指定垃圾场。

④施工现场生活区设置封闭式垃圾容器，施工场地生活垃圾实行袋装化，及时清运。

⑤采取“减量化、资源化和无害化”措施。a. 固体废弃物减量化：通过合理下料技术措施，准确下料，尽量减少建筑垃圾。实行“工完场清”等管理措施，每个工作在结束该段施工工序时，在递交工序交接单前，负责把自己工序的垃圾清扫干净。充分利用以建筑垃圾废弃物的落地砂浆、混凝土等材料。提高施工质量标准，减少建筑垃圾的产生，如提高墙、地面的施工平整度，一次性达到找平层的要求，提高模板拼缝的质量，避免或减少漏浆。尽量采用工厂化生产的建筑构件，减少现场切割。b. 固体废弃物资源化：废旧材料再利用；利用废弃模板来钉做一些维护结构，如遮光棚，隔声板等；利用废弃的钢筋头制作楼板马凳，地锚拉环等。利用木方、木胶合板来搭设道路边的防护板和后浇带的防护板。浇筑剩余的混凝土用来浇筑构造柱、水沟预制盖板和后浇带预制盖板等小构件。c. 固体废弃物分类处理：垃圾分类处理，可回收材料中的木料、木板由胶合板厂、造纸厂回收再利用。d. 非存档文件纸张采用双面打印或复印，废弃纸张最终与其他纸制品一同由造纸厂回收再利用。废旧不可利用钢铁的回收：施工中收集的废钢材，由项目部统一处理给钢铁厂回收再利用。办公使用可多次灌注的墨盒，不能用的废弃墨盒由制造商回收再利用。

8）环境影响控制。

①工程开工前，建设单位应组织对施工场地所在地区的土壤环境现状进行调查，制订科学的保护或恢复措施，防止施工过程中造成土壤侵蚀、规划，减少施工活动对土壤环境的破坏和污染。

②建设项目涉及古树名木保护的，工程开工前，应有建设单位提供政府主管部门批准的文件，未经批准，不得施工。

③建设项目施工中涉及古树名木确需迁移，应按照古树名木移植的有关规定办理移植许可证和组织施工。

④对场地内无法移栽、必须原地保留的古树名木应划定保护区域，严格履行园林部门批准的保护方案，采取有效保护措施。

⑤施工单位在施工过程中一旦发现文物，应立即停止施工，保护现场并通报文物管理部门。

⑥建设项目场址内因特殊情况不能避开地上文物，应积极履行经文物行政主管部门审核批准的原址保护方案，确保其不受施工活动损害。

⑦对于因施工而破坏的植被、造成的裸土，必须及时采取有效措施，以避免土壤侵蚀、流失，如采取覆盖砂石、种植速生草种等措施。施工结束后，被破坏的原有植被场地必须恢复或进行合理绿化。

9）地下设施、文物和资源保护。

①施工前应调查清楚地下各种设施，做好保护计划，保证施工场地周边的各类管道、管线、建筑物、构筑物的安全运行。

②在工程现场挖掘出的所有化石、硬币、有价值物品或文物、建筑结构及有地质或考古价值的其他物品，均属于国家财产。施工过程中一旦发现上述文物，立即停止施工，保护现场并通报文物部门并协助做好工作。

③避让、保护施工场区及周边的古树名木。

④逐步开展统计分析施工项目的二氧化碳排放量，以及各种不同植被和树种的二氧化碳固定量的工作。

（6）结合气候施工。

1）尽可能合理地安排施工顺序，使会受到不利气候影响的施工工序能够在不利气候来临前完成。例如，在雨季来临之前完成土方工程、基础工程的施工，以减少地下水位上升对施工的影响，减少其他需要增加的额外雨季施工保证措施。

2）安排好全场性排水、防洪，减少对现场及周边环境的影响。

3）施工场地布置应结合气候，符合劳动保护、安全、防火的要求。产生有害气体和污染环境的加工场（如沥青熬制、石灰熟化）及易燃的设施（如木工棚、易燃物品仓库）应布置在下风向，且不危害当地居民；起重设施的布置应考虑风、雷电的影响。

4）在冬季、雨季、风季、炎热夏季施工中，应针对工程特点，尤其是对混凝土工程、土方工程、深基础工程、水下工程和高空作业等，选择适合的季节性施工方法或有效措施。

（7）职业健康与安全。

1）场地布置及临时设施建设：施工现场办公区、生活区应与施工区分开设置，并保持安全距离；办公区、生活区的选址应当符合安全要求。施工现场应设置办公室、宿舍、食堂、厕所、淋浴间、开水房、文体活动室（或农民夜校培训室）、密闭式垃圾站（或容器）及盥洗设施等临时建设。施工现场临时搭建的建筑物应当符合安全使用要求，施工现场使用的装配式活动房屋应当具有产品合格证书。严禁在尚未竣工的建筑物内设置员工集体宿舍。

2）作业条件及环境安全：施工现场必须采用密闭式硬质围挡，高度不得低于1.8m。施工现场应设置标志牌和企业标识，按规定应有现场平面布置图和安全生产、消防保卫、环境保护、文明施工制度板，公示突发事件应急处置流程表。施工单位应采取保护措施，确保与建设工程毗邻的建筑物、构筑物安全和地下管线安全。施工现场高大脚手架、塔式起重机等大型机械设备应与架空输电导线保持安全距离，高压线路应采用绝缘材料进行环境保护。施工期间应对建设工程周边临街人行道路、车辆出入口采取硬质环境保护措施，夜间应设置照明指示装置。施工现场出入口、施工起重机械、临时用电设施、脚手架、出入通道口、楼梯口、电梯井口、孔洞口、桥梁口、隧道口、基坑边沿、爆破物及有害危险气体和液体存放处等危险部位，应设置明显的安全警示标志。安全警示标志必须符合国家标准。在不同的施工阶段及施工季节、气候和周边环境发生变化时，施工现场应采取相应的安全技术措施，达到文明安全施工条件。

3）职业健康：施工现场应在易产生职业病危害的作业岗位和设备、场所设置警示标志或警示说明。定期对从事有毒有害作业人员进行职业健康培训和体检，指导操作人员正确使用职业病防护设备和个人劳动防护用品。施工单位应为施工人员备齐安全帽、安全带及与所从事工种相匹配的安全鞋、工作服等个人劳动防护用品。施工现场应采用低噪声设备，推广使用自动化、密闭化施工工艺，降低机械噪声。业时，操作人员应戴耳塞进行听力保护。深井、地下隧道、管道施工、地下室防腐、防水作业等不能保证良好自然通风的作业区，应配备强制通风设施。操作人员在有毒有害气体作业场所应戴防毒面具或防护口罩。在粉尘作业场所，应采取喷淋等设施降低粉尘浓度，操作人员应佩戴防尘口罩；焊接作业时，操作人员应佩戴防护面罩、防目镜及手套等个人防护用品。高温作业时，施工现场应配备防暑降温用品，合理安排作息时间。

4）卫生防疫：施工现场员工膳食、饮水、休息场所应符合卫生标准。宿舍、食堂、浴室、厕所应有通风、照明设施，日常维护应有专人负责。食堂应有相关部门发放的有效卫生许可证，各类器具规范清洁。炊事员应持有效健康证。厕所、卫生设施、排水沟及阴暗潮湿地带应定期消毒。生活区应设置密闭式容器，垃圾分类存放，定期灭蝇，及时清运。施工现场应设立医务室，配备保健药箱、常用药品及绷带、止血带、颈托、担架等急救器材。施工人员发生传染病、食物中毒、急性职业中毒时，应及时向发生地的卫生防疫部门和建设主管部门报告，并按照卫生防疫部门的有关规定进行处置。

（8）发展使用绿色施工、环境管理方面的新技术、新设备、新材料与新工艺

发展适合绿色施工的资源利用与环境保护技术，对落后的施工方案进行限制或淘汰，推动绿色施工技术的创新。

1）现场禁止和限制使用黏土砖，不使用政府及有关部门规定禁止和限制使用的材料和产品。

2）临时设施充分利用旧料和现场拆迁回收材料，使用装配方便、可循环利用的材料。

3）积极推广与使用标准化、定型化、工具化设施及装置，电梯井防护门、施工升降机门、楼梯防护、脚手架爬梯、移动配电箱等均采用定型化设施，配置率达到90%。

4）根据工程具体情况，合理组织施工、积极推广新技术、新设备、新工艺、新材料；积极优化施工与技术方案，发展适合绿色施工的资源利用和环境保护技术，对落后的方案进行修正。

5）建立办公节约制度、对办公中预留下的单面废纸进行二次利用，用于施工现场技术交底或双面复印内部管理文件；对办公室实行用电责任制，离开办公室时需随手关闭电源，下班时关闭电脑、空调，白天光线好时禁止开灯；办公室安装空调，在夏季高温季节，室内温度控制不低于26℃。

6）加强信息技术应用，提高工作效率，节约管理成本。每个职能部门均配备电脑及相应专业软件，通过应用信息技术，进行精密规划、设计、精心建造和优化集成，实现与提高绿色施工的各项指标。例如：a. 缄口系统的设置，对生活区、办公区、现场主入口、现场作业面实行监控及全程录像；b. 采用工程预决算软件，在施工过程中迅速提供人工、材料清单及相应的工料分析，便于编制材料计划及人力资源配置；c. 运用项目管理软件，编制施工组织设计及施工网络计划，合理调配施工，增加工效，减少窝工；d. 运用CAD制图软件，对设计图纸现场放样，及模板、钢筋放大样；e. 建立局域网，项目内部实现资源共享；f. 采用工程信息化管理平台，快速了解企业内部信息，加强项目决策与管理能力。

5.2 管理方案（管理措施）案例

某高速公路路面施工环境管理方案如下：

1. 场景

(1) 工程概况。

某高速公路是国家重点规划的“五纵七横”国道主干线网中上海至瑞丽国道主干线一段，也是某省东西向的公路运输大通道，全长208km。建设单位对路面工程进行分6个合同段公开招标，该公路所穿越地区年均降水量大，雨季时间长，建设单位在B1合同段（K0+000～K20+000）的选取K0+000～K7+000段做沥青路面试验段，主要测试降水对沥青混凝土路面的影响程度，为以后在该地区其他公路工程建设中推广沥青混凝土路面积累试验数据。某路桥建设公司中标B1合同段。

水泥混凝土路面结构设计：25cm厚5.5%水泥稳定砂砾基层＋27cm厚水泥混凝土面层。

沥青混凝土路面结构设计：32cm厚5.5%水泥稳定砂砾基层＋透层沥青＋黏层沥青＋7cm厚中粒式沥青混凝土＋5cm厚细粒式沥青混凝土。

(2) 地质情况。

B1合同段穿越西山国家地质公园，基本沿西水河滩布线。高程大致在90～120m之间。地质构造较复杂，经受了从前震荡季至第四季以来的多次运动，岩石出露地层较多，由新到老主要有新生界第四系、第三系、中生界三叠系，古生界二叠系、石炭系、泥盆系。

(3) 技术工艺特点。

水泥稳定砂砾基层混合料采用WBZ-21稳定土拌和机拌和，该种型号的拌和设备的生产能满足施工的需要，它具有安装拆卸方便，全电脑自动控制配系统，出料速度快等技术优点。但工作噪声大，生产废水对环境，特别是对当地水资源可能造成污染，主要存在雷击及用电方面的安全隐患。

沥青混凝土采用NTAP2400沥青搅拌站进行生产。该搅拌站自动化程度高，生产能力大，能同时供应两台沥青摊铺机联合作业对沥青混凝土的需求。但该技术工艺对环境可能造成较大的影响，主要表现为废气对大气的污染，沥青液体对土壤及地下水的污染。高温沥青混合料可能对作业人员造成伤害，雷击可能对搅拌站造成危害。

水泥混凝土采用两台HZS120搅拌机进行拌制。它具有生产能力大，出料速度快，自动化程度高，混凝土质量易于控制等特点。搅拌站冲洗废水、混凝土外加剂漏洒可能对当地水系造成污染，同用电线路多，可能出现用电安全事故。

基层混合料、沥青混凝土均采用沥青摊铺机进行作业，边角及机械作业死角部分采用人工配合小型机具进行摊铺；水泥混凝土采用滑模摊铺机进行摊铺作业。采用摊铺机作业具有提高工作效率，降低劳动强度，提高工程质量，减少材料浪费等优点。摊铺作业时施工余料尽可能利用，以避免产生固体废弃物对周边环境造成污染。

(4) 质量要求。

建设单位要求该工程确保省优质工程，该工程项目穿越西山国家地质公园且与西水相傍，因此在安全上要求不得发生重大安全事故，在环境上要求不得发生对西水和周边的生态环境造成污染事故。基于此，某路桥建设公司要求项目经理部必须建立以项目经理为组长的安全、环境应急救援领导小组。

(5) 周边环境。

该合同段由于穿越西山国家地质公园，与西水相傍，项目经理部与西山国家地质公园管理处、西水河道主管部门、当地公安部门、当地消防部门、当地环境保护部门及当地行政部门建立了工作联系机制，对出现的安全、环境问题及时与各个相关部门取得联系，请求相关部门的协助。当地医疗卫生机构较多且距离施工现场较近。

（6）现场人员。

某路桥公司派驻B1合同段项目经理部施工现场的人员有：项目经理1人，高级工程师，一级项目经理资质，从事高速公路路面施工15年；项目副经理3人，均具有高级职称，其中1人负责现场生产，1人负责机械材料，1人负责安全、环境保护；项目技术负责人1人，负责技术及计量、结算等；下设工程技术部、机械材料部、财务资金部、安全监察部、环境保护部、商务和约部、办公室、试验室6部2室。其中，安全监察部设专职安全工程师4人，专门负责各工点施工现场安全监督检查工作，环境保护部设专职环保工程师4人，专门负责各工点施工现场的环境保护工作。

（7）施工季节。

该项目计划4月1日开工，总工期18个月，至次年6月1日完工。跨越冬季、雨季及暑期等施工不利季节和施工高温季节。由于项目地处山区，在春季会出现间歇性的多雾天气，能见度低，施工过程中主要注意运输车辆的行车安全以及运输车辆可能对施工作业人员及沿线居民的安全。因此，在施工中密切关注气象信息，与气象部门进行经常性的交流与沟通。

（8）文化背景。

B1合同段沿线分布有部分集镇，一般每个集镇每个月都有固定赶集时间，主要是农产品与日常生活用品交易。赶集时人流量大且集中，因此在当地集镇赶集时段，材料运输车辆在通过集镇地段时要慢速行驶，注意避让行人，并注意鸣笛、扬尘等造成对赶集人流的影响。

（9）交通状况。

B1合同段与G207国道及多条乡村道路相交，施工设备进出场、施工用水泥、钢筋、砂、混凝土外加剂均通过G207国道及当地的乡村道路到达施工现场。材料运输中可能对乡村道路造成破坏，运输车辆在运输过程中可能发生固体或液体遗洒对沿线环境造成影响，可能因交通事故危及沿线居民人身安全。

2. 主要环境因素

（1）基层、底基层施工。

①基层、底基层混合料运输车辆车厢板关闭不严发生混合料遗洒。混合料运输需通过一段乡镇道路，道路平整度较差，运距较远，可能出现在运输过程中所通过的乡镇道路产生混合料遗洒。

②运输车辆尾气排放不达标造成的大气污染。

③搅拌站未设冲洗槽，运输车辆车轮带泥上路造成沿线道路污染。

④施工摊铺现场多余混合料及快餐盒、一次性卫生筷乱丢乱弃而造成周边环境污染。

⑤设备修理时未设接油装置，发生废油对水体及土壤污染。

（2）沥青混凝土路面施工。

①喷洒透层、黏层沥青时沥青雾对作业人员皮肤、眼睛及呼吸道造成伤害。

②由于透层、黏层沥青采用沥青洒布机喷洒乳化沥青，沥青属于化工产品，对人的皮

肤、眼睛有一定的刺激性，进入呼吸道后对人体的呼吸系统造成危害。

③搅拌站及摊铺现场里的高温沥青混凝土挥发出的气体及粉尘对大气造成污染。

④多余沥青混凝土乱丢乱弃造成污染。

⑤沥青混凝土搅拌站产生废气，污染大气环境。

⑥乳化沥青、液体沥青遗漏，造成土壤和水体污染。

（3）水泥混凝土路面施工。

①搅拌站水泥粉尘、冲洗废水，搅拌站废油排放、外加剂渗漏等。

②外加剂储存池渗漏或外加剂储存池雨天未加覆盖造成外加剂外溢，可能造成当地水系和土壤受到严重污染。

③运输车辆水泥混凝土遗洒。

④施工现场多余水泥混凝土废弃。

⑤施工现场养护用塑料薄膜、麻袋堆放。

3. 环境管理目标、指标

（1）基层、底基层施工时，运输车辆尾气达标，在运输过程中不遗洒，不带泥上路。

（2）施工现场无固体废弃物、白色污染。

（3）不污染当地水系与土壤。

（4）运输车辆尾气排放达到国家规定的标准。

（5）搅拌站废气及粉尘排放达到国家规定的排放标准。

4. 工作准备

（1）人员准备。

1）人员配置。根据该合同段工程规模、建设单位对工期的要求及特定的地理环境对施工环境、安全的要求，B1 合同段建立了以项目经理为组长的环境、安全管理与应急领导小组，项目班子其他人员任组员，下设安全部、环境监察部两个专门的职能部门，项目管理层直接参与安全、环境管理人员共计 12 人。安全部、环境监察部各安排 4 人对环境、安全工作进行现场旁站跟踪管理，其中，4 人为安全工程师，4 人为环保工程师，具体负责稳定土搅拌站、沥青混凝土搅拌站、水泥混凝土搅拌站与基层、底基层、沥青混凝土路面、水泥混凝土路面摊铺现场的安全、环境保护工作。为安全工程师、环保工程师配备相应的交通工具和必要的通信设备。同时，作业班组设置环保员和环保监察员，负责本班组的安全、环境保护工作，发现环境因素及危险源及时进行处理，处理不了的及时向安全工程师与环保工程师报告。

2）人员培训。开工前在项目技术负责人的组织下，项目安全工程师、环保工程师对各班组负责人、主要设备操作人员进行基层、底基层、沥青路面、水泥混凝土路面施工安全与环境保护方面的培训，培训采用集中授课的形式进行，参加人员无特殊情况不得缺席，并实行签到制度，培训结束后对参与培训的人员进行闭卷考试，考试成绩不合格者不得进入施工现场进行生产作业。

3）环境保护技术交底。项目开工及每作业班开工前，项目安全、环保工程师对各作业班组负责人进行基层、底基层、沥青路面、水泥混凝土路面安全、环境保护方面的技术交底，不得用培训代替交底，交底时必须有交底记录，班组负责人及主要设备的操作人员必须在交底记录上签字。

4）人员职责。

①项目经理部环境领导小组。

a. 执行有关职业安全与环境的法律、法规，落实公司的各项管理文件。

b. 定期召开会议研究，确定项目职业安全卫生与环境管理计划措施。

c. 定期检查应急准备措施的落实与执行情况。

d. 组织整改职业安全卫生与环境的事故、事件隐患，防止违章行为。

e. 负责组织事故、事件的抢救和救护工作，配合上级主管部门进行事故、事件调查、分析和上报工作。

f. 收集施工现场职业安全卫生与环境的管理现状，提出合理化建议，改进管理水平。

②项目经理。

a. 履行合同，对项目安全、环境管理负全责，行使指挥权。

b. 领导组织紧急事故、事件的抢救、救护、调查上报和处理。

c. 组织专业管理人员对施工现场进行定期检查。

d. 定期组织人员对管理方案的培训。

③项目环保工程师。

a. 负责施工现场安全、环境的具体管理和组织实施。

b. 组织员工对安全、环境管理方案进行培训。

c. 经常性对员工进行教育，定期组织紧急情况下的应急演习。

d. 对项目施工现场进行日常检查，并定期对现场管理状况进行监测、检查与评估。

④班组长。

a. 对管辖班组负责，保证本班组熟悉本岗位操作程序，掌握应急知识。

b. 严格按照施工作业程序和有关规范要求施工。

c. 落实好管理方案中的预防措施。

d. 及时将发现的险情和事故、事件上报项目经理部和通知员工。

e. 事故、事件发生时无条件组织所辖人员进行抢险和救援工作。

（2）设施、设备验收。

开工前对稳定土搅拌设备安装进行环保方面的检查，主要检查设备防雷击设施是否安装完成，接地装置是否完善，设备的各运转件是否连接牢固，各种用电线路是否搭接准确，水泥混凝土搅拌站外加剂储存池容积是否满足要求，储存池是否进行覆盖，桶装沥青是否遗漏，稳定土搅拌站、水泥混凝土搅拌站水泥罐垂直度是否满足要求等做相应的检查，对运输车辆的车况是否良好，各零部件是否漏油，制动性能是否完好，灯光条件是否能满足夜间施工要求等作出检查；对摊铺机制动系统、液压系统、传感系统检查是否完好，对压路机性能进行检查，是否能够满足安全与环境保护要求。

检查施工现场是否设置移动固体废弃物回收桶，并检查其是否完好。

检查各种劳保用品是否完善，数量是否满足要求。

检查结束后必须做出检查结果结论，总体是否符合安全、环保要求，对于达不到要求的，要提出整改或纠偏措施，限期整改。

对搅拌站各种电子仪表进行检查与校验，并检查其是否准确。

确认搅拌站废气是否设置净化装置及其净化效果能否满足环保要求，粉尘是否设置回收装置及其回收程度能否达标。

若监测装置达不到安全与环保要求，则不得进行生产作业。

(3) 专业配合。

施工项目环境保护管理工作必须与项目其他部门协同管理，包括与项目机械材料、商务合约、财务资金等部门的协调，同时还要经常与当地建设安全主管部门、环境主管部门、公安消防部门、卫生部门、西山国家地质公园管理部门沟通协调。

5. 环境管理措施

(1) 固体废弃物管理措施。

1) 施工现场设置可移动的固体废弃物回收桶，每 20 人应配置一个，施工现场所有的生活垃圾、多余混合料和其他固体废弃物都必须入桶，安排专人对回收桶内废弃物进行集中清运，集中无害化处理。

2) 对塑料类固体废弃物不得采用焚烧的方式进行处理，不得在施工现场或国家地质公园范围内进行焚烧或填埋处理，必须应送废品回收站等专业机构进行专业化处理。

3) 沥青混凝土余料要回收利用，不得随意丢弃，造成地质公园园区内土壤污染。

4) 施工现场卫生筷、快餐盒应弃置到移动回收桶内。

(2) 废水排放环境管理措施。

1) 搅拌站设沉淀池，所有的冲洗废水必须要经二次沉淀后达到排放标准时才能排放。

2) 生活区食堂设隔油池，生活废水、冲洗废水达到排放标准时才能排放。

3) 施工现场清洗设备、工具时，如果是清洗粘有沥青的设备、工具必须到指定地点清洗，废水要经过专门处理后对水体无污染时才能排放，严禁随地清洗，污染当地水体；一般的设备的工具清洗时，废水要经过沉淀达到排放标准时才能排放。

(3) 废气、扬尘排放管理措施。

1) 沥青混凝土搅拌站装设尾气净化装置和粉尘回收装置，定时检查装置的有效性，发现净化或回收装置性能下降，应及时进行检修或更换，并不得继续进行生产。

2) 运输车辆尾气排放必须达到国家规定的排放标准，对于尾气排放不达标的运输车辆，必须加装尾气净化装置或不得到施工现场进行运输作业。

3) 施工现场在干燥天气施工时，要洒水，防止扬尘污染空气。

4) 搅拌混凝土和稳定层拌和料时，要装设除尘装置，尽量减少扬尘对空气的污染。

5) 在有风的天气运输产生扬尘的材料时，车厢要进行覆盖。

(4) 道路遗洒管理措施。

1) 进出搅拌站的位置设置车辆冲洗槽，所有从搅拌站出行的车辆都必须对车轮进行冲洗，严禁车轮带泥上路，污染周边环境。

2) 车厢板必须关闭严密，装料要低于车帮 5cm，防止材料的遗洒。

3) 运输车辆若发生遗洒，则应立即安排人员对受遗洒污染的道路进行清扫。

6. 监视测量

(1) 施工过程监测。

1) 水泥混凝土搅拌施工每班工作结束后，应对储料斗及物料提升设备进行检查 1 次，确保机械运转状况良好，并无漏洒现象，一旦发现异常情况，必须立即报告，并安排专业人员进行维修。

2）每工作台班结束后，操作人员应对搅拌机四周进行清理，对搅拌站四周洒落的水泥、砂、石等材料应及时进行清理回收，可利用的重复利用，减少资源的浪费，不可使用的应集中运输至指定地点处理，避免对土壤造成污染。

3）混凝土搅拌过程中，操作人员应随时观察搅拌房中水泥粉尘的浓度，当目测可见粉尘颗粒时，应及时开启水雾降尘装置，进行除尘。

4）应定期检查混凝土搅拌机和振捣设备，确保机械运转状态良好，噪声排放符合标准。发现异常情况，应及时进行维修与更换。

5）混凝土养护时应及时监测，检查养护水是否流入沉淀池内。

6）每台班操作人员应观察沉淀池的容量情况，当沉淀池中积水较多时应及时排放到其他沉淀池，或经沉淀后目测不带泥砂，排入当地水系。经过沉淀的生产污水进行二次利用，可用于降尘或其他环保事宜。

7）定期（每周不少于1次）对沉淀池进行观测，观察沉淀池容量情况，及时进行清掏，并对池内污水进行检测，作为回收利用或排放的依据。

8）沥青混凝土施工时，应每一工作日对天气是否适合施工、操作人员是否违章作业、是否按规定使用防护用品，及有毒有害气体排放等进行一次检查，防止对大气造成严重污染和对人员造成严重伤害。

（2）对本方案的监测。

本方案制订后，须报公司安全管理部门组织质量、技术、环保、CI覆盖、文明施工等相关部门对科学性、可操作性、针对性、各种资源的满足程度进行审核，并出具改进意见，由公司总工程师批复后项目部方可组织施工。

在工程施工过程中，项目部应每季度由项目经理组织，对管理方案的执行与完善情况进行监测，并根据实际情况进行修订和改进，以保持对安全目标的控制。

项目部自觉接受公司和外部机构对方案实施情况的检查，并根据其提出的意见组织评审后实施改进。

第6章　环境管理方案实施及效果验证

6.1　环境管理方案实施及效果验证

1. 施工准备过程的环境管理

施工过程的环境管理主要在资源准备与环境保护交底两个方面。

环境保护资源主要根据环境管理方案的要求实施施工准备。环境保护交底（环境交底）则是把环境管理方案及其他策划的结果予以落实的重要环节。

2. 环保交底

环保交底是使参与施工的人员熟悉和了解所担负的工程项目的特点、环境因素及影响、技术要求、施工工艺、材料要求和应注意的问题、环保保护以及监测、管理的要求。它是依据国家标准、规范、规程、现行行业标准、上级技术指导性文件和企业标准制定的，可操作性的技术支持性文件。

环保交底文字尽量通俗易懂，图文并茂。必须有很强的可操作性和针对性，使施工人员持环保交底便可进行操作。

环保交底要有针对性及详细可操作性。环保交底的基本要求及流程主要有以下几个方面。

（1）工程概况、通用要求、工艺流程。

工程概况是说明部分，是对拟建项目安装工程的一个简单扼要、突出重点的文字介绍，使施工操作人员能够熟悉所施工的工程内容及环境影响特点，也可以简化或省略，通用要求即一般规定，主要是一些基本的前提和条件，工艺流程是该分项的施工工序和流程。

（2）环境因素。

对于作业活动中存在的对环境可能产生影响的因素，如现场设备噪声、作业方法、时间、周边情况等，在作业活动前了解具体的环境影响因素，能够帮助作业人员更加清晰明确作业活动中的环境污染因素的存在，提高预防的意识。

（3）分项（子分项）工程环保目标和要求。

标明本分项工程要求的环保目标，目标应针对本分项工程施工的主要环境因素制定，是实现公司以及项目的环保目标的基础，也是公司和项目环保目标的具体分解。

目标可分为达到的总体绩效目标和过程控制目标，过程控制目标是绩效目标的进一步细化和明确的结果。

（4）人员和设备要求及准备。

明确施工作业人员基本能力和持证要求、设备的环保要求、现场环境等的要求，要与作业防护要求相适应，应急的急救药品及其他急救设施与可能出现的污染相适应。

（5）运行控制。

要明确本分项工程的主要环保操作要点，具体操作要描述清楚，要表达清楚本分项工程在环保操作上的具体要求是什么，达到的要求是什么，这是环保交底的核心内容。

（6）应急准备和响应。

对于可能发生的事故事件以及一些紧急情况产生时以保证能够迅速做出响应，最大限度地减少可能产生的事故后果，能迅速对事故进行应急处理，避免或减少再次污染，并能在最短时间内处理好事故。

（7）监测要求。

对监测的内容、方法、频次等作出要求。

（8）其他注意事项。

一些其他需要注意的问题或其他可能出现的情况等。

6.2　场地及基础施工环保交底案例

1. 拆除作业

（1）一般规定。

1）拆除作业方法包括爆破拆除与人工拆除。其中爆破拆除方法有控制爆破、静态爆破、近人爆破。为提高功效，减少爆破的环境影响，在爆破方法的选择上主要按表 6 - 1 考虑。

表 6 - 1　　拆除作业的爆破方法及适用范围

爆破方法	适　用　范　围
控制爆破	能在爆破禁区内爆破，用于拆除房屋、构筑物、基础、桥梁
静态爆破	用于混凝土、钢筋混凝土和砖石构筑物、结构物的破碎拆除，不适用于多孔体和高耸结构
近人爆破	适用于一般混凝土基础、柱、梁、板等的拆除，不宜用于不密实结构及存在空隙的结构

2）拆除前要进行方案的设计，拆除方案除考虑建筑物、人员安全及拆除中的技术措施外，还必须考虑拆除作业所产生的环境影响，并且制订环境因素控制的措施。拆除方案的选择以经济和安全为原则，合理利用资源，避免浪费。方案设计前要进行周围环境与建筑物的调查，收集充分的原建筑物设计施工资料、地质与地下管道资料、周围建筑物与社区情况等。

3）整体拆除、爆破拆除、高耸物的拆除，由于产生粉尘并且容易向高处扩散，拆除物四周应进行封闭。

4）使用控制爆破时，爆破的音响、飞石、振动、冲击波减弱到允许程度，雷管、炸药等火工品、施工机具台班数、人工消耗量最少。

（2）作业流程。

1）控制爆破的作业流程为：现场勘察⟶炮孔布设⟶装药量计算⟶药卷制作、装药及堵塞⟶起爆。

2）机械与人工的作业流程为：方案设计⟶防护⟶拆除⟶清理。

（3）环境因素。

爆破拆除作业过程中，主要产生爆炸飞石、爆炸空气冲击波、爆炸噪声与振动、毒气、爆炸粉尘、机械设备噪声与漏油、固体废弃物、建（构）筑物倒塌及固体废弃物引起的粉尘等。

人工与机械拆除的环境因素主要有机械噪声与漏油、固体废弃物、拆除作业与固体废弃物产生的粉尘等。

目标要求。爆破工程环境影响达标排放

(4) 人员要求。

每项爆破工程应有专门的技术负责人，对参加爆破的人员进行专门的培训，详细的技术交底。施爆前，爆破人员应对爆破物、爆破材料、周围环境情况进行了解。参与爆破的人员应掌握爆破振动、飞石的计算方法，以及产生振动、飞石、噪声、毒气的原理及预防和控制方法。

爆破现场应设置安全区，不允许无关人员进入现场，不允许工作人员吸烟或带入易燃物。人员之间的联络信号统一。现场应有准备应急的人员。

(5) 材料要求。

1) 控制爆破使用的材料为炸药，常用炸药包括硝铵类炸药、铵油、铵松蜡类炸药、硝化苷油类炸药以及梯恩梯和黑水药等。

①硝铵类炸药易溶于水、吸水性强，含水量超过3%时拒爆，含水量要求控制在1.5%以内。硝铵炸药腐蚀铜、铝、铁，爆炸后产生大量在毒气体。因此，硝铵类炸药要防潮，避免接触雨水，贮存在干燥的环境中，避免与铜、铝、铁接触。

②铵油、铵松蜡类炸药中，1～3号炸药适用于露天爆破，1～2号铵松蜡炸药适用于有水和潮湿的爆破工程。

③硝化甘油类炸药有毒，8～10℃冻结，冻结后触动即爆炸，耐冻药在－20℃、－10℃能冻结，冻结后同样危险。因此，硝化甘油炸药运输、贮存必须在冻结温度以上。

④梯恩梯炸药易点燃，摩擦易引起爆炸，且易溶于水，受潮后不能使用。

2) 为保持炸药的性能，炸药应作防潮处理，卷装或袋装的炸药涂刷防潮剂。采购的炸药按其性能要求进行验收，并且检查卷皮有无破损，防潮剂是否剥落或有无裂痕，封口是否严密等。

检查炸药的湿度，将少量炸药倒入手掌中，将手掌松开时，如炸药成团不散开或结成块状，表明含有大量水分，应进行处理。

3) 静态破碎拆除使用静态破碎剂，应根据施工条件提出静态破碎剂的初凝与终凝时间要求，在终凝时间前，对调配后的静态破碎剂要有效使用，防止静态破碎的浪费。

静态破碎剂要进行膨胀压的试验，静态破碎剂的水灰比、凝结时间、流动度事先经过试验确定。防止不经配合设计导致的材料浪费，使用过程操作时间不当导致的破碎剂浪费，以及流动度控制不当爆破不均匀产生的新的环境污染。

4) 近人爆破使用的材料为高能燃烧剂和高能复合燃烧剂，材料贮存运输时防止受潮。

5) 炸药贮存堆放要求。要求如下：

①炸药、雷管分仓库贮存，不能混放。

②炸药、雷管与建筑物、周围其他设施的距离按当地公安部门的要求。

③仓库电器线路与灯具采用防爆电器。

6) 采购炸药与雷管时，应向当地公安部门申请购买许可，并且从有生产许可证的单位购买，所选择的运输单位也必须为公安部门批准的有资质的运输单位。

(6) 设备设施要求。

1) 对于控制爆破，应对爆破拆除的场所与对象进行封闭与防护，封闭与防护设施包括安全网、砂袋、草帘、草袋、竹笆、荆笆、废传送胶带、铁皮、铁网、篷布等，预防和减少爆破产生的粉尘、飞石、振动，以及有毒气体。

2）对于机械与人工拆除，要准备拆除用的机械设备，包括起重机、运输机、切割机等，要求性能良好，并进行严格的检查、维修和试运转，避免设备带病作业和超负荷作业而影响工作效率，以及导致漏油等额外的环境影响。准备拆除的工具，如锤、风镐、风钻、电钻、电锯、火焰切割器以及小型便携式电动工具、钢丝绳、吊钩等，工具保持状态完好，电动工具尽可能节能，噪声低，并且禁止使用国家淘汰的机械设备。

（7）过程控制。

1）爆炸飞石的预防。

①合理设计、严格施工。

a. 分散爆破点，采用群炮爆破时，采取不同时起爆各药包，减弱震波，消除共振。如果采用迟发雷管起爆，延缓时间在2s以上，振动影响就可控制在单药包起爆产生的振动范围内。

b. 分段爆破，减少一次爆破的炸药量，选择较小的爆破作用指数，必要时采用低猛度炸药和降低装药的集中度来进行爆破，从而降低爆炸噪声与振动。

c. 把握钻孔质量，孔径经过计算确定，施工过程选择直径适当的钻杆，防止孔径过大与过小导致的飞石、用药、噪声超标。

d. 合理布置药包或炮位眼孔的位置，一般情况下，爆破振动强度与爆破抛掷方向相反时最大，侧向次之，与抛掷方向一致则振动较小。建筑物高于爆破点，振动较大，反之则较小。

e. 对地下构筑物的爆破，在一侧或多侧挖防振沟，用来减弱地震波的传播，或采用预裂爆破降低地震影响，预裂孔宜比主炮孔深。为降低坍落振动，可预爆先行切割，或在地面预铺松砂或碎炉渣使起缓冲作用。

f. 控制炮孔深度以降振。炮孔越深，飞石越小，炮孔深度根据爆除部分的厚度和边界条件系数确定。一般情况下，炮孔深度控制在：梁炮孔深为梁宽的0.6倍，预裂时孔深为梁宽减炮孔间距；柱的炮孔深为柱厚的2/3；板的炮孔深为板厚的2/3。

g. 爆破之前，要对周围环境进行调查了解，包括影响区内的地上、地下设施及隐蔽工程，如电缆、给水排水化工管道等的分布状况；周围的建筑物及公路、铁路、居民点、输电、通信、燃气、给排水管道等离爆破作业点的距离，以及周围有无易燃易爆的厂房、物资等。对拆除工程结构材料取样，获取拆除工程的各项参数。在此基础上编制拆除工程施工组织设计。

②爆破体、保护体和中间防护，通过缓冲以降振。具体防护方法如下：

a. 爆破体防护材料有砂袋、草帘、草袋、竹笆、荆笆、废传送胶带、铁皮、铁网、篷布等。

b. 防护范围是爆区全部，包括布孔的平台区和台阶立面。

c. 防护工艺一般是在每个炮孔孔口压一个砂袋，砂袋上盖一层竹笆或胶帘，竹笆（或胶帘）上压一层铁皮，铁皮上加一层草帘或篷布。

地面以上的构筑物或基础爆破时，可在爆破部位上铺盖草垫（干或湿均可）或草袋（内装少量砂、土）作管道防线，再在草垫（或草袋）上铺放胶管帘（用60～100cm的胶管编成）或胶皮垫（用1.5m的输送机废皮带联成）、荆芭，最后再用帆布棚将以上两层整个覆盖包庇，胶帘（垫）与帆布应用铁丝或绳索拉住捆紧，以阻挡爆破碎块和保护上层的帆布不被砸坏并降低声响。必要时，窗洞口及保护部位用2cm×2cm网孔铁丝悬挂或覆盖，或遮挡。

对离建筑物近，或附近有重要建筑物的地下设备基础爆破，为防止大块抛掷，爆破体应采用橡胶防护垫（用废汽车轮胎编成排，面积10～12m²）；将用环索连接一起的粗贺木、铁丝网、铁环网、脚手板、废钢材等护盖在其上进行防护。

对一般崩落爆破、破碎性爆破，防飞石可用韧性好的铁丝防护网、布垫、帆布、胶垫、旧布垫、塑料、尼龙布、荆芭、草帘、竹帘或草袋等作防护覆盖。

对平面结构，如路面或钢筋混凝土板的爆破，可在路面或板上架设可拆卸的钢管架子，上盖铁丝网，上铺草包，内放少量砂、土，联合做成一个防护罩作防护。

d. 覆盖注意事项：保护起爆网路；用金属物覆盖时，电爆网路的接头应做好绝缘；台阶立面防护时将防护材料连成大片，防止滑落，或使用单个面积较大，能搭在立面上的覆盖物。

e. 保护体防护，一般是用竹笆、木板遮挡门窗和其他的部位。

f. 中间防护，在爆区和保护物之间搭设排架，排架两侧用拉丝或斜撑固定，排架上挂竹笆、荆笆或篷布。

2）爆破时空气冲击波、气浪和噪声控制。爆破作业中，部分炸药能量传播到空气中，并通过空气向四周传播，其能量的传播方式是在大气中形成空气冲击波、气浪和噪声，对建筑物、设备和人员造成一定的伤害。空气冲击波在传播过程中逐渐减弱为噪声，当爆炸气体突入大气的过程不激烈时，不会形成典型的空气冲击波，而是形成气浪和噪声。

空气冲击波的强度用波头的超压表示（超压在一定程度上也能代表气浪的强弱），噪声强度用声压级强度（dB）来表示。

①我国《爆破安全规程》规定，空气冲击波与噪声对人的安全阀值为120dB。

②控制及减弱空气冲击波与噪声的措施。

a. 进行防护，通过缓冲降低冲击波与噪声。

b. 砌体封墙，或用柔性材料进行缓冲，建议采用胶管帘和篷布覆盖，四周留口，将冲击波与气浪的能流导向水平方向，从而四散削弱。

c. 不用导爆索起爆网路。

d. 不用裸露爆破。非常情况下用裸露爆破时，应对药包进行严密覆盖，并计算噪声影响的安全允许距离。

e. 严格控制单位耗药量、单孔药量和一次起爆药量，爆破时的音响控制在70～90dB，振动控制在$\upsilon \leqslant 5$cm/s。

包括采用深炮孔和适量的小药量，以控制飞石、声响与振动；对结构复杂的高大钢盘混凝土整体建筑物，尽可能采取切梁断柱、一次爆破解体，对承重的构件，爆破药量取稍大些，使其爆破碎块散离原位；对钢筋混凝土只炸碎混凝土，靠自重坍落，将暴露的钢筋拉断；利用最小松动药包，减弱松动药包和加强松动药包作用原理来控制爆破能量。

爆破耗药量按表6-2～表6-5来确定。

表6-2 每立方米（m^3）的爆破结构耗药量表

结构类型	结构情况	炸药消耗量/(g/m^3)
爆破混凝土结构	材质较差（无孔洞）	110～150
	材质较好，单排切割式爆破	170～180
	材质较好，非切割式爆破	160～200
爆破钢筋混凝土结构	布筋较密，布筋少或梁柱构件	350～400
		270～340
爆破毛石混凝土结构	较密实，有空隙	120～160
		170～210

表6-3 爆破每立方米（m^3）基础所需消耗药量表

种类	药量/kg
砖砌基础	0.30～0.45
石砌基础	0.40～0.55
混凝土基础	0.50～0.65
钢筋混凝土基础	0.60～0.70

表6-4 钢筋混凝土柱体爆破单位体积炸药消耗量

含筋率	单位体积炸药消耗量/(kg/m^3)
0.8	0.43～0.45
1	0.48～0.49
3	0.84
5	1.0～1.13
10	1.74

表6-5 建筑物爆破单位体积硝铵炸药消耗量表

墙厚/m	孔深/m	混凝土墙体/(kg/m^3)	钢筋混凝土墙体/(kg/m^3)	水泥砂浆砌体/(kg/m^3)
0.45	0.30	2.40	2.60	2.20
0.50	0.40	2.16	2.34	1.98
0.60	0.45	1.80	1.95	1.65
0.70	0.50	1.56	1.69	1.43
0.80	0.55	1.20	1.30	1.10
0.90	0.60	1.08	1.17	0.99

f. 实施毫秒延期多段爆破。计算爆破装药量，将药量分散配置，每孔装药量不宜太多，采用毫秒延期或秒延期电雷管，一次通电，实现迟发分段，分层爆破，缩小倒塌范围，减少振动。

g. 保证堵塞质量和长度，尤其是避免冲天炮等现象，从而使噪声控制在规定的范围。对于控制爆破，堵塞物一般用黏土与砂按1∶2～3的比例加水拌和做成直径3cm，长10cm的泥条填塞密实。对于近人爆破，炮孔堵塞长度应大于1.2～1.5的抵抗线长度，同时大于1～2倍的孔距，堵塞材料以干硬黄土为佳，堵塞深度的2/3用黄泥，1/3部分用1∶2的水泥砂浆封闭。

h. 爆破地点周围有学校、医院、居民点，应与各有关单位协商，确定爆破时间，实施定点、准时爆破，禁止夜间爆破。

3）爆破有害气体及粉尘。爆破有害气体及粉尘的控制方法主要是浓度控制与安全距离控制。

①浓度控制。

我国爆破安全规范规定，地下爆破作业点的有毒气体的浓度不得超过表 6-6 的标准。

表 6-6　　地下爆矿作业点单位体积有毒气体最大浓度表

有毒气体名称		CO	NnOm	SO_2	H_2S	NH_3
允许浓度	按体积（%）	0.00240	0.00025	0.00050	0.00066	0.00400
	按重量/($mg.m^{-3}$)	30	5	15	10	30

地下爆破时，爆破作业面有毒气体的含量应每月测定一次，爆破炸药量增加或更换炸药品种时，应在爆破前后进行有毒气体测定。

a. 炸药成分的配比应当合理，尽可能做到平衡。加强炸药的保管和检验，禁止使用过期、变质的炸药。

b. 应保证足够的起爆能量，使炸药迅速达到稳定爆轰和完全反应。

c. 加强炸药的防水和防潮，装药前尽可能将炮孔内的水和其他杂质吹干净，使有毒气体产生减至最小程度。

d. 国家卫生标准规定，工作面的粉尘浓度不得超过 $2mg/m^3$。爆破产生的粉尘虽然与人接触的时间较短，但数量大。影响爆破后产生强度及粉尘分散度的因素很多，主要有以下方面。

（a）所爆破的基体的物理性质对产生强度有很大的影响，基体硬度越大，爆破后进入空气中的粉尘量越大。

（b）爆破单位体积的基体所用的炸药量越多，产生强度越大。

（c）炮孔深，产生强度小；炮孔浅，产生强度大；二次破碎的产尘强度高于深孔和浅孔的产生强度。

（d）连续火花爆破和多段爆破的产生强度较高；电气爆破时，产尘强度低，微差爆破时，产生强度更低。

（e）基体表面、周边的潮湿程度和空气温度越小，则工作面的粉尘浓度越高。

e. 采用水封爆破来控制粉尘浓度。即在炮孔中堵塞水炮泥（装水的塑料袋），爆破瞬间，塑料袋中的水成为微细的水滴以扑尘和凝集爆破所产生的粉尘。

f. 喷雾洒水。在距工作面 15～20m 处安装除尘喷雾器，在爆破前 2～3min 打开喷水装置，爆破后 30min 左右关闭。喷雾洒水时要做好现场的观察，洒水不得过量而产生过多的污水，洒水时不要污染不相关的物体。

g. 施工现场的粉尘排放应满足《煤炭工业污染物排放标准》（GB 20426—2006）中规定的值，以不危害作业人员健康为标准。

②安全距离控制。通过有毒气体的扩散，降低浓度后确定的安全距离。其计算方法如下。

$$R_g = K_g Q^{1/3}$$

式中，R_g 表示爆破毒气的安全距离；K_g 表示系数，平均值为 160，Q 表示爆破装药总量。

对于下风向时，安全距离增加一倍。

4）人工与机械拆除。

①人工与机械拆除噪声控制。主要噪声来源为：起重机、运输机械、切割机械、装载机、推土机、挖掘机、凿岩机等。控制措施包括以下方面：

a. 建立必要的维修保养制度，进行定期技术保养。

b. 对装载机，在冬季使用中，低温启动时，由于油的黏度骤增，使压力受损，效率降低，噪声增加，所以在冬季使用中，应采取预热措施。

c. 定期维修保养液压装置，对油液的使用、管理和滤清按规范要求进行。

d. 凿岩机必须有良好的防尘装置和消声装置。

e. 工人在操作凿岩机时必须佩戴个人防护用品。

f. 在使用凿岩机前，做好管道清洗工作和例行拆除检修，经常注意加润滑油，严禁无油作业。

g. 经常观察凿岩机的排粉情况。

h. 在冬季，可能锈蚀的外部裸露部位及可能潮湿的电气设备应做好防腐、防潮保护工作。

i. 减少人为噪声。

j. 手持电动工具噪声（手持式凿岩机、铁锤、钢钎），应严格控制使用时间，控制使用的频率。

②人工与机械拆除粉尘控制。控制措施如下：

a. 工人作业时需要佩戴个人防护用品。

b. 拆除过程中的洒水。拆除前，对作业现场进行清扫时要根据地面情况及粉尘情况安排洒水，地面洒水不得过量，以地面润湿为准；拆除过程中，作业面大，粉尘浓度高时，也要安排洒水降尘；清理建筑垃圾时，首先必须将较大部分装袋，然后洒水清扫，防止扬尘，清扫人员必须配戴防尘口罩，对于粉灰状的施工垃圾，采用吸尘器先吸，后用水清扫干净。

c. 拆除过程中，拆除下来的东西不能乱抛乱扔，统一由一个出口转运，防止拆除下来的物件撞击引起粉尘。

d. 为防粉尘，禁止四级风以上进行拆除作业。

5）拆除过程中固体废弃物的控制。

①固体废弃物分为无毒无害有利用价值、无毒无害无利用价值和有毒有害物资。

②固体废弃物的收集、存放。

a. 固体废弃物包括拆除前清理现场形成的废弃物，爆破与人工拆除过程形成的废弃物，拆除后清理现场形成的废弃物。

b. 各施工现场在施工作业前，应设置固体废弃物堆放场地或容器，对有可能因雨水淋湿造成污染的，要搭设防雨设施。

c. 现场堆放的固体废弃物应标识名称、有无毒害，并按标识分类堆放废弃物。

d. 固体废弃物的堆放应堆放整齐、合理，与现场文明施工要求相适应。

③固体废弃物的处理。

a. 处理应由管理负责人根据废弃物的存放量及存放场所的情况安排处理，一般当废弃物存放处已放置不下废弃物，影响现场文明施工形象或工程即将完工时，应向项目经理部报告。

b. 固体废弃物经与有消纳资格的单位联系后委托其处理。

c. 固体废弃物应根据固体废弃物的有无毒害性质分类堆放，不得混堆。

d. 对于无毒无害有利用价值的固体废弃物，如在其他工程项目可再次利用的，应由器材、工程部门提出回收意见及回收责任单位，对于不能再次利用的，应向有经营许可证的废品回收站回收。

e. 对于无毒无害无利用价值的固体废弃物，以及有毒有害的固体废弃物，如防水材料、胶凝材料等，应委托环卫垃圾清运单位清运处理。

f. 固体废弃物堆放时，为避免扬尘，应用密目网覆盖；装车时，应轻扬轻装，不人为地制造粉尘。装车的高度低于槽帮 10～15cm，并且封闭或者覆盖；出场车辆应清扫或者清洗。

6）静态爆破环境控制。静态爆破是将一种含有铝、镁、钙、铁、氧、硅、磷、钛等元素的无机盐粉末状破碎剂，用适量水调成流动状浆体，直接装入炮孔中，经水化后，产生巨大膨胀压力，将混凝土胀裂、破碎。静态爆破施工程序包括：爆破结构体调查⟶爆破设计⟶钻孔⟶拌制破碎剂⟶充填灌注⟶养生与破碎⟶清理。静态爆破无振动、无噪声、无烟尘、无毒气、无飞石。其主要的环境影响为破碎剂的化学污染，机械作业与人工作业产生的噪声、粉尘，破碎后的固体废弃物等。

①爆破结构体调查。爆破前对建筑物构造、性质、作业环境、工程量、要求破碎程度、二次破碎方法、工期要求、气候条件、钢筋规格及布筋情况进行详细调查，了解岩石性质、节理、走向和地下水情况。便于进行爆破设计，用药量计算，使振动值、噪声值控制在许可的范围。

②爆破设计。静态爆破产生的能量比控制爆破小，所以钻孔要比控制爆破多。为严格控制钻孔，静态爆破要进行爆破设计，所设计的参数包括钻孔的孔径、孔距、抵抗线、孔深，及药量参数，避免用药的浪费及产生过多的废弃物。见表 6-7。

表 6-7　钻 孔 参 数

<table>
<tr><th colspan="2" rowspan="2">被破碎物体</th><th colspan="4">钻 孔 参 数</th><th rowspan="2">SCA 用量/(kg/m³)</th></tr>
<tr><th>孔径/mm</th><th>孔距/cm</th><th>抵抗线/cm</th><th>孔深/cm</th></tr>
<tr><td colspan="2">软质岩破碎</td><td>40～50</td><td>40～60</td><td>30～50</td><td>H</td><td>8～10</td></tr>
<tr><td colspan="2">中、硬质岩破碎</td><td>40～65</td><td>40～60</td><td>30～50</td><td>1.05H</td><td>10～15</td></tr>
<tr><td colspan="2">软、硬质岩石切割</td><td>35～40</td><td>20～40</td><td>100～200</td><td>H</td><td>5～15</td></tr>
<tr><td colspan="2">无筋混凝土</td><td>35～50</td><td>40～60</td><td>30～40</td><td>0.8H</td><td>8～10</td></tr>
<tr><td rowspan="2">钢筋混凝土</td><td rowspan="2">基础、柱、梁墙板</td><td>35～50</td><td>15～40</td><td>20～30</td><td>0.9H</td><td>15～25</td></tr>
<tr><td>35～50</td><td>10～30</td><td>20～30</td><td>0.9H</td><td>15～26</td></tr>
</table>

炮孔应尽量选用垂直炮孔，少用水平炮孔，避免填塞操作困难，对难于钻垂直炮孔的部位，可钻朝下的斜孔或水平与垂直相结合。

③药量。破碎剂总用药量按公司 $Q=Vq$（V 代表破碎体体积，q 代表单位体积耗破碎剂量）。单位炮孔装药量参考表 6-8。

表6-8　单位炮孔装药量

破碎体类型	单位体积用药量/(kg/m³)	破碎体类别	单位体系用药量/(kg/m³)
软质岩石	8～10	无筋素混凝土	8～15
中硬质岩石	10～15	钢筋混凝土（布筋少）	15～20
硬质岩石	12～20	钢筋混凝土（布筋多）	20～30
岩石切割	5～15	孤石	5～10

④钻孔。钻孔使用电钻钻孔，钻孔所产生的噪声以及形成的固体废弃物按前述要求处理。

⑤拌制破碎剂。拌制破碎剂选择合适的场所，场所的地面为硬化地面，防止破碎剂散落渗入污染地面。拌制时，先将定量破碎剂倒入塑料容器内，然后缓缓加入定量水，用手提式搅拌机或人工拌成具有流动性的浆体备用。搅拌时应注意以下方面：

a. 破碎剂存放于干燥、通风良好的场所，防止受潮变质，并且注意保存期限。

b. 搅拌人员戴橡胶手套操作。

c. 人工搅拌时不得操作过猛，不使液体溅出；为防止液体溅出，一次拌制时液体不得超过容器的2/3。

d. 使用手提式搅拌机时，搅拌机下部要设置接漏装置；搅拌时间不超过3min。

e. 装运破碎剂的容器，应避免雨水侵入，以防发生喷出或炸裂。

f. 破碎剂要随配随用，一次不宜拌制过多，搅拌好的浆体，要在10min内用完，以免降低流动度和破碎效果。

⑥充填灌注。装填炮孔须清洗干净，装药前应检查炮孔干湿程度，对吸水性强的干燥炮孔，应先以净水湿润孔壁，然后装填，以免孔壁大量吸收浆体中的水分，影响水化作用和降低破碎效果。

对于垂直孔，直接倾倒入孔，倾倒时要对准孔口，倾倒后用炮棍捣实；对于水平孔，将浆体挤压入孔内，并且用快凝砂浆迅速堵口。充填时要防止散入孔外，尽量减少浪费与污染。

⑦养生与破碎。破碎剂膨胀产生裂缝后，为加速裂缝的产生，可用水浇缝，浇水时防止水的遗洒；冬天作业时，可以考虑通过电热丝插入孔内，通过加热加速水化反应。

⑧清理。裂缝产生后，即可用铲子清除。破碎剂的反应物剔除并单独堆放，并且联系外部有资格的垃圾清理站处理。其余固体废弃物用于回填等再利用。

7）近人爆破环境控制。近人爆破是将金属氧化物（二氧化锰、氧化铜）和金属还原剂（铝粉），或再掺加少量硝铵炸药，按一定比例掺合加工成药卷装入炮孔内，用电阻丝通电引燃，使发生氧化还原和分解反应将混凝土破碎。其作业过程包括：高能燃烧剂的配制⟶钻孔⟶填药⟶爆破⟶清理。近人爆破振动轻微，飞石、烟尘少。主要的环境影响为飞石、烟尘、有毒气体及高能燃烧剂的消耗等。

①爆破前进行布孔设计与药量计算，做好近人爆破的设计。药量计算见表6-9。

②燃烧剂材料原料应分别储放在不靠近火源的干燥通风处，药粉尽量随用随配。配制好的燃烧剂用铁桶密封，不与汽油、氧气、电石及油类等燃烧品混放。制药时避免药粉遗洒。

表6-9　爆破体材料单位面积用药量

爆破体材料	单位面积用药量/(g/m²)		条件
	切割	破碎	
混凝土 钢筋混凝土	800～200 120～1800	120～150 210～300	2～3个临空面
岩石	—	60～600	孤石至1个临空面

③炮孔尽量打垂直孔，以利装药，装填时避免使用散装药粉，炮孔要清理并保持干燥。

④爆破前，应清理上部覆盖层，提高爆破效率。爆破中产生的飞石、粉尘、有毒气体等按控制爆破的有关要求控制。

8）应急准备与响应。爆破主要的环境应急针对对象包括材料运输、堆场与仓库，爆破所产生的有毒气体的影响。要做好防止材料堆场爆炸，以及有毒气体扩散产生的新的环境影响。

①应急准备。

a. 现场建立应急小组，制订爆炸、火灾、有毒气体应急预案，开展应急演练。

b. 在堆放爆炸物的仓库附近设置消防栓，配备高压水管。

c. 通往仓库的道路硬化畅通。

②应急措施。

a. 材料堆场与仓库。

(a) 爆破材料贮存仓库应干燥、通风良好，相对湿度不大于65%，库内温度保持在180～300℃之间。库内炸药与雷管分开贮存，不得将批号混乱，不同性质的炸药不能共库存放，特别是硝化甘油类炸药必须单独贮存。

(b) 爆破材料贮存仓库与住宅、工厂、车站等建筑物及铁路、公路干线的安全距离不得小于表6-10中的距离。

表6-10　爆破材料安全贮存距离

项目	单位	炸药库容量/t				
		0.25	0.5	2.0	8.0	16.0
距有爆炸性的工厂	m	200	250	300	400	500
距民房、工厂、集镇、火车站	m	200	250	300	400	450
距铁路线	m	50	100	150	200	250
距公路干线	m	40	60	80	100	120

库房内堆放成箱炸药，应放在指定地点并整齐、牢固地摆放在木垫板上，炸药堆垛高度不得超过2.0m（成箱的硝化甘油炸药只许堆放二层），火具不超过1.5m，宽度不超过2m。堆与堆之间应有不小于1.3m宽的通道，药堆与墙壁间的距离不小于0.3m。

(c) 炸药与雷管分开贮存，两库房的安全距离不得小于殉爆安全距离，一般不小于表6-11中规定的距离。

表 6-11 炸药与雷管贮存库房之间的安全距离

仓库内雷管数量/个	到炸药库距离/m	仓库内雷管数量/个	到炸药库距离/m
1000	2.0	75 000	16.5
5000	4.5	100 000	19.0
10 000	6.0	150 000	24.0
15 000	7.5	200 000	27.0
20 000	8.5	300 000	33.0
30 000	10.0	400 000	38.0
50 000	13.5	500 000	43.0

(d) 爆破材料箱盒堆放必须平放，不得倒放，不准抛掷、拖拉、推送、敲打、碰撞亦不得在仓库内开药箱。

(e) 仓库内严禁使用易燃易爆品，严禁吸烟，库内只准使用安全照明设施，雷管库内只准使用绝缘外壳的手电筒。库房应设有避雷装置，接地电阻不大于 10Ω。

(f) 施工现场临时仓库内爆破材料的贮存数量规定炸药不得超过 3t，雷管不得超过 10000 个和相应数量的导火索。雷管应放在专用的木箱内，箱子放在距离炸药不少于 2m 的地方。

(g) 库房内设置消防设施，配备消防器材。

(h) 现场组建应急小组，开展应急演练，制定与评审应急预案。

b. 爆破材料的运输

(a) 爆破材料的装卸轻拿轻放，不得有摩擦、振动、撞击、抛掷、转倒、坠落发生。堆放时要摆放平稳，不得散装、改装或倒放。炸药与雷管、传爆线、导爆管，硝铵炸药与黑火药等不同敏感度的炸药不得在同一车辆、车厢、船舱内装运，并不得与化学易燃品接触。押运由熟悉爆破材料性能的专门的人员进行。

(b) 爆破材料使用专车或专船运输，不得使用自卸汽车、拖车等不合要求的车辆运输；如用柴油车运输时，应有防火星措施。用汽车运输时，车厢内不得放钢铁工具，装载不得超过容许载重的 2/3，装载高度不超过车厢，并用绳子捆紧，走行速度不超过 20km/h。人力运输时，每人不超过 25kg。

(c) 运输爆破材料，每种车辆、人力相隔最小距离不小于表 6-12 中的规定。

表 6-12 运输爆破材料的车辆、人力相隔最小距离

运输方法	单位	汽车	马车	驮运	人力
在平坦道路上	m	50	20	10	5
上、下山坡时	m	300	100	50	6

(d) 运输爆破材料的车辆，禁止接近烟火、火焰、蒸汽及其他高温场所、电源、磁场以及易燃危险品。如遇中途停车，必须离开大型建筑物、民房、桥梁、铁路 200m 以上，并禁止在衣袋中携带爆破材料。

(8) 监测要求。拆除过程中，应对产生的环境影响进行监测，具体包括：

1) 扬尘监测：每天应由现场环境管理员采用目视的办法监测一次扬尘，一级风扬尘高

度控制在0.3～0.4m，二级风扬尘高度控制在0.5～0.6m，三级风扬尘高度控制在1m以下，四级风要停止作业。

2）噪声的检测：使用控制爆破时，对现场爆破的噪声值、飞石、振动进行监测，爆破噪声控制在70～90dB，振动控制在5cm/s以内。使用机械与人工拆除时，现场噪声控制在建筑施工现场允许噪声值范围内。当爆破噪声值过大时，应调整炮孔深度与炮孔数。

3）毒气监测。监测的有毒气体为爆破瞬间产生的炮烟，主要监测爆破毒气的安全距离、风向及炮烟扬起的高度。现场爆破前，进行人员的疏散，确定现场的安全距离并设置警戒。当有毒气体烟尘在警戒区扬尘超过1.8m时，一方面通过散水使溶于水的有毒气体液化，另一方面通过鼓风机反风向加速气体的扩散。

4）应急检查。检查爆破材料仓库堆放是否分类，雷管与炸药是否分离，堆放地离周围建筑物等是否按规定的安全距离。检查现场应急材料的准备。

2. 土方、石方、护坡及降水工程

（1）一般规定。

1）一般要求。土石方施工包括场地平整、降排水、土方开挖、护坡、石方爆破、取土回填等过程。

①本着节约的原则对挖出的土方进行回填或重复利用。

②对挖土方案进行设计与优化，尽量减少挖方量及挖方过程的资源投入。

③石方爆破注意控制噪声，同时对爆破方案进行设计，对用药量进行准确的计算。爆破后产生的粉尘及时处理。从事爆破作业的人员必须取得相应的上岗资格证。

④从事地表水位以下的挖土作业时，应进行降排水的设计，降水与排水经沉淀后重复利用。

⑤基坑开挖采取分段连续快速作业，挖好后，立即施工基础，及时回填夯实，避免基槽泡水或曝晒后对基槽底的重复加工。

⑥针对不同的土质，应对地基作不同处理，处理过程中应考虑不同地基处理方法所产生的环境影响。

2）环境因素。

①场地平整过程中主要有填挖方量优化资源的节约，填挖运输过程中的扬尘（粉尘）等环境因素的控制。

②土石方开挖施工中挖出的固体废弃物，挖运过程中的扬尘（粉尘），土石方运输过程中对城市道路的污染等环境因素的控制。

③降排水施工过程中水的排放，地下管道、文物的保护，降水方案的选择和优化等环境因素的控制。

④护坡施工过程中方案的选择和优化，资源节约的控制。

⑤石方爆破施工过程中主要产生噪声、粉尘等环境因素的控制。

⑥取土回填施工过程中主要有取土地的自然环境保护等环境因素的控制。

⑦土石方、护坡、降排水中的施工机械漏油；机械设备产生的噪声和尾气排放等环境因素的控制。

⑧挖土对植被与交通路面的破坏，堆、挖土过程中对农田的侵占。

⑨坍塌、管涌等紧急情况下场界内路面污染，排水管沟的阻塞，管道损坏导致的泄漏、

跑水等。

(2) 土方施工。

1) 场地平整施工。

①作业流程。作业流程为：场地清理⟶场地平整方案设计⟶挖土与填土⟶地面夯实⟶地面硬化。

②材料要求。需要从外部取土时，应联系好取土单位与取土地点，取土应不破坏植被，不破坏绿化树。对土质进行试验，确定取土的类别及含水率，使用类别适当的土用于回填，以避免回填土产生新的环境影响，尽量避免使用盐渍土与冻胀土回填。

③设备设施与人员要求。

a. 测量设施。根据给定的国家永久性控制坐标和水准点，按建筑物总平面要求，引测到现场，在工程施工区域设置测量控制网，包括控制基线、轴线和水平基准点；做好轴线控制的测量和校核。场地平整应设 10m×10m 或 20m×20m 方格网，在各方格点上做控制桩，并测出各标桩处的自然地形、标高，作为计算挖、填土方量和施工控制的依据。测量定位放线后，设置龙门板、放出基坑（槽）挖土灰线、上部边线和底部边线和水准标志。根据测量控制网进行挖方与填方的计算，尽量做到挖方最少与填方最少，降低挖填土方量，减少运输量，减少资源浪费。

b. 施工设备包括挖土、运输、夯实机械及其他辅助设备，现场做好设备调配，对设备进行维修检查、试运转。所选择的设备尽量为低能耗的环保型设备；挖土、推土、运输机械使用柴油机时，一方面要维护好机械性能，使柴油充分燃烧以减少尾气排放，另一方面应安置吸烟罩，使尾气不直接排放。车辆易漏油部分设置接油装置。

c. 人员要求。经过交底，挖土人员了解机械操作的方法，作业区挖、填土方的高度与方量，按照设计的作业路线操作。运土人员按规定装土与覆盖，对出场车辆进行清洗。

④过程控制要求。

a. 场地平整的前期清理工作。

房屋周围 4m 以内，平整到不妨碍后续工程施工的建筑地平线的高度，清除瓦砾、木屑等，露出好土，并修整出排水通畅的坡度；房屋周围 4m 以外，清除瓦砾、木屑等，清扫、清理恢复到开工时的状态。清理出的垃圾分类清运到指定的垃圾堆场。

场地清扫时，为防止扬尘，要先洒水，然后清扫。洒水以地面润湿为准，不得多洒，导致污水流淌。

清理出的垃圾不能及时运走时，要用密目网先予以覆盖，密目网之间予以搭接并用铁丝扎紧。

b. 优化场地平整方案以节约资源。

(a) 施工场地的平整工作，应根据设计总平面图、勘测地形图、场地平整施工方案等技术文件进行，应尽量做到填挖方量趋于平衡、总运输量最小、便于机械化施工和充分利用建筑物挖方填土，并防止利用地表土、软弱土层、草皮、建筑垃圾等做填方。

(b) 计算填挖方量，并严格控制。一般采用方格法，通过测设方格网⟶测设各方格点的标高⟶计算场地平均标高⟶计算场地设计标高⟶计算填挖数、填挖边界及填挖土方量⟶测设填挖边界线，计算完成后，才开始进行土方填挖平整施工。边坡土方则按照图算法计算。防止没有严格计算，随意填挖造成资源的浪费。

(c) 进行土方的平衡与调配。在计算出土方的施工标高、挖填区面积、挖填区土方量，并考虑各种变更因素进行调整后，对土方进行综合平衡与调配。土方平衡时考虑挖方与填方基本达到平衡，减少重复倒运；挖方量与运距乘积之和最小；近期施工与后期利用相结合，当工程分批分期施工时，先期工程的土方余额应结合后期工程的需要而考虑其利用数量和堆放位置，以便就近调配。堆放位置应为后期工程创造条件，力求避免重复挖运，先期工程有土方欠额的，也可由后期工程地点挖取；调配时将分区与全场结合起来考虑，分区土方的余额或欠额的调配，必须配合全场性的土方调配；好土应用在回填密实度要求较高的地区；取土或弃土尽量不占家田或少占家田，弃土尽可能用于造田；选择恰当的调配方向、运输路线、施工顺序，避免土方运输出现对流和乱流现象，同时便于机具调配、机械化施工。

调配方法为：划分调配区⟶计算调配区间的平均运距⟶画出土方调配图⟶列出土方量平衡表。

c. 场地平整、填、挖、运输的粉尘控制。

对于场地土干燥和主要通道，采用洒水覆盖表面浮灰，防止因风吹、车带扬尘，造成环境污染。Ⅳ级风以上停止土方作业。

土方外运时，外运车辆装载量控制在低于槽帮 10～15cm，用塑料布封闭。车辆出场时清洗，清洗用储水池中的水。

下雨时，一般停止土方外运，如果必须外运，外运车辆应遮雨，大雨时停止挖土作业。雨天后，场界内硬化的道路要进行冲洗。

d. 建筑物所在地为垃圾场时，对垃圾场的垃圾要实施转运，包括与当地环保部门联系堆场，清运垃圾等。清运垃圾时，为控制粉尘与遗洒，要求运输的垃圾使用塑料布封闭，车辆中垃圾堆放低于槽帮 10～15cm，车辆出场时予以清扫或清洗。

e. 挖、运土机械噪声控制。一是设置围墙，围墙高度不低于 1.8m。当工地靠近居民区时，为进一步降低噪声，可使用隔声布，隔声布的高度根据噪声源及传播方向确定。二是场内运输与作业路线尽量远离居民住宅。三是选择机械时尽量考虑低噪声的设备。四是作业时斗车轻放轻倒。

f. 机械尾气控制。挖土机械使用柴油机械时，由于柴油机尾气排放大，应设置尾气吸收罩。

g. 取土、填土与夯实另有规定。

⑤监测要求。

a. 机械噪声监测。对土方机械作业时产生的噪声进行监测，作业前检测一次，施工期间每月检测一次，过程中通过监听，感觉噪声过高时使用仪器检测。检测方法按《建筑施工场界环境噪声排放标准》(GB 12523—2011)，现场噪声控制在《建筑施工场界环境噪声排放标准》(GB 12523—2011) 要求之内，否则应通过改进机械性能，合理安排机械台班与数量等方法降低噪声值。

b. 粉尘监测。现场粉尘每天通过目测进行初步衡量，扬尘高度：一级风，控制在 0.3～0.4m；二级风，控制在 0.5～0.6m；三级风，控制在 1m 以下；四级风要停止作业。必要时聘请当地环保部门对悬浮颗粒物通过重量法进行检测。粉尘对场界外有扩散时，应通过密闭、覆盖、喷淋等方法降低粉尘。

c. 尾气监测。每天对场内车辆及外运车辆尾气排放情况进行观察，场内尾气排放严重的车辆有吸气装置。尾气排放严重的外运车辆禁止上路。

2）土方开挖施工。

①作业流程。挖土——→土方堆放——→土方清运。

②设备设施及人员要求。

a. 设备设施要求。

(a) 配备性能合格的挖土机械与运输机械，减少机械噪声与漏油产生的环境影响。

(b) 配备人工挖土的工具，对边角及适于人工开挖的地方进行人工开挖。

(c) 配备遮盖堆土的覆盖物，如密目网等。

(d) 配备用于降粉尘用的洒水设施，工地进出场处设储水池，扫把。

(e) 配备经鉴定有效的噪声检测仪。

b. 人员要求。掌握挖土深度与方量，了解场地布置，挖土线路，弃土堆放点等；掌握堆土覆盖的方法。掌握土方清运时扬尘土控制方法。

3）过程控制。

①一般要求。

a. 编制基坑开挖方案。绘制施工总平面布置图和基坑土方开挖图，确定开挖路线、顺序、范围、底板标高、边坡坡度、排水沟、集水井位置，以及挖去的土方堆放地点。

b. 进行护坡设计与计算，在保证护坡安全的前提下，尽量减少挖土量。

c. 土方开挖前，要熟悉土层地质、水文勘察资料，会审图纸，搞清地下构筑物、基础平面与周围地下设施管线的关系。防止破坏管网产生不必要的环境影响。

d. 基础底标高原土层承载地基时，用挖掘机开挖时注意不得超挖。

e. 预计基坑可能出水时，挖掘前要制订排水方案，并注意基坑底面不要因地下涌水而受扰动。

f. 弃土场内解决时，确认弃土堆放场所；弃土场外解决时，确认弃土堆置处所和外运路径。

g. 对机械的出入路径、道路状况、交通高峰时间段进行调查；对机动车辆要有防止道路污损措施，包括设置储水池对出场车辆清洗，配备扫把清扫轮胎等。

h. 基坑开挖前应确认排水方案，如排水沟、排水井点和排水设备的安排。道路两侧、食堂、基坑底沿边四周、基坑上部靠近基坑边沿不小于1m处应设排水沟。排水沟长度不超过20m处，设置集水井，集水井井深为1～2.5m，孔洞为1～2m^2左右，集水井中的水通过抽水泵抽出储存，或者沉淀后排放。为便于水的再利用，现场设置一至多处储水池，储水池靠近搅拌站与现场出入口附近，储水池储水量不低于5m^3，砖砌筑，防渗水泥砂浆内抹面，底部设置直径6～10cm小孔，池底根据沉淀情况进行清理，储水池用木板盖面，防止废渣与粉尘进入。

②土石方开挖施工过程中环境影响主要是余土产生的固体废弃物和施工过程中产生的粉尘，以及土方外运过程中对城市道路的污染。土方开挖前，应对含水量进行检测，土的含水量$w=m_w/m_s \times 100$，m_w代表土中水的质量，m_s代表土的固体颗粒的质量。含水量低于30%时，应有开挖过程的粉尘控制方法，控制方法按下述相关要求进行。当挖土区含有冻土时，先对冻土区浮土进行清理，然后用塑料布对冻土覆盖保温，需要加快进度时对冻土通过蒸汽等方法加温，再开挖冻土，以降低噪声。

③土石方开挖施工过程中多余土方的处理。土石方开挖施工过程中多余土方的处理方法一般有两种，一种是在挖土的同时有其他需要土方回填的地方也在施工，可以直接用于回填；另一种是没有找到需要土方回填的地方，这种情况下，土方必须堆放在指定地点，并用密目网覆盖，两网搭接处用铁丝扎紧。在土方回填工程完成后，多余土运到城市规定的弃土场处理。

④土石方开挖施工过程中粉尘的控制。控制方法采取定时洒水覆盖地面浮尘的办法。洒水时，采用喷雾的办法，并尽量利用沉淀池中的水，以节约水资源。

⑤土石方开挖施工过程中外运土方对城市道路的污染控制。一般包括两个方面，一方面是自卸车运载土方堆载超过车厢拦板上沿，运输途中泥土洒落路面造成污染，必须采取覆盖措施，防止泥土洒落；另一方面是自卸车车轮沾带泥浆，运输途中污染路面，必须在场地出口设置洗车槽，在车辆上路之前将车轮车身冲洗干净。

⑥对施工区域的所有障碍物，包括高压电线、电杆、塔架、地上和地下管道、电缆、坟墓、树木、沟渠，以及旧有房屋、基础进行拆除或者搬迁、改建、改线、加固。

在文物保护区域内进行土方作业时，应采用人工挖土，避免机械作业时损坏文物；在人工挖土作业过程中，发现有文物时，立即停止土方作业，在现场设置警戒线，安排专人值班对文物进行保护，同时上报当地文物主管部门，并配合文物主管部门处理，处理完毕后才能继续施工，放置的文物应避免丢失和损坏。

施工区域内，有树木时，应按当地园林部门要求，移植到指定地点，对国家保护树种，不宜移植时，应建议设计部门修改设计，避开树木施工，放置对树木的损坏。

施工区域内有地下管线或电缆时，在离管线、电缆顶上 30cm 时，禁止用机械挖土，应采用人工挖土，并按施工方案对地下管线、电缆采取保护或加固措施，预防地下管线和电缆在土方作业时遭到破坏，造成泄漏、跑水、中毒、火灾、爆炸、停电、中断通信等恶性事故致使资源浪费并对环境造成严重污染。

旧房屋、基础拆除时，按拆除专业施工所涉及的环境控制措施施工，预防或减少噪声排放、扬尘、遗洒、废弃物对环境的污染。

施工区域内有电线杆、铁塔，进行土方作业时，在离电线杆、铁塔 10m 范围内，禁止机械作业，应采用人工挖土，防止机械作业时碰坏电杆、铁塔，造成停电、火灾事故，浪费资源，严重污染环境。在高压线下进行土方作业时，如采用机械作业时，挖土机械的臂的最高点距离高压线的距离不应小于 3m，避免距离过近造成触电，伤人、损坏设备、污染环境。

发现有墓穴、土洞、地道（地窖）、废井时，先要进行有毒有害气体的检测，经确认无毒或进行相关处理后再行施工。

⑦排至低洼处或水泵抽出的水先要经过沉淀，不得直接排入排污管道。

⑧塌方、管涌、流砂的应急措施。

a. 应急准备。

(a) 物资准备。现场预备麻袋装的土袋或砂袋、抽水泵，检查排水系统。现场运输工具随时待用，通信联络保持良好。

(b) 人员准备。成立应急小组与抢险队。

(c) 现场布设好排水沟网、排水井。排水沟网与排水井保持畅通。

b. 应急措施。

（a）塌方、管涌、流砂等不仅有着安全危害，而且破坏土壤、产生污水、损坏施工面等。从预防的角度出发，应当做好以下措施：

a）进行详细的地质勘察与分析，工程和线路尽量选在边坡稳定的地段。

b）设计基坑及上部的泄洪系统，在滑坡范围外设置多道环形截水沟，以拦截附近的地表水，在滑坡区域内，修设或疏通排水系统，疏导地表、地下水，阻止渗入滑体内。

c）处理好滑坡区域附近的生活及生产用水，防止浸入滑坡地段。

如因地下水活动有可能形成山坡浅层滑坡时，可设置支撑盲沟、渗水沟，排除地下水。盲沟应布置在平行于滑坡滑动方向有地下水露头处。做好植被工程。

d）地表下有土洞时要从上部挖开，清除软土，分层回填并夯实，同时作好地表水的截流，将径流引到附近排水沟中，不使下渗，地下水则截流改。

e）保持边坡有足够的坡度，避免随意切割坡脚。土体尽量削成较平缓的坡度，或做成台阶形。坡脚处有弃土时，将土石方填至坡脚，使其起反压作用。

f）尽量避免在坡脚处取土，在坡肩上设置弃土或建筑物。在斜坡地段挖方时，应遵守由上而下分层的开挖程序。在斜坡上填方时，应遵守由下往上分层填压的施工程序，避免在斜坡上集中弃土，同时避免对滑坡体的各种振动作用。

g）根据所在地防汛指挥部的通知，作好汛期准备，包括麻袋、取土源、运输工具、人员等，现场设置警戒区域与警戒标识。暴雨与汛期24h人员值班监测险情，排查险情。

（b）已经发生塌方时，应当从减少损失、降低污染、废物利用的角度做好以下措施：

a）对可能出现的浅层滑坡，如滑坡土方量不大时，将滑坡体全部挖除；如土方量较大，不能全部挖除，且表层破碎含有滑坡夹层时，对滑坡体深翻、推压、打乱滑坡夹层、表面压实，减少滑坡因素。挖出的土方堆放至指定地点，用于回填时再利用。

b）滑坡面土质松散或具有大量裂缝时，应进行填平、夯填，防止地表水下渗；在滑坡面进行保护。

c）倾斜表层下有裂隙滑动面的，在基础下设置混凝土锚桩。

d）对已滑坡工程，稳定后采取设置混凝土锚固排桩、挡土墙、抗滑明洞、抗滑锚杆或混凝土墩与挡土墙相结合的方法加固坡肚子，并在下段作截水沟、排水沟，陡坝部分采取去土减重，保持适当坡度。滑坡后清理的土方堆放在指定地点，并考虑填土利用。

（c）流砂破坏施工条件，同时也因地下土颗粒冒出使土壤破坏，地基下沉。为减少相应的环境影响，主要的处理措施是保持地下水压的平衡，以及改变地下水的渗流路线。

减小或平衡动水压力：采取水下挖土，使坑内水压与坑外地下水压相平衡或缩小水压差。

改变渗流路线：采用井点降水，使动水压力的方向朝下；沿基坑外围打板桩；采用化学压力注浆或高压水泥注浆，固结基坑周围粉砂层形成防渗帷幕；往坑底抛大石块，增加土的压重和减小动水压力。

已经产生了流砂的，除进行以上防渗处理外，还应将坑底的流砂进行沉淀，沉淀出的土方与水回收利用。

（d）监测数据若有异常，应及时果断地采取调整开挖顺序、增设临时支撑、反压坡脚乃至土体压密注浆等措施，迅速控制事态发展，并对引起异常的原因进行分析、确认采取的措施有效的条件下方可继续进行开挖。

(e) 若发现地下有渗水、流砂的情况，要及时封堵。特别是流砂流土，有可能引起基坑外地面塌陷，要及时用棉纱或干海带嵌缝堵塞，快速控制事态发展，流砂流土被控制后，用防水材料嵌缝或灌缝。

4) 监测要求。

①对土方机械作业时产生的噪声进行监测，作业前检测一次，施工期间每月检测一次，过程中通过监听，感觉噪声过高时使用仪器检测。现场噪声控制在《建筑施工场界环境噪声排放标准》(GB 12523—2011) 要求之内，否则应通过改进机械性能，合理安排机械台班与数量等方法降低噪声值。

②粉尘监测。每天应由现场环境管理员采用目视的办法监测一次扬尘，扬尘高度：一级风，控制在 0.5m；二级风，控制在 0.6m；三级风，控制在 1m 以下；四级风要停止作业。

③沉淀池在使用期间要定期（每天不少于一次）对沉淀池进行观测，观察沉淀池容量情况，当沉淀物超过容量的 1/3 时应及时进行清淘；并对沉淀池内的污水进行检测，作为回收利用或排放的依据。

④当施工时间有限制时，要提前 2h 监测进度情况，确保在限制时间内中止施工。

⑤每班下班前由施工班/组长监测作业面“工完场清”情况，包括垃圾清理、材料回收、火源的管制情况、水源的关闭情况等，满足环境要求后才能离人。

⑥每月应由专人对周围社区或环境进行走访，收集周围相关方的意见，作为持续改进环境管理的依据。

⑦应急检查。平常每周一次检查应急物资的准备情况，现场排水沟网。汛期与暴雨期前检查一次，期间每天检查至少一次。

(3) 取土回填。

1) 作业流程与环境影响。作业过程包括：取土⟶回填⟶夯实。环境影响包括以下方面。

a. 取土对植被与土壤的影响。

b. 回填作业中的粉尘。

c. 回填与夯实作业中产生的噪声。

2) 材料要求。取土应经过环保部门批准，取土尽量避免使用冻土、膨胀土、盐渍土。

3) 设备设施与人员要求。

①设施设备要求。

a. 应根据施工组织设计或专项施工方案的要求，合理选择满足施工需要、噪声低、能耗低的挖土机、碾压机、打夯机、运输车等设备或器具，避免设备使用时噪声超标，漏油污染土地、地下水，加大水、电、油和资源消耗。

b. 施工设备在每个作业班后应按规定进行日常的检测、保养和维修，保证设备经常处于完好状态，避免设备意使用时外漏油、加大噪声或油耗，加快设备磨损。

c. 当发现设备有异常时，应安排专人检查、维修或送维修单位立即抢修，防止设备带病作业加大能源消耗、产生漏油、噪声等污染源，并防止设备事故。

d. 一般器具要妥善保管，工具报废后不得随意抛弃，收集后归类统一处理。

e. 现场排水沟、集水井和沉淀池要满足排水和污水沉淀排放要求。

②人员要求。

a. 操作人员应穿软底鞋、长衣、长裤，裤脚、袖口应扎紧，并应配戴手套及护脚；在高温施工时外露皮肤应涂擦防护膏。并按规定使用其他劳动防护用品。

b. 施工前应对作业人员进行作业流程环境交底，使作业人员了解土方运输、回填等活动的重要环境因素及其控制措施，熟练掌握环境检测的关键参数、应急响应中的注意事项和环境因素及其控制要求，避免操作不当而造成噪声、扬尘、废弃物、废水的排放或出现意外安全、环境事故。

c. 挖土机等机械操作工等特种作业人员应经过培训并持证上岗，掌握相应机械设备的操作要领后方可进行作业，避免因人的误操作或不按操作规程操作、保养造成机械设备漏油、设备部件报废、机械设备事故、浪费资源、噪声超标、污染土地、地下水，加大对环境的污染。

4）过程控制要求。

①回填土方的取土地的确定，必须经过当地政府部门的审批，同意后才能取土。

取土前应进行土质测定与取土量的计算。土的总质量包括土的固体颗粒的质量、土中水的质量、土中气体的质量；土的总体积包括土中固体颗粒的体积、土中水的所占的体积、土中空气所占的体积。避免回填土方不合格导致返工，加大能源的损耗，产生额处的废弃物污染环境。

②取土与填土。

a. 选择符合填土要求的土料。含水量符合压实要求的黏性土，可选作各层填料；碎石类土、砂土和爆破石渣（粒径不大于每层铺厚的2/3），可用作表层下的填料；碎块草皮和有机质含量大于8%的土，只能用作无压实要求的填料；淤泥和淤泥质土，一般不能作用填料，但在填方的次要部位，可用经过处理的含水量符合压实要求的淤泥质土作填料。

填土应尽量采用同类土填筑，并宜控制土的含水率在最优含水量范围内。当采用不同的土填筑时，应按土类有规则地分层铺填，将透水性大的土层置于透水性较小的土层之下，提高土壤的保水性能。

b. 根据地质情况，尽量避免用盐渍土作为回填土，之前对土壤的含盐量进行测量，土中含盐量大于0.5%时，对土的物理力学性能有一定影响，含盐量大于3%时，土的物理性能主要取决于盐分和含盐的种类，土本身的颗粒组成将居于次要地位。填土中禁止含有盐晶、盐块、含盐植物根茎。

由于冻土解冻对土壤有破坏，禁止直接将冻土用于回填，必须先经过解冻处理，然后回填。

c. 取土完成后，必须恢复取土地的植被，防止水土流失，破坏自然资源。

d. 对于有密实度要求的填方，施工前应按所选用的土料、压实方法做试验，确定土料含水量控制范围、每层铺土厚度、压（夯）实遍数、机械夯实行驶速度或人工夯实的操作要求。

e. 基底处理。回填土前应先清除基底积水和杂物；基底为松土时应充分夯实；基底为含水量很大的松软土，应采取排水疏干或换土等措施。

f. 人工填土从场地最低处开始，由一端向另端自下而上分层铺填。每层虚铺厚度，用人工木夯夯实时：砂质土不大于30cm，黏性土为20cm；用打夯机械夯实时不大于30cm。手推车送土时，堆土不宜太高，以防遗洒及扬尘。用铁锹、耙、锄等工具回填时，避免碰撞而发出噪声。打夯机夯实前，先检查打夯机性能，不得使用有漏油的打夯机械工作。

g. 机械填土应由下而上分层铺填。推土机填土，每层虚铺厚度不宜大于 30cm。铲运机填土，每层虚铺厚度不大于 30～50cm。汽车填土，每层虚铺厚度不大于 30～50cm。

机械填土宜避免大风天气，推土机械匀速运行，土方推至填方部位时，应提一次铲刀，成堆卸土，并向前行驶 0.5～1.0m，利用推土机后退时将土刮平。回填达一定程度后及时用推土机来回行驶碾压，减少填土过程产生的扬尘。卸土推平与压实工作宜采取分段交叉进行。

h. 回填土时应严格控制土的含水量，应使施工土料含水量接近最优含水量。黏性土料施工含水量与最优含水量之差控制在－4%～±2%。回填管沟时，为不破坏管道，应用人工先在管子周围填土夯实，并应在管道两边同时进行，直至管顶 0.5m 以上。在不损坏管道的情况下，方可采用机械填土回填夯实。

i. 人工打夯应按一定方向进行，实行交叉打夯，分层夯打。夜间打夯时，为降低噪声，可在打夯面上覆盖薄层的草袋或编织物，同时减少打夯分层的厚度。

j. 在碾压机械碾压之前，宜先用轻型推土机、拖拉机推平，低速预压 4～5 遍，使表面平实；采用振动平碾碎石类土，应先静压后振压。碾压机械压实填方时，应控制行驶速度，"薄填、慢驶、多次"的方法，减少扬尘。平碾碾压一层完后，应用人工或推土机将表面拉平，土层表面太干时，应洒水湿润后继续回填。

压路机的选择上，优先考虑压路碾及静作用压路机的选用。用于石渣、碎石、杂填土、粉土碾压而不得不使用振动压路机时，应选用噪声较小的机械，进行噪声监测，并有防噪措施。

k. 填土层如有地下水或滞水时，应在四周设置排水沟和集水井，将水位降低。已填好的土如遭水浸，应把稀泥铲除后，方能进行下一道工序施工。填土区应保持一定横坡，或中间稍高两边稍低，以利排水。

l. 对有密实度要求的填方，在压实或夯实后，对每层回填土的质量进行密实度检验。

m. 回填土预先检测，冻土、膨胀土、盐渍土原则上不用于回填。回填土后，及时进行洒水，并且用稻草等进行覆盖，以防扬尘。

③弃土处置。

a. 向场外处置时，确认土的运量、运出日期、弃土堆放场等；弃土装运时，装运量与出场按挖土作业粉尘控制的相关要求。

b. 场内处置时，回填剩下的弃土注意场内排水等情况下均匀铺在场地上。

5）监测要求。

①对土方机械作业时产生的噪声进行监测，作业前检测一次，施工期间每月检测一次，过程中通过监听，感觉噪声过高时使用仪器检测。现场噪声控制在《建筑施工场界环境噪声排放标准》（GB 12523—2011）要求之内，否则应通过改进机械性能，合理安排机械台班与数量等方法降低噪声值。

②粉尘监测。每天应由现场环境管理员采用目视的办法监测一次扬尘，扬尘高度：一级风，控制在 0.5m；二级风，控制在 0.6m；三级风，控制在 1m 以下；四级风要停止作业。

③沉淀池在使用期间要定期（每天不少于一次）对沉淀池进行观测，观察沉淀池容量情况，当沉淀物超过容量的 1/3 时应及时进行清淘；并对沉淀池内的污水进行检测，作为回收

利用或排放的依据。

④当施工时间有限制时，要提前 2h 监测进度情况，确保在限制时间内中止施工。

⑤每班下班前由施工班/组长监测作业面“工完场清”情况，包括垃圾清理、材料回收、火源的管制情况、水源的关闭情况等，满足环境要求后才能离人。

⑥每月应由专人对周围社区或环境进行走访，收集周围相关方的意见，作为持续改进环境管理的依据。

(4) 土方施工过程中施工机械噪声、尾气排放的控制。

噪声的主要来源是挖掘机、推土机、装载机、碾压机、钻孔机，以及土方外运的自卸载重汽车等施工机械。

控制措施如下：施工阶段，土石方，推土机、挖掘机、装载机，75～55dB；夜间禁止施工。根据《建筑施工场界环境噪声排放标准》(GB 12523—2011) 对日夜施工要求的不同，应合理协调安排分项施工的作业时间，施工应安排在 6～22 点时间进行。

在高考期间和高考前半个月内，除按国家有关环境噪声要求对施工现场的噪声进行严格控制外，夜间应严禁施工。

a. 减少夜间作业时间，由于工期紧，必须夜间施工的，必须按规定申请夜间施工许可证，要会同建设单位一起向工程所在地区、县建设行政主管部门提出申请，经批准后方可进行夜间施工。建设单位应当会同施工单位做好周边居民工作，并公布施工期限。

b. 对施工机械进行定期保养，减少磨损，降低噪声。

c. 禁止乱鸣喇叭等高噪声设备。

d. 施工机械的尾气排放控制，在选择施工机械时，必须选择尾气排放达标的施工机械。

(5) 施工机械的工效。

土石方与降排水作业时，应充分考虑施工机械工效的利用与提高，从而降低能耗。

1) 推土机。

为了提高推土机的生产率，增大铲刀前土的体积，减少推土过程中土壤散失，缩短工作循环时间，可采取下坡推土、并列推土、槽形推土、分批集中和一次推送、铲刀置侧板几种方法。

下坡推土。推土机顺下坡方向切土及堆运，借助机械自身的重力作用以增加推土能力，但坡度不宜超过 15°，以免后退时爬坡困难。

并列推土。工作时采用 2～3 台推土机并列作业，铲刀相距 15～30cm。一般采用两机并列推土，能提高生产率 15%～30%。平均运距不宜超过 50～75m，也不宜小于 20m。一般用于大面积场平整。

槽形推土。在挖土层较厚、推土运距较远时，采用槽形推土，能减少土壤散失，可增加 10%～30%推土量。槽的深度约 1m 左右为宜，两槽间的土埂宽度约 50cm。

分批集中、一次推送。当推土运距较远而土质比较坚硬时，因推土机的切土深度不大，可采用多次铲土，分批集中，一次推送，以便在铲刀前保持满载，有效地利用推土机的功率，缩短运输时间。

铲刀加置侧板。当推运疏松土壤而运距较远时，在铲刀两边装上侧板，以增加铲刀前的土体，减少土壤向两侧漏失。

2) 铲运机。

影响铲运机作业效率的因素有运土坡度、填筑高度及运行路线距离等。一般上坡运土坡度在5%～15%时，增加的台班系数为1.05～1.14，填筑路基填土高度5m以上时，降低的台班产量系数为0.95，铲运机运行路线距离越长则生产率越低。

①铲运机开行路线设计。

铲运机的开行路线应根据场地挖、填方区域的具体情况合理选择，这对提高铲运机的生产率有很大关系。铲运机的开行路线，一般有以下几种。

环形路线。对于地形起伏不大，施工地段在100m以内和填土高度1.5m以内的路堤、基坑及场地平整施工常采用环形开行线路。当填、挖交替，且相互之间距离较短时，则可采用大环形路线。每一个笔直环能完成多次铲土和卸土，减少了铲运机的转弯次数，相应提高了工作效率。

“8”字形路线。施工地段较长或地形起伏较大时，多采用“8”字形开行路线，这种开行路线下，铲运机在上下坡时斜向开行，每一循环完成两次作业，比环形路线运行时间短，减少了转弯和空驶距离。同时，一个循环两次转弯方向不同，机械磨损较为均匀。

锯齿形路线。适合工作地段很长，如堤坝、路基填筑，采用这种开行路线最为有效。

②铲运机提高生产效率的工作方法。

下坡铲土。利用机械策略作用所产生的附加牵引力加大切土深度，坡度一般为3°～9°，最大不得超过20°，铲土厚度以20cm左右为宜，其效率可提高25%左右。当在平坦地形铲土时，可将取土地段的一端先铲低，并保持一定坡度向后延伸，逐步创造一个下坡铲的地形。

跨铲法。在较坚硬土层铲土时，采用预留土埂间隔铲土法，可使铲运机在挖土埂时增加两个自由面，阻力减小，铲土快，易于充满铲斗，约提高效率10%。

交错铲土法。在铲较坚硬土层时，为了减少铲土阻力，可采用此法，由于铲土阻力的大小与铲土宽度成正比，交错铲土法就是随铲土阻力的增加而适当减小铲土宽度。

助铲法。在坚硬土层中，采用另配推土机助铲，以缩短铲土时间。一般每台推土机配3～4台铲运机。

③挖土机。

在挖土机开挖基坑时，必须对挖土机作业时的开行路线和工作面进行设计，确定开行次序和次数，形成开行通道。当基坑开挖深度较小时，可布置一层开行通道。当基坑宽度稍大于正工作面的宽度时，为了减少挖土机的开行次数，可采用加宽工作面的办法，挖土机按“之”字形路线开行。当基坑的深度较大时，则开行通道可布置成多层。

根据挖土机位置不同，分为两种工作方式：正向挖土、侧向卸土和正向挖土、后方卸土。其中侧向卸土，动臂回转角度小，运输工具行驶方便，生产率高，采用较广。当沟槽、基坑宽度较小，而深度较大时，才采用后方卸土方式。

（6）降排水施工。

1）作业流程与环境影响。

①地面排水作业包括：设置排水沟⟶排水。

②地下降排水作业包括：井点设计⟶铺设总管⟶冲孔⟶安装井点管⟶井点管与总管相联⟶安装抽水设备⟶安装集水箱与排水管⟶降水与排水。

③环境影响主要有：施工场地的污水排放及对土壤的污染；排水、降水作业中同时产生

固体废弃物、噪声、机械漏油等其他环境影响。

2）材料要求。机械用油及润滑油为检验合格的油料，指标符合环保要求。

砌筑排水沟、沉淀池用的灰浆通过现场拌制，拌制时设置灰池，为防止外渗，拌制时要减少损失。

3）设备设施与人员要求。

①设施设备要求。

a. 应根据施工组织设计或专项施工方案的要求，合理选择满足施工需要、噪声低、能耗低的水泵、成孔设备等设备或器具，避免设备使用时噪声超标，漏油污染土地、地下水，加大水、电、油和资源消耗。

b. 施工设备在每个作业班后应按规定进行日常的检测、保养和维修，保证设备经常处于完好状态，避免设备意使用时外漏油、加大噪声或油耗，加快设备磨损。

c. 当发现设备有异常时，应安排专人检查、维修或送维修单位立即抢修，防止设备带病作业加大能源消耗、产生漏油、噪声等污染源，并防止设备事故。

d. 一般器具要妥善保管，工具报废后不得随意抛弃，收集后归类统一处理。

e. 现场排水沟、集水井和沉淀池要满足排水和污水沉淀排放要求，污水要经两级沉淀后才能排入城市排污管网。

②人员要求。

a. 操作人员应穿软底鞋、长衣、长裤，裤脚、袖口应扎紧，并应配戴手套及护脚；在高温施工时外露皮肤应涂擦防护膏。并按规定使用其他劳动防护用品。

b. 施工前应对作业人员进行作业流程环境交底，使作业人员了解现场排水沟网的布设，掌握基坑排水、井点降水的排放等活动的重要环境因素及其控制措施，熟练掌握环境检测的关键参数、应急响应中的注意事项和环境因素及其控制要求，避免操作不当造成噪声、扬尘、废弃物、废水的排放或出现意外安全、环境事故。

4）过程控制要求。

①场地的排水、截水、疏水、排洪。

a. 在现场周围地段修设临时或永久性排水沟、防洪沟、挡水堤。

（a）排水沟以人工挖土的方式进行，挖土中碰有石块等坚硬物体时严禁敲打。挖出的土堆放距排水沟沿 20cm 处，然后集中清运。排水沟分段开挖，分段砌筑，以防挖土堆放时间过长被地表水冲入管沟。排水沟设计时要考虑现场道路两侧、地表流水的上游一侧。排水沟沟底坡度一般为 2%～8%，保持场地排水畅通。在现场排水管网的低洼地段设置集水、排水设施，集中将水排走。

（b）现场贮水构筑物、灰池、防洪沟、排水沟等应有防漏措施，避免或减少对土壤的侵蚀与污染。

（c）永久性排水管应用盖板封闭，防止废渣直接进入管沟。

（d）排水沟砌筑时，灰池设置在中间地带，减少砌筑用灰的运输距离，灰浆运输应避免遗洒和污染路面。现场灰池严禁使用简易的、四周敞开式的灰池，防止拌灰时污水横流。拌灰量根据砌筑工程量与用灰量，减少灰浆的浪费。砌筑后勾缝产生的废渣禁止直接弃入排水沟中，而宜集中清理堆放。

（e）排水沟使用中定期清理浮渣与沉渣，并且将清理出的废渣按生活垃圾、工程垃圾、可回收利用的垃圾分类堆放。

(f) 严禁将废生活用油、废机油、废油漆等有毒有害的废物直接倒入排水沟中。

(g) 现场材料设备、施工垃圾的堆放不得阻碍雨水排泄。

b. 现场搅拌站的排水。

为防止现场搅拌站集水、泥浆破坏施工条件、污染土壤，应设置导水沟。由于现场搅拌沉渣太多，搅拌站导水沟端部设置集水井，而后与现场排水管网相连通。

为方便搅拌设备的清洗，现场搅拌站设置储水池。

导水沟集水井中的水集中后将清水排入储水池中再利用，导水沟与储水池中沉渣定期清理。

现场搅拌站必须有防漏油设施，不得使机械漏油直接排入导水沟中。

c. 材料堆场的排水。

材料堆场设散水坡，防止堆场积水而腐蚀材料，从而进一步造成土壤污染。现场堆放材料应有防锈措施，禁止材料直接浸泡水中。

材料堆场喷漆、涂油等防锈用的有毒有害废料专门收集处理，防止直接排入排水沟。

材料堆场设排水沟，排水沟与现场排水管网相连。

d. 现场加工场排水。

钢筋、木料加工车间应设置有遮雨设施。混凝土预制品场通过散水排水。加工场排水均与排水沟相通。

钢筋加工车间的焊渣、木制品加工车间的废木料统一收集，防止污染水体或者阻塞水流。

混凝土预制品场使用外加剂时，外加剂的储存与使用要防渗漏，防止直接排放于排水沟。

预制品养护水通过排水沟中的集水井收集后重复利用。浇筑后渗漏的水泥浆、养护后冲刷的固体废弃物进行沉淀。

e. 建筑物上部施工用水的排水。

建筑物上部用水包括浇筑用水、养护水、洒水作业用水、渗漏水、冷却水等。这些水从楼上流下时，含砂、含泥量比较高，为便于上部水流下后能疏通，建筑物周围应保持水流通畅，便于进入场地的排水沟，并且进行沉淀。

建筑管道试压用水、灌水试验用水、卫生间等闭水试验用水，这些水通过地漏、管道等排放后，经排水沟、沉淀池沉淀后回收利用。

f. 基坑槽排水。基坑槽排水一般包括排水沟排水和井点系统降低水位。

(a) 基坑排水沟排水。

基坑排水沟通过人工开挖，深度控制在比挖土面低0.4～0.5m，小沟边坡为1∶1～1∶1.5，沟底设有0.2%～0.5%的纵坡，排水沟要设置在地下水的上游，并且保持通畅。排水沟的挖土统一清理与堆放。

每隔一段间距设一集水井，排水沟中的水流统一汇集于集水井中排放。集水井最少比排水沟低0.5～1.0m，或深于抽水泵进水阀的高度以上。为防止周围泥砂、泥土塌入井中，井壁用木方、木板支撑加固，井的基底填以20cm厚碎石或卵石。集水井中的集水用抽水泵抽排，为了防止泥砂进入水泵，水泵抽水龙头应包以滤网。抽排的水不得直接排入基坑周围的地表上，而应通过地表排水沟排放。

抽水泵发动机部位噪声较大时，为控制或减少噪声的排放，发动机应固定牢靠，并且将发动机封闭。发动机加油、润滑、运作时应防止漏油，措施包括在机底部位设置接油盘。

(b) 井点降水。

从提高工效、减少挖土的角度，应优先考虑井点降水方法。

井点降水的工艺过程包括：放线定位⟶铺设总管⟶冲孔⟶安装井点管⟶井点管与总管接通⟶安装抽水设备⟶安装集水箱和排水管⟶抽水。

a) 井点设计。根据水文地质、井点设备等多种因素计算井点管数量、井点管埋深，保持井点管连续工作，且地下水排出适当，应尽量避免过度抽水对地质、周围建筑物的影响。井点设计包括涌水量计算，确定井点管数量与间距，进行水位降低数值校核，确定抽水设备。

b) 铺设总管。总管连接处使用法兰盘，以防漏气；总管要铺设牢固，防止变形漏气；总管铺设时，所使用的工具，如扳手等，避免直接敲击总管，以免产生噪声；总管应进行防锈处理，防止锈蚀后污染地面。

c) 冲孔。冲孔是通过高压水泵，使水冲击土层形成圆孔。冲孔产生的环境影响包括污水、噪声等。

由于冲孔是水压作用产生的，因而泥浆较多，为了对污水进行引流，现场周围应布置排水沟网。冲孔过程中，为保持孔径的均匀，避免孔径过大产生过多泥浆，冲水管应控制好下沉速度。并且冲水管下沉过程中保持垂直，固定冲水管的钢支架应牢固。

冲孔前要事先挖好小坑，冲管插入小坑内，禁止直接冲孔产生不必要的环境影响。

井孔深度在对地下水位充分了解后事先设计，冲孔中掌握好冲孔的深度，在达到设计深度后即拔出冲管，不宜超过设计深度。

冲管与空气管连接要牢，避免水的渗漏和漏气。

高压水泵的动力部分噪声较高，宜用隔声材料予以封闭。

d) 安装井点管。井点管的埋设根据测定的水位深度。为减少土壤中泥砂的抽出量，管下端配备滤网，滤网最好设两层，内层为细滤网，外层为粗滤网，并且在孔基底填砂砾等滤料。井点管安装后，管与孔壁间用粗砂灌实，并且在距地面 0.5～1.0 处用黏土填实。粗砂与黏土填实中禁止工具与井点管的碰击，以免产生噪声。黏土填埋要密实，防止漏气而影响功效。

e) 井点管与总管相连。井点管与总管要连接密实，防止漏气。连接过程中，井点管要轻拿轻放。

f) 安装抽水设备。现场设置机房，抽水设备放置在专门的机房内，机房应有隔声降噪功能。为防止机房内的机械漏油污染路面，机械设置接油盘。

g) 安装集水箱和排水管。现场设置集水箱，井点降水排出的水先经过集水箱沉淀与过滤，然后排出。降水排出的水，一方面通过排水管连接集水箱，另一方面，集水箱通过排水管与排水沟或城市雨水系统相连。

(c) 施工机械的工效。通过机械工效的提高，从而降低机械能耗。

a) 离心泵。离心泵的选择，主要根据流量和扬程。离心泵的流量应大于基坑的涌水量。离心泵扬程在满足总扬程的前提下，主要是使吸水扬程满足降水深度变化的要求。离心泵安装时，要注意吸水管接头漏气及吸水口至少沉入水面以下 50cm，以免吸入空气，影响水泵的正常运行。使用时，先将泵体及吸水管内灌满水，排出空气，然后开泵抽水。

b）潜水泵。在使用潜水泵时，不得脱水运转，或降入泥中，也不得排灌含泥量较高的水质或泥浆水，以免泵的叶轮被杂物堵塞。

c）抽水设备。要注意管道密封，井点系统分成长度大致相等的段，分段位置宜在基坑拐弯处，各套井点总管之间应装阀门隔开。为了观察水位降落情况，一般在基础中心、总管末端、局部挖深处，设置观测井，观测井由井点管做成，但不与总管相连。

每根井点管沉设后应检验渗透水性能。井点管与孔壁之间填砂滤料时，管口应有泥浆水冒出，或向管内灌水时，能很快下渗，方为合格。

井点管沉没完毕，即可接通总管和抽水设备，然后进行试抽，避免井点出现死井而导致浪费，为此要全面检查管路接头的质量、井点出水状况和抽水机械运动情况等，如发现漏气，要及时处理，检查合格后，井点孔口到地面下 0.5～1m 的深度范围内应用黏土填塞，以防漏气。

井点使用时，一般应连续抽水，时抽时停滤网会堵塞，也易出泥砂或出水混浊。

g. 降排水施工过程中污水的处理。降排水的水源主要来源于地下水和雨水，施工场地内的水的污染主要是泥沙，场地内水的含泥沙量一般都超过普通雨水的含量，不能直接排放到城市雨水排放系统，需要经过以后才能排放到城市雨水排放系统。施工场地降排水必须经过沉沙处理才能排放到城市雨水系统。沉沙处理方法一般在场地排水总沟末端设置沉淀池，整个场地的排出水通过沉淀池后再排入城市雨水系统。

h. 降排水施工过程中地下管道、地下文物的保护。

(a) 降排水施工过程中地下文物的保护。施工过程中如果发现地下文物，应该立即停止施工，并做好保护，立即报告当地相关部门，交由相关部门处理。

(b) 降排水施工过程中地下管道的保护。受基坑挖土等施工的影响，基坑周围的地层会发生不同程度的变形。如工程位于中心城区，基坑周围密布有建筑物、各种地下管线以及公共道路等市政设施，尤其是工程处在软弱复杂地层时，因基坑的开挖而引起地层变形，会对周围环境产生不利影响。因此，必须对周围地下管线的沉降和位移进行监测。

城市地下市政管线主要有煤气管、上水管、电力电缆、电话电缆、雨水管和污水管等。地下管根据其材性和接头构造可分为刚性管道和柔性管道。其中煤气管和上水管是刚性压力管道，是监测的重点，但电力电缆和重要的通信电缆也不可忽视。

②应急控制要求。

a. 项目部应急领导小组应有专人收听天气预报，有大风大雨的预报，必须及时通知应急领导小组负责人和现场作业班/组长，按应急方案处理。

b. 在夏季室外高温作业时，要注意防止中暑，如系轻症中暑，应使患者迅速离开高温作业环境；如是重症中暑，由现场作业班/组长指挥人员进行紧急抢救，并第一时间电话通知应急领导小组负责人，首先采取措施降温，迅速送医院进行抢救。

5）监测要求。

①噪声监测：作业前检测一次，施工期间每月检测一次，过程中通过监听，感觉噪声过高时使用仪器检测。

②粉尘监测。每天应由现场环境管理员采用目视的办法监测一次扬尘，扬尘高度控制在

0.5m以内。

③沉淀池在使用期间要定期（每天不少于一次）对沉淀池进行观测，观察沉淀池容量情况，当沉淀物超过容量的1/3时应及时进行清淘；并对沉淀池内的污水进行检测，作为回收利用或排放的依据。

④当施工时间有限制时，要提前2h监测进度情况，确保在限制时间内中止施工。

⑤应急检查。平常每周一次检查应急物资的准备情况，现场排水沟网。汛期与暴雨期前检查一次，期间每天检查至少一次。

(7) 边坡与护坡。

1) 一般规定。

①施工过程中方案的选择和优化，资源节约的控制。

深基坑支护体系方案的选择和优化，要根据建筑物设计规划、建设地的地质情况、基坑周围环境情况等要素来选择支护体系的结构类型、维护墙的形式、支撑形式等，保证在满足建设要求的条件下，进行方案优化，尽量降低资源的消耗。

②边坡挖放。

a. 控制边坡坡度，减少放坡损失。对永久性挖方的边坡坡度，应按设计要求放坡，一般在1∶1～1∶1.5。对使用时间较长的临时性挖方边坡，土质较好时，边坡可放宽一些。开挖基坑（槽）和管沟，土质条件好，地下水位低于其底面标高时，挖方深度5m以内不加支撑的，边坡坡度在1∶0.33～1∶1.5。施工期较长，挖方深度大于2m以上时，应作成直立壁加支撑。

在挖方下侧弃土时，应将弃土堆表面整平低于挖方场地标高并向外倾斜，或在弃土堆与挖方场地之间设置排水沟，防止雨水排入挖方场地。

b. 做好地面排水措施，避免积水。当有地下水时，应及时采取降排水措施。

c. 土方开挖应自上而下分段分层、依次进行，随时作成一定的坡势，以利泄水。边坡下部设有护脚及排水沟时，在边坡修完后，应立即处理台阶的反向排水坡，砌筑排水沟。

d. 集水坑。对软土或土层中含有细砂、粉砂或淤泥层时，不宜设置集水坑，以免发生流砂与塌方。集水坑底要铺设碎石滤水层，以免在抽水时将泥砂抽出，以及坑底土被搅动。

③支护施工方案。

a. 支护方案兼顾安全与经济，在安全的前提下，尽量选用投入少，可回收利用的支护结构或者成为地下结构一个组成部分的支撑。可回收利用的支护结构包括钢板桩、型钢支柱木挡板、工具式支撑等，成为地下结构组成部分的支撑包括地下连续墙等。

b. 基坑开挖之前应调查护坡做法、施工方案等（如强度计算书、护坡设计文件）；为防止对周围管线的破坏，宜请当地供电、供水、煤气、环境、交通等部门提供详细资料，甚至在审查支护结构设计时，请上述有关人员出席。

c. 注意基坑深度、大小、基坑底面平整、超挖量、坡度、回填土堆积场所等。

d. 护坡施工时，要常备应急器材，如装土用的草袋、麻袋、千斤顶、应急用楞木等。

e. 确认紧急情况下的联络系统。

f. 充分认识护坡崩裂所引起的情形，并考虑如何处理。

g. 大雨和台风袭来时，设监视员专职巡视，另安排现场工人待命，应急器材准备就绪等。

2）钢板桩。

①作业流程与环境影响。作业流程为：钢板桩除锈──→钢板桩准备──→沉桩。环境影响包括钢板桩除锈产生的粉尘与废渣，钢板桩加工焊接产生的环境影响，沉桩过程产生的噪声与废气等。

②材料要求。对钢板桩进行验收，防止出现使用不合格的钢板桩而产生断桩等现象。

③设备设施与人员要求。

a. 配备除锈、切割、焊接、矫正设备，用于钢板桩的清洁、切断、连接、矫正。设备性能经试运转或维修保持良好，设备配有接油盘，切割设备用的氧气与乙炔按规定存放与使用。

b. 使用能耗小、污染小的打桩设备，打桩设备使用时保持地基平稳，能够稳定地发挥设备性能。

c. 除锈人员掌握除锈方法及除锈后废渣处理方法；焊接人员掌握焊接过程的要求；打桩人员掌握沉桩方法，了解沉桩过程的环境影响及防治方法。

④过程控制。

a. 为防止钢板桩锈蚀对土壤的影响，钢板桩打入前先作防锈处理。当钢板桩表面有缺陷时，应清洗表面锈蚀与油污。桩端部变形采用氧乙炔切割处理时，切割按切割线进行，并且保证切割线与轴线垂直，热切割中应控制氧气、乙炔的泄露。钢板桩的除锈与加工在地面硬化的加工车间进行。

b. 桩体变形时，优先采用千斤顶并冷弯矫正，其次考虑氧乙炔热烘法与大锤敲击方法，以减少噪声与空气污染。

c. 钢板需要时可加长，加长采用焊接方式，焊接过程的环境污染防治应满足焊接过程的要求。

d. 当钢板桩被利用作为箱基底板或桩基承台的侧模时，则必须衬以纤维板或油毡等隔离材料，以利于钢板桩拔出重复使用。

e. 钢板桩用后拔出，拔出过程中为减少对土壤的扰动，宜匀速拔出。拔出后的带土应及时处理，所形成的土层孔隙有可能引起土层的移动，为减少这种影响，宜采用跳拔的方式，或边拔除边灌砂。

f. 沉桩设备包括落锤、汽锤、柴油锤、振动锤，前三种为冲击打入，从沉桩设备的选择上，优先选择振动锤，以减少冲击产生的噪声污染及柴油锤产生的空气污染。打设钢板桩时，每插入一块板桩，要套上桩帽并且轻轻锤击。

⑤监测要求。

a. 对钢板桩除锈车间的粉尘、废渣每天进行目测，粉尘过大时车间应进行封闭，除锈后的废渣要进行清扫、收集与处理。

b. 打桩过程中，每天进行噪声监测，噪声监测方法按《建筑施工场界环境噪声排放标准》(GB 12523—2011)，昼间噪声控制在 85dB 以内，夜间禁止施工。

3）深层搅拌水泥土桩与旋喷桩。

①作业流程与环境影响。

作业流程为：深层搅拌机定位──→预搅下沉──→制配水泥浆（或砂浆）──→喷浆搅拌、提升──→重复搅拌下沉──→重复搅拌提升至孔口──→关闭搅拌机、清洗。

旋喷桩作业过程为：钻机就位钻孔──→钻孔至设计标高──→旋喷──→边旋喷边提升──→成桩。

环境影响有：机械噪声与漏油，搅拌机作业过程的污水等。

②材料要求。

a. 水泥喷浆经过试制与调配，其性能符合环保要求。

b. 使用外加剂时，性能经检测合格，并且外加剂的贮存、使用时防止泄漏。

③设备设施与人员要求。

机具设备包括深层搅拌机或钻机、起重机、泥浆泵或高压泥浆泵、灰浆搅拌机、导向设备及提升速度量测设备、旋喷管、冷却泵、空压机等。

钻孔与旋喷设备进场时进行验收。打桩前，应整平场地，清除桩基范围内的高空、地面、地下障碍物，架空高压线距打桩架不得小于10m；修设桩机进出、行走道路，做好排水措施。道路可采用铺垫碎石或卵石，待打桩结束后，回收重复利用。

应选用与打桩施工方法相适应的打桩机械，钻机孔径与桩规格应相适应。

喷浆使用高压管与钻杆连接，利用钻杆端部的旋转喷嘴喷出水泥固化剂。

现场设贮水池，贮水池一方面提供搅拌、喷浆用水，另一方面用于冷却泵用水。

打桩现场设置排水沟网，用于现场污水的疏导。

操作人员要掌握搅拌桩操作方法，做好现场泥浆与污水的排放。

④过程控制。

a. 进行挡土墙深度、厚度设计，水泥的掺入量适当，既保证挡土墙一定的重力，又使消耗适量。

b. 场地先整平，清除桩位处地上、地下一切障碍物，场地低洼处用黏性土料回填夯实，利于桩机的就位。场地做好排水沟网的设置。

c. 施工前对灰浆泵输送量、灰浆输送管到达搅拌机喷浆口的时间和起吊设备提升速度等施工工艺参数进行设计，并且根据参数确定灰浆的配合比。配合设计考虑灰浆通过输送泵传输的流动性、灰浆的初凝时间与灰浆的强度性能。防止灰浆堵塞输送泵而影响输送性能，产生浪费，以及灰浆在土壤中的水化反应不充分达不到预期的效果。为增加灰浆的流动性，可考虑掺入水泥重量的0.2%～0.25%的木质素磺酸钙减水剂，以及用于早强的1%水泥用量的硫酸钠与2%水泥用量的石膏。

灰浆泵的拌制场所的污水处理参照混凝土搅拌站的污水处理方法。灰浆泵阻塞、灰浆泵停止施工前要进行清洗，清洗前泵中的剩余料及贴壁料先清理，清洗后的污水排入排水沟，清理形成的固体废弃物按无毒无害物资处理。

拌制成的灰浆要在初凝前使用完。

d. 为使灰浆与泥浆充分融合，提高水化效果，搅拌设备应先匀速下沉，再匀速上提，下沉及上提速度通过速度监测仪监测。搅拌机的操作连续均匀，以控制注浆量。

e. 喷射压力与喷射量，以及旋喷机械的提升速度在试桩时设计好，维护挡土墙质量均匀、桩孔均匀，也减少对土壤的扰动。

f. 灰浆输送使用空压机时，如空压机噪声过大，应对空压机进行封闭。

g. 灰浆搅拌在选定的场所进行，为控制水泥与外加剂用量，保证灰浆按配合比搅拌，现场配备计量台秤。

灰浆搅拌站附近设置储水池，提供拌浆用水，水池防渗漏，并定期对沉渣进行清理。

现场搅拌与旋喷中形成的污水经排水沟疏流，并统一沉淀后排放。

h. 当水泥浆中使用外加剂时，应防止外加剂泄漏。水泥浆在输送过程中要防止泄漏。

⑤监测要求。

a. 对水泥固化剂的性能进行检测，其酸碱度与土壤相适应，且无污染。

b. 噪声监测：对起重设备、灰浆搅拌机、空压机与泥浆泵的机械噪声，作业前检测一次，施工期间每月检测一次，过程中通过监听，感觉噪声过高时使用仪器检测。噪声值控制在白天 85dB 以内。

c. 粉尘监测。扬尘高度控制在 0.5m 以内。

d. 沉淀池在使用期间要定期（每天不少于一次）对沉淀池进行观测，观察沉淀池容量情况，当沉淀物超过容量的 1/3 时应及时进行清淘；并对沉淀池内的污水进行检测，作为回收利用或排放的依据。

e. 当施工时间有限制时，要提前 2h 监测进度情况，确保在限制时间内中止施工。

f. 每月应由专人对周围社区或环境进行走访，收集周围相关方的意见，作为持续改进环境管理的依据。

g. 应急检查。平常每周一次检查应急物资的准备情况，现场排水沟网。汛期与暴雨期前检查一次，期间每天检查至少一次。

4）地下连续墙。

①作业流程与环境影响。

作业流程包括：泥浆制作⟶成槽施工⟶钢筋笼吊放⟶灌浆。

环境影响包括：成槽与泥浆制作过程产生的泥浆固体废弃物与污水，钢筋笼加工产生的锈渣与钢筋焊接的环境影响，以及机械作业过程的噪声与漏油。

②材料要求。

a. 制作钢筋笼。钢筋笼在现场制作，制作用的钢筋须经检验合格，制作时按设计的直径与长度进行。防止制作尺寸不合要求的钢筋笼而产生浪费。钢筋笼需要除锈时，使用喷砂工艺，除锈后的废渣用塑料袋统一收集清理。

b. 灌浆用的混凝土现场制作或者使用商品混凝土，混凝土经过配合比设计，混凝土水下浇筑时通过导管进行。现场制作混凝土时，按照搅拌站的有关环境控制要求进行控制。

③设备设施与人员要求。

设计挖土机械的走向与走线，以最优的路线布设挖土机械轨道。

挖槽、清底产生的泥浆与泥渣应沉淀，沉淀通过现场沉淀池进行。沉淀池中产生的泥渣通过振动筛与旋流器，一方面分离出砂、石、土，作为建筑垃圾处理，另一方面制备泥浆用于筑导墙时的泥浆护壁循环使用。

泥浆系统配备泥浆拌制设备、送浆及回浆设备外，还需配废浆处理设备。

掌握泥浆制作方法，经过交底掌握成槽工艺与施工方法，经现场污水进行导流，掌握泥浆泵送的方法。

④过程控制。

a. 泥浆制作。泥浆制作应根据地质情况，尽量设计与选用与土壤酸碱度一致的泥浆，以不污染土壤。之前，应对地下 6～8m 范围内土层进行以鉴别土壤类别为主的简易勘探，加密钻探孔以查清其现状。泥浆通过机械拌制而成，拌制时防止泥浆遗洒。施工现场设置中够施工使用的泥浆配制、循环和净化系统的场地。泥浆池应加设防雨棚，施工场地应设集水井和排水沟，防止雨水和地表水污染泥浆，同时也防止泥浆污染场地。

b. 成槽施工。施工时，为严防槽壁塌方，应定期检查泥浆质量，防止泥浆流失，并维持稳定槽段所必须的泥浆液位，一般高于地下水位500mm以上，并不低于导墙顶300mm。在泥浆可能流失的地层中成槽时，必须有堵漏措施，储备足够的泥浆。挖槽后取土堆放在指定地点，堆放处远离基坑2m以上，堆土用密目网覆盖。

c. 钢筋笼制作与吊放。钢筋笼制作与焊接在专门的加工点与制作平台上进行，相应的钢筋废料要统一回收，焊渣清扫回收，归类到有毒有害物品，防止污染。钢筋焊接按钢筋作业过程的环境控制要求进行。

d. 灌浆。导管先下沉至底，灌浆过程中匀速上提，浇筑过程中防止堵管、混凝土浇筑不连续产生断桩，从而导致浪费。采用底部抽吸、顶部补浆的方法进行置换和清淤，置换的淤泥应抽吸至泥浆沉淀池沉淀。

⑤监测要求。

a. 污水监测。每天应监测施工过程现场污水及时排放，每班应不少于一次。

b. 噪声监测：对空压机、泥浆拌制机械、成槽机械等机械噪声，作业前检测一次，施工期间每月检测一次，过程中通过监听，感觉噪声过高时使用仪器检测。噪声值控制在白天85dB以内。

c. 粉尘监测。扬尘高度控制不超过0.5m。

d. 沉淀池在使用期间要定期（每天不少于一次）对沉淀池进行观测，观察沉淀池容量情况，当沉淀物超过容量的1/3时应及时进行清淘；并对沉淀池内的污水进行检测，作为回收利用或排放的依据。

e. 当施工时间有限制时，要提前2h监测进度情况，确保在限制时间中止施工。

f. 每月应由专人对周围社区或环境进行走访，收集周围相关方的意见，作为持续改进环境管理的依据。

g. 应急检查。平常每周一次检查应急物资的准备情况，现场排水沟网。汛期与暴雨期前检查一次，期间每天检查至少一次。

5）锚杆支护。

①作业流程与环境影响。

作业流程包括：土方开挖——→测量、放线定位——→钻机就位——→接钻杆——→校正孔位——→钻孔——→插钢筋——→压力灌浆——→养护。

环境影响包括：土方开挖过程的环境影响见土方开挖部分。钻机施工产生的噪声、粉尘；灌浆产生的污水与噪声等。

②材料要求。锚杆使用高强钢材（钢筋、钢管）或者钢绞线。方案设计之前，对地质情况进行检测，在土层含有化学腐蚀物或者土层松散、软弱时，不适于应用锚杆。锚杆要求强度与外观质量合格，不弯曲变形，使用前除锈，以保证功钻孔与锚固功效。如使用钢绞线，并且钢绞线涂有油脂时，先要对锚固段油脂加以清除。清除工作在加工车间进行，清除后的废水不可直接排入排水沟，需进行隔油处理或者收集后统一交给有资格的消纳单位处置。

灌浆材料使用水泥浆，为保证足够的强度，水泥采用425号以上普遍水泥。为加快凝固，可在水泥浆中加入早强剂。水泥浆按设计强度进行配合比设计，早强剂也经试验后确定掺入量。材料使用过程中进行量的控制，防止过度消耗。

③设备设施与人员要求。

a. 成孔机具。成孔机具为钻孔机，具体机械的型号根据地质与地形选择。成孔有水作业法与干作业法。水作业法现场积水多，干作业法易塌孔，并且需用空气压缩机冲洗孔穴，现场粉尘较大，因此也应根据现场条件和对环境的影响选择适当的作业方法。

b. 灌浆设施。通过压浆泵与钢管进行灌浆，所灌水泥浆现场用搅拌机械搅拌。压浆泵与搅拌机产生的噪声与漏油通过性能维护、隔声、接油等手段减少与控制。

c. 人员掌握钻机操作方法与粉尘防护方法，掌握污水导流的方法。

④过程控制。

a. 锚杆支护工艺过程包括钻孔、插筋、灌浆，使用预应力锚杆时要在灌浆达到一定强度后进行预应力张拉。过程中的环境影响包括钻孔粉尘、泥浆、孔径过大产生的废弃物多及灌浆量多、插筋量消耗、灌浆对土壤的影响，以及施工中所使用的机械产生的噪声、漏油等。

b. 支护前，编制施工组织设计，根据工程结构、地质、水文情况及施工机具、场地、技术条件制订施工方案，进行施工布置、平面布置，划分区段；选定并准备钻孔机具、配套设备和材料加工设备；委托安排锚杆及零件制作；进行技术培训；提出环境控制与节约的技术措施。

在施工区域内设置临时设施，修建施工便道及排水沟，安装临时水电线路，搭设钻机平台，将施工机具设备运进现场并安装维修试运转，检查机械、钻具、工具等是否完好齐全。

进行技术交底，搞清锚杆排数、孔位高低、孔距、孔深、锚杆及锚固件型式，钻孔深度。清点锚杆及锚固件数量。通过技术交底，使操作人员明了钻孔深度与测量方法，防止超钻；钻孔数量及插入锚杆数量，防止多钻及锚杆放置过多而产生浪费。进行施工放线，定出挡土墙、桩基线和各个锚杆孔的孔位，锚杆的倾斜角。

做好钻杆用钢筋、水泥、砂子等的备料工作，钻杆堆放在硬化的堆场，防止锈蚀污染地面，水泥、砂子分类堆放，水泥禁止用散装水泥，砂子堆放时要覆盖；锚焊采用对焊或帮条焊接，焊接过程的环境控制按焊接部分。

c. 钻孔。钻孔包括干法作业与湿法作业。冬季作业于黏土层时，适于干法作业，干法作业由于用空气压缩机风管冲洗孔穴，因此应在孔口进行粉尘控制，孔口上壁设置防护罩，参与施工的人员配戴防尘口罩。湿法作业时适用于各种土层，由于湿法作业需要用水冲刷，施工现场积水多，必须做好现场的积水排放与沉淀。

钻孔前，应对地基土的土层构成、土的性质、地下水情况进行详细勘察，不允许将锚固层设置在有机土层或液性指数 $IL<0.9$ 或液限 $WL>50\%$ 的黏土地基，或相对密度 $D<0.3$ 的松期地层内。锚杆要避开邻近的地下构筑物和管道，以及其他障碍物。

基坑进行钻孔作业时，要进行周围的噪声监测，为防止钻孔作业产生的噪声污染，基坑周围用隔声材料封闭。

钻机润滑保养时，要防止润滑油滴撒。

钻机钻孔中遇到坚硬物体如岩石时，先弄清地质情况，调整钻孔方案，通过避过坚硬岩石、降低钻机工作强度、控制钻速等方法防止钻机产生尖锐噪声，并且降低对钻机的损伤。

d. 锚杆布设。锚杆按其结构构造，由专人制作，要求顺直。锚杆可以委托加工，也可以现场加工，委托加工时，一定要委托给有资格的单位。锚杆现场焊接时按焊接工序的要求进行环境因素控制。

e. 灌浆。对灌浆量与灌浆方法进行控制。进行灌浆的配合比设计，浆液满足强度要求，同时也减少水泥用量的投入。浆液性能指标控制：塑性流动时间在22s以下，可用时间为30～60min。为加快凝固，提高早期强度，可掺速凝剂，但使用时要拌均匀，整个浇筑过程须在4min内结束。灌浆方法分为一次灌浆法和二次灌浆法。两种方法均应减少灌浆的浪费。一次灌浆法灌注压力一般为0.4～0.6MPa左右。随着水泥浆或砂浆的灌入，应逐步将灌浆管向外拔出直至孔口，在拔管过程中应保证管口始终埋在砂浆内。压力不宜过大，以免吹散浆液或砂浆。待浆液或砂浆回流到孔口时，用水泥袋纸等捣入孔内，再用湿黏土封堵孔口，并严密捣实，再以0.4～0.6MPa的压力进行补灌，稳压数分钟即告完成。二次灌浆法对于靠近地表面的土层锚杆，灌浆压力不可过大，以免引起地表面膨胀隆起，或影响附近原有的地下构筑物和管道的使用，因此，一般每1m覆土厚度的灌浆压力可按0.22MPa考虑。对垂直孔或倾斜度大的孔，亦可采用人工填塞捣实的方法。

⑤监测要求。

a. 污水监测。对来自于现场水泥浆搅拌机、水作业钻孔处的污水进行检查，现场设置有排水沟，污水排放通畅，排水沟中无油污，沉渣经过了清理，污水经沉淀后向城市管网排放，每班不少于一次。

b. 噪声监测。每月对来自于搅拌机、钻孔机、空气压缩机处的噪声进行一次测量，噪声控制在规定范围之内。日常应每天进行监听，异常情况应加密检测次数。

c. 粉尘监测。使用干作业法时，对孔洞处的粉尘进行目测，扬尘高度控制在1.5m以内，并且通过防护减少粉尘的排放。

d. 机械漏油监测。检查机械作业现场，漏油经过了处理。

e. 拉杆加工、除锈、除油现场检查。现场钢筋头或钢管头、锈渣统一收集归堆，废油收集并标识。

6）深基坑支撑。

①作业流程与环境影响。

作业流程包括：支护设计——→钢柱或混凝土柱——→钢梁或混凝土梁。分层支护时，采用逆作法，边挖边支撑。

环境影响包括：电焊光污染、焊渣的排放、有毒有害气体的排放；混凝土搅拌、运输、浇筑当中的遗洒、噪声排放、污水排放。

②材料要求。

a. 采用钢结构支撑时，支撑材料使用钢管或型钢。根据荷载的不同选择不同壁厚的钢管或者不同截面积的型钢。

b. 采用钢筋混凝土支撑时，材料要求参考书中相应的钢筋工程与混凝土工程部分。钢筋混凝土支撑根据荷载计算柱与梁的截面与配筋图。

③设备设施要求。

钢结构与钢筋混凝土柱和梁施工所需的设备设施满足书中相应钢结构部分与钢筋混凝土

施工部分的要求。支撑用的柱基础尽量选在基坑内原桩基上。

④过程控制。

a. 深基坑内支撑尽量采用钢结构支撑，因为钢结构支撑拼装和拆除方便、迅速，为工具式支撑，可多次重复使用。

支撑用的钢管或型钢通过扣件或螺栓连接，钢管、型钢、扣件、螺栓要轻拿轻放，并且禁止用铁榔、扳手重重敲打，以免发出尖锐噪声。如对撑时，提倡加设琵琶撑，以提高支撑的间距，减少钢材的用量。

b. 钢筋混凝土支撑根据其为现浇的特点，随基坑形状及受力状况进行支撑设计，其支撑形式包括对撑、角撑、桁架式支撑、圆形支撑、拱形支撑、椭圆形支撑等。支撑交叉点下的立柱尽量利用基坑内的灌桩作为其基础。

c. 地下结构施工完毕后，用控制爆破方法或人工方法拆除，拆除后的钢筋应回收，拆除后的混凝土尽量利用作为回填。爆破拆除和人工拆除中产生的环境影响按拆除作业的相关要求控制。

混凝土支撑结构支模、扎筋、浇筑、养护中产生的环境影响按混凝土施工中有关要求控制。

⑤监测要求。

a. 噪声监测：作业前检测一次，施工期间每月检测一次，过程中通过监听，感觉噪声过高时使用仪器检测。

b. 粉尘监测。每天应由现场环境管理员采用目视的办法监测一次扬尘，土方开挖时，扬尘高度：一级风，控制在 0.5m；二级风，控制在 0.6m；三级风，控制在 1m 以下；四级风要停止作业。一般作业时扬尘高度控制在 0.5m 以内。

c. 沉淀池在使用期间要定期（每天不少于一次）对沉淀池进行观测，观察沉淀池容量情况及当沉淀物超过容量的 1/3 时应及时进行清淘；并对沉淀池内的污水进行检测，作为回收利用或排放的依据。

d. 当施工时间有限制时，要提前 2h 监测进度情况，确保在限制时间中止施工。

e. 每班下班前由施工班/组长监测作业面“工完场清”情况，包括垃圾清理、材料回收、火源的管制情况、水源的关闭情况等，满足环境要求后才能离人。

f. 每月应由专人对周围社区或环境进行走访，收集周围相关方的意见，作为持续改进环境管理的依据。

g. 应急检查。平常每周一次检查应急物资的准备情况及现场排水沟网。汛期与暴雨期前检查一次，期间每天检查至少一次。

7）浅基坑支撑。

①作业流程。

浅基坑支撑主要是指基坑、槽、管沟的支撑，作业过程挖土与支护。支护方式有挡土板、木支撑、锚杆支撑、型钢支撑、钢筋混凝土支撑、混凝土支撑、砖砌支护等。

环境影响包括打桩时噪声，管沟内作业时固体废弃物，基坑污水排放等。

②材料要求。

支撑用的松木或杉木质地坚实、无枯节、透节、穿心裂折。

使用锚杆时，锚杆材料见锚杆支护。

③过程控制。

短桩打入时，选用的短桩尽量用木桩，减少打入时的噪声。使用型钢作挡土桩时，控制型钢打入时的噪声，型钢桩与挡土板间的楔子不宜用铁锤敲打。

支撑用的木材宜选用质地坚实的松木或杉木，不宜选用杂木。

使用拉锚时，埋设拉锚通过挖沟进行，不得将土方全部挖开，避免土体固结状态遭受破坏。

下部有含水土层或者雨水条件下作业时，基坑下部要设排水沟，防止雨水对土坡的直接侵蚀。

土坡需用水泥浆护壁时，壁上插适当锚筋相连，防止水泥浆脱落。

④监测要求。

a. 噪声监测：作业前检测一次，施工期间每月检测一次，过程中通过监听，感觉噪声过高时使用仪器检测。

b. 粉尘监测。每天应由现场环境管理员采用目视的办法监测一次扬尘，土方开挖时，扬尘高度：一级风，控制在0.5m；二级风，控制在0.6m；三级风，控制在1m以下；四级风要停止作业。一般作业时扬尘高度控制在0.5m以内。

c. 沉淀池在使用期间要定期（每天不少于一次）对沉淀池进行观测，观察沉淀池容量情况，当沉淀物超过容量的1/3时应及时进行清淘；并对沉淀池内的污水进行检测，作为回收利用或排放的依据。

d. 当施工时间有限制时，要提前2h监测进度情况，确保在限制时间中止施工。

e. 每班下班前由施工班/组长监测作业面“工完场清”情况，包括垃圾清理、材料回收、火源的管制情况、水源的关闭情况等，满足环境要求后才能离人。

f. 每月应由专人对周围社区或环境进行走访，收集周围相关方的意见，作为持续改进环境管理的依据。

g. 应急检查。平常每周一次检查应急物资的准备情况及现场排水沟网。汛期与暴雨期前检查一次，期间每天检查至少一次。

8）边坡保护。

①作业流程与环境影响。

主要的边坡保护方法有四种：薄膜覆盖或砂浆覆盖、挂网或挂网抹面法、喷射混凝土护面法、土袋或砌石压坡法。

环境影响包括边坡排水沟污水，混凝土搅拌站污水、噪声、漏油，现场废浆、废石等固体废弃物。

②材料要求。

a. 采购具有环保性能，可再生利用的薄膜作为覆盖物。

b. 砂浆覆盖时，抹浆厚度要控制在2～2.5cm，防止超厚抹灰导致浪费。砂浆为现场搅拌，设计强度为M5水泥砂浆，灰池就近设置，但离边坡不得近于50cm，灰桶移动与砂浆使用时要减少遗洒。

c. 使用铁丝网挂面时，铁丝网要在边坡上固定牢靠，防止滑动而影响效果。铁丝网通过采购获得，也可现场加工，现场加工时，铁丝要先调直，余料要收集归堆处理。

d. 喷射混凝土所需混凝土现场搅拌制作。搅拌过程的环境影响按现场搅拌的相应要求控制。

e. 土袋护坡时，所用装土工具为编织袋，用土使用基坑挖出的土。

③设备设施与人员要求。

a. 配备低能耗的混凝土搅拌机，供应喷射用混凝土。

b. 配备低噪声、低能耗的混凝土喷射机，向挂有铁丝网的边坡喷射混凝土。

c. 人员要求：掌握污水排放方法，漏油处理方法，现场固体废弃物堆放、清运等环境控制方法。

④过程控制要求。

边坡 2m 范围内不得堆放物资。为防止基坑边坡因气温变化，或失水过多而风化或松散，也为了防止坡面受雨水冲刷而产生溜坡现象，应根据土质情况采取护面措施。

a. 薄膜覆盖或砂浆覆盖。

对施工期短的临时性基坑边坡，采取在边坡上铺塑料薄膜，在坡顶及坡脚用草袋或编织袋装土压住或用砖压住，或在边坡上抹水泥砂浆，防止边坡失水风化。

塑料薄膜与草袋等在回填之前应回收，循环使用在后期的混凝土养护中，工程完工后，塑料薄膜不得焚烧，应统一回收后交专门的垃圾站处理。

b. 喷射混凝土或混凝土护面。

表面喷射应均匀，为使混凝土粘贴牢靠，应按规定间距铺铁丝网，遗洒的混凝土统一收集处理。

c. 土袋或砌石压坡。

用于压坡的土袋不得破口，以免土或砂遗洒或产生扬尘，坡顶设挡水土堤或排水沟，防止冲刷坡面，在底部作排水沟，防止直接冲刷土袋。

d. 挂网或挂网面法。

土质较差时，使用挂网抹面护坡，挂网要牢，水泥砂浆抹涂均匀，与基层粘贴牢靠，防止砂浆脱落。

⑤监测要求。

a. 噪声监测：作业前检测一次，施工期间每月检测一次，过程中通过监听，感觉噪声过高时使用仪器检测。

b. 粉尘监测。每天应由现场环境管理员采用目视的办法监测一次扬尘，土方开挖时，扬尘高度：一级风，控制在 0.5m；二级风，控制在 0.6m；三级风，控制在 1m 以下；四级风要停止作业。一般作业扬尘控制高度为 0.5m 以下。

c. 沉淀池在使用期间要定期（每天不少于一次）对沉淀池进行观测，观察沉淀池容量情况，当沉淀物超过容量的 1/3 时应及时进行清淘；并对沉淀池内的污水进行检测，作为回收利用或排放的依据。

d. 当施工时间有限制时，要提前 2h 监测进度情况，确保在限制时间中止施工。

e. 每班下班前由施工班/组长监测作业面“工完场清”情况，包括垃圾清理、材料回收、火源的管制情况、水源的关闭情况等，满足环境要求后才能离人。

f. 每月应由专人对周围社区或环境进行走访，收集周围相关方的意见，作为持续改进环境管理的依据。

g. 应急检查。平常每周一次检查应急物资的准备情况及现场排水沟网。汛期与暴雨期前检查一次，期间每天检查至少一次。

(8) 石方爆破施工。

1) 作业过程与环境影响。

作业过程为：清理爆破现场——→钻孔——→起爆——→爆破。

主要环境影响包括：钻孔产生的粉尘，药卷配制遗洒的固体废弃物，爆破粉尘与噪声等。

2) 爆破材料。

炸药要作防潮处理，方法是对卷装或袋装的炸药涂刷防潮剂。涂刷防潮剂时，炸药与地面要隔离，防止防潮剂渗入地面。

防潮剂用松香、松节油、沥青、石蜡、焦油、豆油中的几种组合加热配制，火堆加热时，要尽量减少烟尘，操作人员戴防尘口罩保护。

配制防潮剂与涂刷防潮剂分开进行，两者距离不小于25m，以免引起火药爆炸产生不必要的环境影响。涂刷时，防潮剂温度不超过60℃，涂刷后，置于细砂或木架上冷却。

火雷管应贮存在干燥、通风良好的库房内，以防受潮而降低爆炸力或产生拒爆。火雷管壁口上如有粉末或管内有杂物时，只许放在指甲上轻轻敲击，不得重倒或重扣，严禁用口吹或用其他物品去掏。粉末物质数量较少时，用水稀释处理；数量较多时，通过收集后交专门的部门处理。

3) 设备设施与人员要求。

①设备设施要求。

a. 钻孔使用低能耗、低噪声的钻机。

b. 提供药卷配制的场所，配制点地面予以硬化。

c. 提供洒水设施。

②人员要求。

人员掌握钻机操作方法，正确操作钻机以减少噪声。药卷配制时要稳妥，防遗洒。掌握雷管与火药的性能，妥善贮存与使用雷管与火药。

4) 过程控制。

①爆破设计。本着用药少、爆破效果好的原则进行爆破设计。药包量的大小根据岩土的软硬、缝隙情况、临空面的多少、预计爆破的石方体积、炸药性能以及现场施工经验等来确定。

爆破设计之前，要充分了解各种数据与信息。包括以下方面。

a. 地形条件。从而确定临空面个数、药包重系数、爆破体积之间的关系。

b. 地质条件。包括岩土的坚硬、松软程度，以及地质构造、岩层层理、节理、裂隙、断裂等，这些都会影响单位体积耗药量、爆破的范围大小、形状，以及爆破后石块体积的大小等。对坚硬、强度高、地质构造完整的岩石，需用炸药量多，反之，则可少些。节理、裂隙多和有断裂的岩石，会引起漏气，降低爆破威力；有层理的岩石会沿薄层层理面破坏，也会影响爆破效果。

c. 炸药性能及药包量大小。影响爆破作用范围的主要是爆力和猛度。药包量的大小对爆破有密切关系，炸药用量少，会达不到预期效果，炸药用量多，会造成浪费。

d. 施工条件。炸药泡水、受潮会降低爆破效果，甚至拒爆。

②成孔。成孔方法包括人工打孔与机械钻孔。

a. 人工打孔。

人工成孔的方法有冲击法和锤击法，当岩石松软时，优先考虑冲击法，以减少现场噪声。

操作场地的障碍物及冰雪应清除干净，清除出的杂物分类堆放，清扫过程中可以考虑洒水作业以避免扬尘。

当冲孔或锤击到一定程度后，现场易产生粉尘，为降低或减少粉尘影响，每打一段时间，应用掏勺掏出石粉石渣，或者打湿孔，经常加水润湿。

开始打锤及中途换钢钎，应先轻打一、二十锤，使钢钎温度稍升高后再重打，避免钎头脆裂。

必须按炮孔布置位置、方向及深度进行打孔，打到要求深度后，要将孔内石粉杂质掏挖干净，用稻草或塞子将孔口塞好，避免泥块等掺入，严禁在已爆破后的残孔中继续钻孔。

b. 机械钻孔。

机械钻孔主要的环境污染包括凿岩机钻钎高速冲击岩石产生的噪声，钻钎中心孔道中的压缩空气和压力水冲洗炮孔产生的粉尘、石渣等。

作业区周围有人群居住时，为减少对居民噪声的影响，应在受影响的噪声传播方向通过隔声布将现场封闭。隔声布的高度按照噪声传播的特点设定。

从事钻孔作业的工人及现场其他作业人员必须配戴防噪耳塞。

在Ⅳ级风力情况下，钻孔作业应停止进行，否则现场应予以封闭作业。为减少粉尘的产生，尽量采用湿作业。操作中，如发生堵孔现象，可先考虑向下灌水浸泡，直至凿岩机能自由上下运行为止。钻时先小开风门，待钻入岩石，方开大风门。气量和风压应符合凿岩机的要求。如遇人参软岩石或穿过土夹层时，为防止钻眼孔壁收缩变形，粉尘增多，在钻到一定深度后，应将钻杆提上一段高度使其空转。为减少对作业人员的影响，要求作业人员必须佩戴好防尘口罩。

当现场作业密集，污水较多时，应对污水进行引流和沉淀。

钻孔前，应准确标定炮孔位置，并仔细检查风钻的风管及管路是否连接牢固，钻机的风眼、水眼是否畅通；钻杆有无不直、带伤以及钎孔有无堵塞现象等。

钻机润滑时，应防止润滑油遗洒，钻机的修理在指定的修理地点或车间进行。

为保证机械钻眼的效率，风动凿岩机使用的风压应在 0.5MPa 以上。钻孔时机具要扶稳扶直，以防钻杆歪曲、折断。

钻孔达到要求深度后，应将炮孔内的石粉细渣冲净、吹干，并将孔口封盖，以便装药，避免孔内水分与杂质影响爆炸效果。

钻孔现场统一清理，清理出的石渣统一堆放，以备再利用，现场粉尘清扫干净，以利于下一步的作业。

③起爆。起爆方法包括火花起爆、电力起爆、导爆索起爆、导爆管起爆。

a. 火花起爆。

作业过程包括火雷管制作，起爆药卷制作。

加工雷管应在专设的工房内，或者不受阳光直晒的干燥地点进行。打折、过粗、过细或有损伤的导火索部分应切去。切去的部分统一收集处理。

加工起爆药卷时，先解开药卷的一端，捏松，用直径 5mm，长 100～120mm 圆木棍轻轻插入药卷中央，尔后抽出，再将火雷管或电雷管插入孔内，装入药卷的 1/3～1/2 深，不得将雷管猛力插入。对起爆间隔时间不同的起爆药卷，应以记号分别标志，以免在装药时混淆不清。

起爆药卷应在爆破地点或装药前制作，预先检查雷管内有无尘土杂物，导火索是否有漏药、过粗、过细或其他外部缺陷。装药时，应避免火药遗洒。制作好的起爆药卷应小心妥善保管，不得受振动、碰撞，或将火线电管拔出。

b. 电力起爆。

通过电雷管中的电力点火装置先使雷管中的起爆药爆炸，然后使药包爆炸。现场必须配备电线网路、电源、仪表。电线网路布设时，去除的电线胶皮统一收集处理，多余的电线回收以便再利用。电线联结及电线与仪器的连接处不得裸露。电压根据电线网路及电雷管准爆电流计算确定。

在选择电爆网路形式时，除考虑导线的规格外，还应考虑电源的电压及电容量是否够用，以免影响起爆效果。

电力起爆前，应将每个电雷管的脚线连成短路，使用时方可解开，并严禁与电池放在一起或与电源线路相碰。区域线与闸刀主线的连接工作，必须在所有爆破眼孔均已装药、堵塞完毕，现场其他作业人员退至安全地区后方准进行。

遇有暴风雨或闪电打雷时，禁止装药、安装电雷管和连接电线等操作，同时应迅速将雷管的脚线、电源线的两端分别绝缘。

c. 导爆索起爆和导爆管起爆。

联结严格按使用说明书。导爆索和导爆管表面不得有缺陷，导爆索存放在干燥地点，布设后避免太阳直晒，温度高于30℃时，需用纸或土遮盖。

④爆破。

a. 爆破方法的选择。

为提高爆破的功效，选择爆破方法时参照表6-13。

表6-13　　爆破方法的适用范围和注意事项参考表

爆破方法	适用范围	注意事项
裸露爆破法	适用于地面上大的孤石、大块石的二次破碎，及、水下岩石与某些改建工程的爆破	药包部位及周围表面的砂石和杂物清除干净；区包上用草皮、黏土及不易燃烧的软体覆盖，厚度不少于药包直径；为加强效果，可在药包底部做集中爆力穴
炮孔爆破法	适用于各种地形或场地狭窄的工作面上作业。如岩层厚度不大的一般场地平整、开挖管沟、基坑（槽）、渠道、平整边坡、梯段爆破、开采石料、松动冻土，大块石的二次爆破以及改建工程拆除的控制爆破	按阶梯形爆破，使炮孔方向尽量与临空面平行或成30°～45°角；炮孔避免选择在岩层裂隙处或石层变化的分界线上；爆破的最不抵抗线长度，不宜超过炮眼的深度；炮孔深度超过沟、坑、槽的0.5倍时采用分层爆破；平缓坡地采用多排炮孔爆破时，排距之间炮孔夜梅花形交错
药壶爆破法	适用于露天爆破阶梯高3～8m的软质岩和中等硬度岩层	药壶扩底使用药量，视岩石软硬、节理发育情况等通过试验确定，以免药量过少，不能形成药壶，或药量过多将炮孔炸塌；药壶爆破法堵塞长度通常为炮孔深度的0.5～0.9倍；每次装药扩底后，将壶内残留石渣清除干净

续表

爆破方法	适用范围	注意事项
深孔爆破法	适用于料场、深基坑的松爆，场地整平以及高梯段中型爆破各种岩石	炮孔的位置、方向、深度、药包距离、药包重和装药方法、堵塞长度符合设计要求；装药前，将石粉粉碎渣清除干净；堵塞时，紧靠炸药的一段，应用预制炮泥，其余部分可用砂和细石渣混合物填塞
小洞室爆破法	适用于六类土以上的较大量的坚硬石方爆破；横洞适于阶梯高度不超过6m的软质岩石或有夹层时的岩石松爆；竖井适于厚度为3～6m的坚硬岩石、土方场地整平松爆	导洞周围做好排水；堵塞时，堵塞物与药室内的炸药之间要有明显蚧限
边线控制爆破法	适用于为获得一定要求的平整边坡或断面形状，避免超、欠挖以及对构筑物的拆除、峒室改建工程等的控制爆破	施工前准确标出设计边线和边孔的钻孔位置，预裂炮孔的角度与设计边坡坡度一致；炮孔间距适宜，随岩石坚固系数值的增大，炮孔的间距相应减小；炮孔直径控制在正常炮孔装药量的1/4～1/3左右
定向控制爆破	适用于堆石成坝，或抛向一侧低洼处回填，或开成一定截面的基坑、地沟、渠道	设置定向坑；进行定向爆破装药量计算
微差控爆破	适用于开挖岩石地基、挖掘沟渠、建筑物及基础的控制爆破拆除以及用于工程量与爆破面积较大，对截面形状、规格、减振、飞石、边坡后冲有严格要求的爆破工程	选择合理的起爆间隔延时，相邻两炮孔爆破时间间隔控制在20～50ms；防止一炮响后出现飞石、空气冲击、岩体移动等情况，对网路造成破坏；每孔至少一根导爆索

b. 爆破噪声与粉尘控制。

爆破周围有居民时，爆破时间应选择在白天。爆破地点处于居民密集区时，除保证居民安全外，还应对爆破现场进行封闭，封闭物选择具有隔声效果的材料，同时也用于防止粉尘的扩散。

减少爆破对周围建筑物与管线的影响。为此爆破前进行再次测算，并且对周围管线分布进行核对，防止爆破产生新的环境影响。

爆破后废弃物的处理。爆破后的废弃物分类收集堆放，优先考虑现场地平整、回填等再利用，不能回收利用的运输到指定的垃圾堆放地点处理。

5）监测要求。

①材料监测。材料保存在干燥的环境，仓库配备有应急设施（爆破应急措施见书中拆除工程部分的内容）；药卷无遗洒。

②现场监测。成孔深度经测量满足要求，无超钻现象。钻孔保持干燥清洁。

③噪声监测。在试爆时对噪声进行测量，在噪声超过90dB时，对爆炸方案进行调整，通过减少单次装药量、分段爆炸等方式降低噪声值。爆炸时按施工现场噪声监测要求进行监测。

④粉尘监测。现场爆破后扬尘超过1.5m高度时，实施洒水降尘。

3. 材料、设备的环保符合性判断

从我国的市场情况来看，生产或销售的建材产品不符合国家有关节能环保标准要求的情况时有发生，通过大力推广使用环保建材，借助现代高科技工具进行设计、建造，采用无污染的生产技术，建筑的可持续发展会逐步成为现实。

20世纪90年代，可持续发展成为许多国家的选择。在此背景下，绿色建筑的概念逐渐深入人心。随着环保型产品逐渐在市场上成为主角，消费者对建材提出了安全、健康、低碳等要求。推广应用绿色技术，使用无公害、无污染、无放射性的环保型建筑材料，是建筑业发展的必然趋势。

（1）传统建筑材料产生污染的原因。

随着生活水平的不断提高，人们对建筑环境越来越重视。然而，一些传统建材是由化工材料制成的，含有有毒物质。这种建筑材料不断向室内释放有毒气体，对人体健康有害。据有关专家曾经对新建房屋进行抽样检测。检测结果显示，建筑室内空气中有500多种化学物质，比室外高许多倍。

研究结果表明，2%～3%的房子里有石棉和氡，10%左右的房子里有病毒、细菌等微生物。室内有这些有害物质的建筑被称为“病态建筑”。这些“有病”的建筑会把自身的“病”传染给房屋的使用者。事实证明，劣质建材释放的各种有害物质对人体健康非常不利。封闭的建筑内温度较高，为细菌繁殖提供了有利环境，对人体的危害更大。

（2）环保型建筑材料的应用。

长期以来，我们一直认为中国是一个地大物博的国家，认为中国人拥有的自然资源非常丰富。事实上，我国的人均自然资源占有量远低于世界平均水平。如何让更多的中国企业家和普通居民认识到节能的重要性，是值得每一个人思考的。

（3）环保建筑材料的发展。

绿色建筑就是有效利用资源的建筑，即节能、环保、舒适、健康的建筑。绿色建筑选择建筑材料应遵循以下两个原则：一个是尽量使用3R（Reduce、Reuse、Recycle，即可重复使用、可循环使用、可再生使用）材料；另一个是选用无毒、无害、不污染环境、对人体健康有益的材料和产品，最好是有国家环境保护标志的材料和产品。

与传统建材相比，新型建材不仅可以降低建筑能耗，还能合理利用工业废弃物。新型建材不仅不会污染室内环境，还有益于人体健康，有助于改善建筑环境，能起到防霉、隔声、隔热、杀菌、调温、调湿、调光、阻燃、除臭的作用。新型环保建材的生产过程不会对环境造成污染，不会生成新的废弃物，而且大多可以回收再利用。

现代社会经济发达，基础设施和住房建设规模越来越大。建筑材料的大量生产和使用为改善人类居住环境提供了物质保障，但也付出了过度消耗能源和严重污染环境等代价。因此，要想保护环境，实现可持续的建筑设计，必须把原材料对环境造成的影响纳入衡量建筑价值的标准体系中。建筑是来源于自然又回归自然的，其使用的材料不应对人体和周边环境造成危害。以黏土砖为例，其生产过程就会破坏土壤环境。

从可持续发展的角度来说，在建筑中使用木材应加倍谨慎。大量砍伐树木会导致一系列问题出现，如增加运输能耗、破坏局部经济环境和生态环境等。环境友好型建筑应该有出众的耐久性，易于维护管理，不释放或很少释放有害物质。为了实现可持续发展的目标，将建筑材料对环境的负面影响减到最小，须研发无污染建造技术和环保型建筑材料。例如，利用工业废料（粉煤灰、矿渣、煤矸石等）生产水泥、砌块等建筑材料，利用废弃泡沫塑料生产保温墙体板材，利用废玻璃生产贴面材料等。这种做法既可以利用工业废料，减轻环境污染，又可节约自然资源。

(4) 节能环保材料未来将成主流。

节能环保材料在建筑领域已得到广泛使用，未来将成为市场上的主流。据了解，欧洲目前已掀起建筑革命的浪潮。人们期待未来的房屋不仅能实现能源自给自足，还能将剩余的电能输入电网。这是人们对建筑业提出的新要求。

环保建筑材料的使用为建筑行业注入了“新鲜血液”。环保建材不仅解决了人们普遍关注的环境污染问题，也实现了资源合理利用和循环利用，使建筑在设计和构造上更趋于完美。

环保建筑的基础是环保材料。通过大力推广使用环保建材，借助现代高科技工具进行设计、建造，采用无污染的生产技术，建筑的可持续发展会逐步成为现实。绿色建筑是符合可持续发展观的建筑，是人类与自然和谐相处的产物，是人类文明的标志。要有意识地保护人居环境，创造良好的居住环境，打造和谐的绿色家园。

(5) 常见材料的环保要求如下。

1) 水泥、砂、石、外加剂等结构材料的使用会产生粉尘、辐射等对人体和环境的危害。

①粉尘。水泥生产、运输、使用等工序都有大量粉尘产生。通常，生料中游离二氧化硅含量约10%，熟料含1.7%～9.0%，成品水泥含1.2%～2.6%。长期吸入生料粉尘可引起矽肺，吸入烧成后的熟料或水泥粉尘可引起水泥尘肺。水泥遇水或汗液，能生成氢氧化钙等碱性物质，刺激皮肤引起皮炎，进入眼内引起结膜炎、角膜炎。

砂石、石粉、外加剂也含有少量游离二氧化硅，长期吸入粉尘可引起矽肺。

水泥、砂、石、外加剂的储存、运输、搅拌会产生大量粉尘，影响环境。

焊接烟尘：电焊烟尘除产生粉尘危害外主要是焊工在焊接时发生锰烟尘，施工现场空气中锰的最高允许浓度为0.02mg/m^3。工地简易焊接工棚，由于通风不良，加之使用含锰量较高的假冒焊条，锰烟尘浓度可高达超出标准200多倍，极容易发生急性锰中毒及慢性锰中毒。锰对人体的危害主要表现为：中毒后损害人体的神经系统，导致神经衰弱症——头晕、头痛；植物神经功能紊乱；震颤麻痹综合症；精神失常，不自主哭笑；肌张力改变等。

②辐射。

a. 民用建筑工程所使用的无机非金属建筑材料，包括砂、石、砖、水泥、商品混凝土、预制构件和新型墙体材料等，其放射性指标限量应符合表6-14的规定。

b. 民用建筑工程所使用的无机非金属装修材料，包括石材、建筑卫生陶瓷、石膏板、吊顶材料等，进行分类时，其放射性指标限量应符合表6-15的规定。

表6-14　无机非金属建筑材料放射性指标限量

测定项目	量　限
内照射指数（IRa）	≤1.0
外照射指数（Iγ）	≤1.0

表6-15　无机非金属装修材料放射性指标限量

测定项目	限　量	
	A	B
内照射指数（IRa）	≤1.0	≤1.3
外照射指数（Iγ）	≤1.3	≤1.9

c. 空心率大于25%的建筑材料，其天然放射性核素镭226、钍—232、钾—40的放射性比活度应同时满足内照射指数（IRa）不大于1.0、外照射指数（Ir）不大于1.3。

d. 建筑材料和装修材料放射性指标的测试方法应符合现行国家标准《建筑材料放射性核素限量》（GB 6566—2010）的规定。

③外加剂中氨气的释放。由于混凝土外加剂的作用越来越明显，外加剂产品的研究开发取得可喜的进展，防冻剂作为混凝土外加剂中的一个类别，它的研究进展，使得在寒冷气候下的混凝土的制备、浇筑、养护等取得显著的效果。从而使得冬期施工顺利进行，由此给建筑业创造了可观的经济效益。早期的防冻剂多以氯化钠为主，在人们认识氯离子对钢筋的锈蚀作用后，改以尿素作为防冻剂的有效成分。然而，尿素在混凝土中水解生成氨和二氧化碳，氨气的挥发造成了建筑物室内的氨气污染。加之现代建筑物的密闭化，使得室内空气污染问题日益严重，《混凝土外加剂中释放氨的限量》（GB 18588—2001）的要求：各类具有室内使用功能的建筑用、能释放氨的混凝土外加剂，释放氨的量不大于0.10（质量分数）。

④在部分地区对于材料和工艺进行了限制和淘汰。如限制和淘汰施工现场搅拌混凝土、施工现场搅拌砂浆、袋装水泥、含尿素的混凝土防冻剂、喷射混凝土用粉状速凝剂、氯离子含量大于0.1%的混凝土防冻剂等。

a. 无机非金属建筑材料和装修材料。

（a）民用建筑工程所使用的无机非金属建筑材料，包括砂、石、砖、水泥、商品混凝土、预制构件和新型墙体材料等，其放射性指标限量应符合表6-16的规定。

（b）民用建筑工程所使用的无机非金属装修材料，包括石材、建筑卫生陶瓷、石膏板、吊顶材料等，进行分类时，其放射性指标限量应符合表6-17的规定。

表6-16　无机非金属建筑材料放射性指标限量

测定项目	限　量
内照射指数（IRa）	≤1.0
外照射指数（Iγ）	≤1.0

表6-17　无机非金属装修材料放射性指标限量

测定项目	限　量	
	A	B
内照射指数（IRa）	≤1.0	≤1.3
外照射指数（Iγ）	≤1.3	≤1.9

（c）空心率大于25%的建筑材料，其天然放射性核素镭226、钍—232、钾—40的放射性比活度应同时满足内照射指数（IRa）不大于1.0、外照射指数（Ir）不大于1.3。

（d）建筑材料和装修材料放射性指标的测试方法应符合现行国家标准《建筑材料放射性核素限量》（GB 6566—2010）的规定。

b. 人造木板及饰面人造木板。

（a）民用建筑工程室内用人造木板及饰面人造木板，必须测定游离甲醛含量或游离甲醛释放量。

（b）人造木板及饰面人造木板，应根据游离甲醛含量或游离甲醛释放量限量划分为E1类和E2类。

（c）当采用环境测试舱法测定游离甲醛释放量，并依此对人造木板进行分类时，其限量应符合表6-18的规定。

（d）当采用穿孔法测定游离甲醛释放量，并依此对人造木板进行分类时，其限量应符合

表 6-19 的规定。

表 6-18 环境测试舱法测定游离甲醛释放量限量

类　　别	限量/(mg/m³)
E1	≤0.12

表 6-19 穿孔法测定游离甲醛含量分类限量

类　　别	限量/(mg/100g，干材料)
E1	≤9.0
E2	>9.0，≤30.0

(e) 当采用干燥器法测定游离甲醛释放量，并依此对人造木板进行分类时，其限量应符合表 6-20 的规定。

(f) 饰面人造木板可采用环境测试舱法或干燥器法测定游离甲醛释放量，当发生争议时应以环境测试舱法的测定结果为准；胶合板、细木工板宜采用干燥器法测定游离甲醛释放量；刨花板、中密度纤维板等宜采用穿孔法测定游离甲醛含量。

(g) 环境测试舱法，宜按《屋面工程质量验收规范》(GB 50207—2012) 规范附录 A 进行。

(h) 穿孔法及干燥器法，应符合国家标准《人造板及饰面人造板理化性能试验方法》(GB/T 17657—1999) 的规定。

c. 涂料。

(a) 民用建筑工程室内用水性涂料，应测定总挥发性有机化合物 (TVOC) 和游离甲醛的含量，其限量应符合表 6-21 的规定。

表 6-20 干燥器法测定游离甲醛释放量分类限量

类　　别	限量/(mg/L)
E1	≤1.5
E2	E2>1.5，≤5.0

表 6-21 室内用水性涂料中总挥发性有机化合物 (TVOC) 和游离甲醛限量

测 定 项 目	限　　量
TVOC/(g/L)	≤200
游离甲醛/(g/kg)	≤0.1

(b) 民用建筑工程室内用溶剂型涂料，应按其规定的最大稀释比例混合后，测定总挥发性有机化合物 (TVOC) 和苯的含量，其限量应符合表 6-22 的规定。

表 6-22 室内用溶剂型涂料中总挥发性有机化合物 (TVOC) 和苯限量

涂料名称	TVOC/(g/L)	苯/(g/kg)	涂料名称	TVOC/(g/L)	苯/(g/kg)
醇酸漆	≤550	≤5	酚醛磁漆	≤380	≤5
硝基清漆	≤750	≤5	酚醛防锈漆	≤270	≤5
聚氨酯漆	≤700	≤5	其他溶剂型涂料	≤600	≤5
酚醛清漆	≤500	≤5			

(c) 聚氨酯漆测定固化剂中游离甲苯二异氰酸酯 (TDI) 的含量后，应按其规定的最小稀释比例计算出的聚氨酯漆中游离甲苯二异氰酸酯 (TDI) 含量，且不应大于 7g/kg。

测定方法应符合国家标准《气相色谱测定氨基甲酸酯预聚物和涂料溶液中未反应的甲苯二异氰酸酯 (TDI) 单体》(GB/T 18446—2009) 的规定。

(d) 水性涂料中总挥发性有机化合物 (TVOC)、游离甲醛含量的测定方法，宜按规范

GB/T 18446—2009 附录 B 进行。

(e) 溶剂型涂料中总挥发性有机化合物 (TVOC)、苯含量测定方法，宜按规范 GB/T 18446—2009 附录 C 进行。

d. 胶粘剂。

(a) 民用建筑工程室内用水性胶粘剂，应测定其总挥发性有机化合物 (TVOC) 和游离甲醛的含量，其限量应符合表 6-23 的规定。

(b) 民用建筑工程室内用溶剂型胶粘剂，应测定其总挥发性有机化合物 (TVOC) 和苯的含量，其限量应符合表 6-24 的规定。

表 6-23 室内用水性胶粘剂中总挥发性有机化合物 (TVOC) 和游离甲醛限量

测定项目	限量
TVOC/(g/L)	≤50
游离甲醛/(g/kg)	≤1

表 6-24 室内用溶剂型胶粘剂中总挥发性有机化合物 (TVOC) 和苯限量

测定项目	限量
TVOC/(g/L)	≤750
苯/(g/kg)	≤5

(c) 聚氨酯胶粘剂应测定游离甲苯二异氰酸酯 (TDI) 的含量，并不应大于 10g/kg，测定方法可按国家标准《气相色谱测定氨基甲酸酯预聚物和涂料溶液中未反应的甲苯二异氰酸酯 (TDI) 单体》(GB/T 18446—2009) 进行。

(d) 水性胶粘剂中总挥发性有机化合物 (TVOC)、游离甲醛含量的测定方法，应符合《民用建筑工程室内环境污染控制规范》(GB 50325—2010) 附录 B 的规定。

(e) 溶剂型胶粘剂中总挥发性有机化合物 (TVOC)、苯含量测定方法，应符合《民用建筑工程室内环境污染控制规范》(GB 50325—2010) 附录 C 的规定。

e. 水性处理剂。

(a) 民用建筑工程室内用水性阻燃剂、防水剂、防腐剂等水性处理剂，应测定总挥发性有机化合物 (TVOC) 和游离甲醛的含量，其限量应符合表 6-25 的规定。

表 6-25 室内用水性处理剂中总挥发性有机化合物 (TVOC) 和游离甲醛限量

测定项目	限量
TVOC/(g/L)	≤200
游离甲醛/(g/kg)	≤0.5

(b) 水性处理剂中挥发性有机化合物 (TVOC)、游离甲醛含量的测定方法，应符合《民用建筑工程室内环境污染控制规范》(GB 50325—2010) 附录 B 的规定。

f. 工程设计、施工。

(a) 材料选择。

a) Ⅰ类民用建筑工程必须采用 A 类无机非金属建筑材料和装修材料。

b) Ⅱ类民用建筑工程宜采用 A 类无机非金属建筑材料和装修材料；当 A 类和 B 类无机非金属装修材料混合使用时，应按下式计算，确定每种材料的使用量：

$$\sum f_i I_{\mathrm{Ra}i} \leqslant 1$$

$$\sum f_i I_{\gamma i} \leqslant 1.3$$

式中 f_i——第 i 种材料在材料总用量中所占的份额 (%)；

$I_{\mathrm{Ra}i}$——第 i 种材料的内照射指数；

$I_{\gamma i}$——第 i 种材料的外照射指数。

c) Ⅰ类民用建筑工程的室内装修，必须采用 E1 类人造木板及饰面人造木板。

d）Ⅱ类民用建筑工程的室内装修，宜采用 E1 类人造木板及饰面人造木板；当采用 E2 类人造木板时，直接暴露于空气的部位应进行表面涂覆密封处理。

e）民用建筑工程的室内装修，所采用的涂料、胶粘剂、水性处理剂，其苯、游离甲醛、游离甲苯二异氰酸酯（TDI）、总挥发性有机化合物（TVOC）的含量，应符合规范 GB 50325—2010 的规定。

f）民用建筑工程室内装修时，不应采用聚乙烯醇水玻璃内墙涂料、聚乙烯醇缩甲醛内墙涂料和树脂以硝化纤维素为主、溶剂以二甲苯为主的水包油型（O/W）多彩内墙涂料。

g）民用建筑工程室内装修时，不应采用聚乙烯醇缩甲醛胶粘剂。

h）民用建筑工程中使用的粘合木结构材料，游离甲醛释放量不应大于 $0.12mg/m^3$，其测定方法应符合规范 GB 50325—2010 附录 A 的规定。

i）民用建筑工程室内装修时，所使用的壁布、帷幕等游离甲醛释放量不应大于 $0.12mg/m^3$，其测定方法应符合规范 GB 50325—2010 附录 A 的规定。

j）民用建筑工程室内装修中所使用的木地板及其他木质材料，严禁采用沥青类防腐、防潮处理剂。

k）民用建筑工程中所使用的阻燃剂、混凝土外加剂氨的释放量不应大于 0.0。

l）Ⅰ类民用建筑工程室内装修粘贴塑料地板时，不应采用溶剂型胶粘剂。

m）Ⅱ类民用建筑工程中地下室及不与室外直接自然通风的房间贴塑料地板时，不宜采用溶剂型胶粘剂。

n）民用建筑工程中，不应在室内采用脲醛树脂泡沫塑料作为保温、隔热和吸声材料。

o）民用建筑工程室内装修时，所使用的地毯、地毯衬垫、壁纸、聚氯乙烯卷材地板，其挥发性有机化合物及甲醛释放量均应符合相应材料的有害物质限量的国家标准规定。

（b）工程施工。

a）一般规定。

ⓐ施工单位应按设计要求及规范 GB 50325—2010 的有关规定，对所用建筑材料和装修材料进行进场检验。

ⓑ当建筑材料和装修材料进场检验，发现不符合设计要求及规范 GB 50325—2010 的有关规定时，严禁使用。

ⓒ施工单位应按设计要求及规范 GB 50325—2010 的有关规定进行施工，不得擅自更改设计文件要求。当需要更改时，应经原设计单位同意。

ⓓ民用建筑工程室内装修，当多次重复使用同一设计时，宜先做样板间，并对其室内环境污染物浓度进行检测。

ⓔ样板间室内环境污染物浓度的检测方法，应符合规范 GB 50325—2010 第 6 章的有关规定。当检测结果不符合规范 GB 50325—2010 的规定时，应查找原因并采取相应措施进行处理。

b）材料进场检验。

ⓐ民用建筑工程中所采用的无机非金属建筑材料和装修材料必须有放射性指标检测报告，并应符合设计要求和规范 GB 50325—2010 的规定。

ⓑ民用建筑工程室内饰面采用的天然花岗岩石材，当总面积大于 $200m^2$ 时，应对不同产品分别进行放射性指标的复验。

ⓒ民用建筑工程室内装修中所采用的人造木板及饰面人造木板，必须有游离甲醛含量或游离甲醛释放量检测报告，并应符合设计要求和规范 GB 50325—2010 的规定。

ⓓ民用建筑工程室内装修中采用的某一种人造木板或饰面人造木板面积大于 500m^2 时，应对不同产品分别进行游离甲醛含量或游离甲醛释放量的复验。

ⓔ民用建筑工程室内装修中所采用的水性涂料、水性胶粘剂、水性处理剂必须有总挥发性有机化合物（TVOC）和游离甲醛含量检测报告；溶剂型涂料、溶剂型胶粘剂必须有总挥发性有机化合物（TVOC）、苯、游离甲苯二异氰酸酯（TDI）（聚氨酯类）含量检测报告，并应符合设计要求和规范 GB 50325—2010 的规定。

ⓕ建筑材料和装修材料的检测项目不全或对检测结果有疑问时，必须将材料送有资格的检测机构进行检验，检验合格后方可使用。

c）施工要求

ⓐⅠ类民用建筑工程当采用异地土作为回填土时，该回填土应进行镭－226、钍－232、钾－40 的比活度测定。当内照射指数（IRa）不大于 1.0 和外照射指数（Ir）不大于 1.3 时，方可使用。

ⓑ民用建筑工程室内装修所采用的稀释剂和溶剂，严禁使用苯、工业苯、石油苯、重质苯及混苯。

ⓒ民用建筑工程室内装修施工时，不应使用苯、甲苯、二甲苯和汽油进行除油和清除旧油漆作业。

ⓓ涂料、胶粘剂、水性处理剂、稀释剂和溶剂等使用后，应及时封闭存放，废料应及时清出室内。

ⓔ严禁在民用建筑工程室内用有机溶剂清洗施工用具。

ⓕ采暖地区的民用建筑工程，室内装修施工不宜在采暖期内进行。

ⓖ民用建筑工程室内装修中，进行饰面人造木板拼接施工时，除芯板为 A 类外，应对其断面及无饰面部位进行密封处理。

（c）验收。

a）民用建筑工程及室内装修工程的室内环境质量验收，应在工程完工至少 7d 以后、工程交付使用前进行。

b）民用建筑工程及其室内装修工程验收时，应检查下列资料：

ⓐ工程地质勘察报告、工程地点土壤中氡浓度检测报告、工程地点土壤天然放射性核素镭－226、钍－232、钾－40 含量检测报告。

ⓑ涉及室内环境污染控制的施工图设计文件及工程设计变更文件。

ⓒ建筑材料和装修材料的污染物含量检测报告、材料进场检验记录、复验报告。

ⓓ与室内环境污染控制有关的隐蔽工程验收记录、施工记录。

ⓔ样板间室内环境污染物浓度检测记录（不做样板间的除外）。

c）民用建筑工程所用建筑材料和装修材料的类别、数量和施工工艺等，应符合设计要求和规范 GB 50325—2010 的有关规定。

d）民用建筑工程验收时，必须进行室内环境污染物浓度检测。检测结果应符合表 6-26 的规定。

表 6-26 民用建筑工程室内环境污染物浓度限量

污 染 物	Ⅰ类民用建筑工程	Ⅱ类民用建筑工程
氡/(Bq/m³)	≤200	≤400
游离甲醛/(mg/m³)	≤0.08	≤0.12
苯/(mg/m³)	≤0.09	≤0.09
氨/(mg/m³)	≤0.2	≤0.5
TVOC/(mg/m³)	≤0.5	≤0.6

注：表中污染物浓度限量，除氡外均应以同步测定的室外空气相应值为空白值。

e）民用建筑工程室内空气中氡的检测，所选用方法的测量结果不确定度不应大于 25%（置信度 95%），方法的探测下限不应大于 10Bq/m³。

f）民用建筑工程室内空气中甲醛的检测方法，应符合国家标准《公共场所空气中甲醛测定方法》（GB/T 18204.26—2000）的规定。

g）民用建筑工程室内空气中甲醛检测，也可采用现场检测方法，所使用的仪器在 0～0.60mg/m³ 测定范围内的不确定度应小于 5%。

h）民用建筑工程室内空气中苯的检测方法，应符合国家标准《居住区大气中苯、甲苯和二甲苯卫生检验标准方法——气相色谱法》（GB 11737—1989）的规定。

i）民用建筑工程室内空气中氨的检测，可采用国家标准《公共场所空气中氨测定方法》（GB/T 18204.25—2000）或国家标准《空气质量氨的测定离子选择电极法》（GB/T 14669—1993）进行测定。当发生争议时应以国家标准《公共场所空气中氨测定方法——靛酚蓝分光光度法》（GB/T 18204.25—2000）的测定结果为准。

j）民用建筑工程室内空气中总挥发性有机化合物（TVOC）的检测方法，应符合规范 GB 50325—2010 附录 E 的规定。

k）民用建筑工程验收时，应抽检有代表性的房间室内环境污染物浓度，抽检数量不得少于 5%，并不得少于 3 间；房间总数少于 3 间时，应全数检测。

l）民用建筑工程验收时，凡进行了样板间室内环境污染物浓度检测且检测结果合格的，抽检数量减半，并不得少于 3 间。

m）民用建筑工程验收时，室内环境污染物浓度检测点应按房间面积设置：

ⓐ房间使用面积小于 50m² 时，设 1 个检测点。

ⓑ房间使用面积 50～100m² 时，设 2 个检测点。

ⓒ房间使用面积大于 100m² 时，设 3～5 个检测点。

n）当房间内有 2 个及以上检测点时，应取各点检测结果的平均值作为该房间的检测值。

o）民用建筑工程验收时，环境污染物浓度现场检测点应距内墙面不小于 0.5m、距楼地面高度 0.8～1.5m。检测点应均匀分布，避开通风道和通风口。

p）民用建筑工程室内环境中游离甲醛、苯、氨、总挥发性有机物（TVOC）浓度检测时，对采用集中空调的民用建筑工程，应在空调正常运转的条件下进行；对采用自然通风的民用建筑工程，检测应在对外门窗关闭 1h 后进行。

q）民用建筑工程室内环境中氡浓度检测时，对采用集中空调的民用建筑工程，应在空调正常运转的条件下进行；对采用自然通风的民用建筑工程，应在房间的对外门窗关闭 24h 以后进行。

r）当室内环境污染物浓度的全部检测结果符合规范 GB 50325—2010 的规定时，可判定该工程室内环境质量合格。

s）当室内环境污染物浓度检测结果不符合规范 GB 50325—2010 的规定时，应查找原因并采取措施进行处理，并可进行再次检测。再次检测时，抽检数量应增加 1 倍。室内环境污染物浓度再次检测结果全部符合规范 GB 50325—2010 的规定时，可判定为室内环境质量合格。

t）室内环境质量验收不合格的民用建筑工程，严禁投入使用。

6.3　绿色施工和施工过程的环境控制

绿色施工过程应注意以下要点。

1. 场地环境

（1）施工场地：①通过合理布置，减少施工对场地及场地周边环境的扰动和破坏；②设置专门场地堆置弃土，土方尽量原地回填利用，并采取防止土壤流失的措施；③采取保护表层土壤、稳定斜坡、植被覆盖等措施；④使用淤泥栅栏、沉淀池等措施控制沉淀物。

（2）降低环境负荷：①施工废弃物分类处理，且符合国家及地方法律法规的要求；②避免或减少排放污染物对土壤的污染，如仓库、油库、化粪池、垃圾站等处应采取防漏防渗措施，防止危险品、化学品、污染物、固体废物中有害物质的泄漏；③施工结束后应恢复施工活动中被破坏的植被（一般指临时占地内）补偿施工活动中人为破坏植被和地貌造成的土壤侵蚀等损失。

（3）保护水文环境：①岩土工程勘察和基础工程施工前应采取避免对地下水污染的对策；②保护场地内及周围的地下水与自然水体，减少施工活动对其水质、水量的负面影响；③优化施工降水方案，减少地下水抽取，且保证回灌水水质。

2. 节能

（1）降低能耗：①通过改善能源使用结构，有效地控制施工过程中的能耗；②根据具体情况合理组织施工、积极推广节能新技术、新工艺。

（2）提高用能效率：①制订合理施工能耗指标，提高施工能源利用率；②确保施工设备满负荷运转，减少无用功，禁止不合格临时设施用电，以免造成损失。

3. 节水

提高用水效率：①采用施工节水工艺、节水设备和设施；②加强节水管理，施工用水进行定额计量。

4. 节材与材料资源

（1）节材：①临时设施充分利用旧料和现场拆迁回收材料，使用装配方便、可循环利用的材料；②周转材料、循环使用材料和机具应耐用、维护与拆卸方便、且易于回收和再利用；③采用工业化的成品，减少现场作业与废料；④减少建筑垃圾，充分利用废弃物。

（2）使用绿色建材：①施工单位应按照国家、行业或地方管理部门对绿色建材作出的法律、法规及评价方法，选择建筑材料；②就地取材，充分利用本地资源进行施工，减少运输对环境造成的影响。

6.4 施工绿色施工和环境控制的途径与方法

1. 绿色施工和环境控制的途径与方法十分繁多，主要有以下内容

(1) 资源节约。

1) 节约土地。

①建设工程施工总平面规划布置应优化土地利用，减少土地资源的占用。施工现场的临时设施建设禁止使用黏土砖。

②土方开挖施工应采取先进的技术措施，减少土方开挖量，最大限度地减少对土地的扰动，保护周边自然生态环境。

2) 节能。

①施工现场应制订节能措施，提高能源利用率，对能源消耗量大的工艺必须制订专项降耗措施。

②临时设施的设计、布置与使用，应采取有效的节能降耗措施，并符合下列规定：

a. 利用场地自然条件，合理设计办公及生活临时设施的体形、朝向、间距和窗墙面积比，冬季利用日照并避开主导风向，夏季利用自然通风。

b. 临时设施宜选用由高效保温隔热材料制成的复合墙体和屋面，以及密封保温隔热性能好的门窗。

c. 规定合理的温、湿度标准和使用时间，提高空调和采暖装置的运行效率。

d. 照明器具宜选用节能型器具。

③施工现场机械设备管理应满足下列要求：

a. 施工机械设备应建立按时保养、保修、检验制度。

b. 施工机械宜选用高效节能电动机。

c. 220V/380V 单相用电设备接入 220V/380V 三相系统时，宜使用三相平衡。

d. 合理安排工序，提高各种机械的使用率和满载率。

④建设工程施工应实行用电计量管理，严格控制施工阶段用电量。

⑤施工现场宜充分利用太阳能。

⑥建筑施工使用的材料宜就地取材。

3) 节水。

①建设工程施工应实行用水计量管理，严格控制施工阶段用水量。

②施工现场生产、生活用水必须使用节水型生活用水器具，在水源处应设置明显的节约用水标识。

③建设工程施工应采取地下水资源保护措施，新开工的工程限制进行施工降水。因特殊情况需要进行降水的工程，必须组织专家论证审查。

④施工现场应充分利用雨水资源，保持水体循环，有条件的宜收集屋顶、地面雨水再利用。

⑤施工现场应设置废水回收设施，对废水进行回收后循环利用。

4) 节约材料与资源利用。

①优化施工方案，选用绿色材料，积极推广新材料、新工艺，促进材料的合理使用，节省实际施工材料消耗量。

②根据施工进度、材料周转时间、库存情况等制订采购计划，并合理确定采购数量，避免采购过多，造成积压或浪费。

③对周转材料进行保养维护，维护其质量状态，延长其使用寿命。按照材料存放要求进行材料装卸和临时保管，避免因现场存放条件不合理而导致浪费。

④依照施工预算，实行限额领料，严格控制材料的消耗。

⑤施工现场应建立可回收再利用物资清单，制订并实施可回收废料的回收管理办法，提高废料利用率。

⑥根据场地建设现状调查，对现有的建筑、设施再利用的可能性和经济性进行分析，合理安排工期。利用拟建道路和建筑物，提高资源再利用率。

⑦建设工程施工所需临时设施（办公及生活用房、给排水、照明、消防管道及消防设备）应采用可拆卸可循环使用材料，并在相关专项方案中列出回收再利用措施。

（2）环境保护。

1）扬尘污染控制。

①施工现场主要道路应根据用途进行硬化处理，土方应集中堆放。裸露的场地和集中堆放的土方应采取覆盖、固化或绿化等措施。

②施工现场大门口应设置冲洗车辆设施。

③施工现场易飞扬、细颗粒散体材料，应密闭存放。

④遇有四级以上大风天气，不得进行土方回填、转运以及其他可能产生扬尘污染的施工。

⑤施工现场办公区和生活区的裸露场地应进行绿化、美化。

⑥施工现场材料存放区、加工区及大模板存放场地应平整坚实。

⑦建筑拆除工程施工时应采取有效的降尘措施。

⑧规划市区范围内的施工现场，混凝土浇筑量超过 $100m^3$ 以上的工程，应当使用预拌混凝土；施工现场应采用预拌砂浆。

⑨ 施工现场进行机械剔凿作业时，作业面局部应遮挡、掩盖或采取水淋等降尘措施。

⑩ 市政道路施工铣刨作业时，应采用冲洗等措施，控制扬尘污染。无机料拌和，应采用预拌进场，碾压过程中要洒水降尘。

⑪施工现场应建立封闭式垃圾站。建筑物内施工垃圾的清运，必须采用相应容器或管道运输，严禁凌空抛掷。

2）有害气体排放控制。

①施工现场严禁焚烧各类废弃物。

②施工车辆、机械设备的尾气排放应符合国家和北京市规定的排放标准。

③建筑材料应有合格证明。对含有害物质的材料应进行复检，合格后方可使用。

④民用建筑工程室内装修严禁采用沥青、煤焦油类防腐、防潮处理剂。

⑤施工中所使用的阻燃剂、混凝土外加剂氨的释放量应符合国家标准。

3）水土污染控制。

①施工现场搅拌机前台、混凝土输送泵及运输车辆清洗处应当设置沉淀池。废水不得直

接排入市政污水管网，可经二次沉淀后循环使用或用于洒水降尘。

②施工现场存放的油料和化学溶剂等物品应设有专门的库房，地面应做防渗漏处理。废弃的油料和化学溶剂应集中处理，不得随意倾倒。

③食堂应设隔油池，并应及时清理。

④施工现场设置的临时厕所化粪池应做抗渗处理。

⑤食堂、盥洗室、淋浴间的下水管线应设置过滤网，并应与市政污水管线连接，保证排水畅通。

4）噪声污染控制。

①施工现场应根据国家标准《建筑施工场地环境噪声排放标准》（GB 12523—2011）的要求制订降噪措施，并对施工现场场界噪声进行检测和记录，噪声排放不得超过国家标准。

②施工场地的降噪声设备宜设置在远离居民区的一侧，可采取对降噪声设备进行封闭等降低噪声措施。

③运输材料的车辆进入施工现场，严禁鸣笛。装卸材料应做到轻拿轻放。

5）光污染控制。

①施工单位应合理安排作业时间，尽量避免夜间施工。必要时的夜间施工，应合理调整灯光照射方向，在保证现场施工作业面有足够光照的条件下，减少对周围居民生活的干扰。

②在高处进行电焊作业时应采取遮挡措施，避免电弧光外泄。

6）施工固体废弃物控制。

①施工中应减少施工固体废弃物的产生。工程结束后，对施工中产生的固体废弃物必须全部清除。

②施工现场应设置封闭式垃圾站，施工垃圾、生活垃圾应分类存放，并按规定及时清运消纳。

7）环境影响控制。

①工程开工前，建设单位应组织对施工场地所在地区的土壤环境现状进行调查，制订科学的保护或恢复措施，防止施工过程中造成土壤侵蚀、退化，减少施工活动对土壤环境的破坏和污染。

②建设项目涉及古树名木保护的，工程开工前，应由建设单位提供政府主管部门批准的文件，未经批准，不得施工。

③建设项目施工中涉及古树名木确需迁移，应按照古树名木移植的有关规定办理移植许可证和组织施工。

④对场地内无法移栽、必须原地保留的古树名木应划定保护区域，严格履行园林部门批准的保护方案，采取有效保护措施。

⑤施工单位在施工过程中一旦发现文物，应立即停止施工，保护现场并通报文物管理部门。

⑥建设项目场址内因特殊情况不能避开地上文物，应积极履行经文物行政主管部门审核批准的原址保护方案，确保其不受施工活动损害。

⑦对于因施工而破坏的植被、造成的裸土，必须及时采取有效措施，以避免土壤侵蚀、流失。如采取覆盖砂石、种植速生草种等措施。施工结束后，被破坏的原有植被场地必须恢复或进行合理绿化。

（3）职业健康与安全。

1）场地布置及临时设施建设。

①施工现场办公区、生活区应与施工区分开设置，并保持安全距离；办公、生活区的选址应当符合安全要求。

②施工现场应设置办公室、宿舍、食堂、厕所、淋浴间、开水房、文体活动室（或农民工夜校培训室）、吸烟室、密闭式垃圾站（或容器）及盥洗设施等临时设施。

③施工现场临时搭建的建筑物应当符合安全使用要求，施工现场使用的装配式活动房屋应当具有产品合格证书。建设工程竣工一个月内，临建设施应全部拆除。

④严禁在尚未竣工的建筑物内设置员工集体宿舍。

2）作业条件及环境安全。

①施工现场必须采用封闭式硬质围挡，高度不得低于18m。

②施工现场应设置标志牌和企业标识，按规定应有现场平面布置图和安全生产、消防保卫、环境保护、文明施工制度板，公示突发事件应急处置流程图。

③施工单位应采取保护措施，确保与建设工程毗邻的建筑物、构筑物安全和地下管线安全。

④施工现场高大脚手架、塔式起重机等大型机械设备应与架空输电导线保持安全距离，高压线路应采用绝缘材料进行安全防护。

⑤施工期间应对建设工程周边临街人行道路、车辆出入口采取环境保护措施，夜间应设置照明指示装置。

⑥施工现场出入口、施工起重机械、临时用电设施、脚手架、出入通道口、楼梯口、电梯井口、孔洞口、桥梁口、隧道口、基坑边沿、爆破物及有害危险气体和液体存放处等危险部位，应设置明显的安全警示标志。安全警示标志必须符合国家标准。

⑦在不同的施工阶段及施工季节、气候和周边环境发生变化时，施工现场应采取相应的安全技术措施，达到文明安全施工条件。

3）职业健康。

①施工现场应在易产生职业病危害的作业岗位和设备、场所设置警示标识或警示说明。

②定期对从事有毒有害作业人员进行职业健康培训和体检，指导操作人员正确使用职业病防护设备和个人劳动防护用品。

③施工单位应为施工人员配备安全帽、安全带及与所从事工种相匹配的安全鞋、工作服等个人劳动防护用品。

④施工现场应采用低噪声设备，推广使用自动化、密闭化施工工艺，降低机械噪声。作业时，操作人员应戴耳塞进行听力保护。

⑤深井、地下隧道、管道施工、地下室防腐、防水作业等不能保证良好自然通风的作业区，应配备强制通风设施。操作人员在有毒有害气体作业场所应戴防毒面具或防护口罩。

⑥在粉尘作业场所，应采取喷淋等设施降低粉尘浓度，操作人员应佩戴防尘口罩；焊接作业时，操作人员应佩戴防护面罩、护目镜及手套等个人防护用品。

⑦高温作业时，施工现场应配备防暑降温用品，合理安排作息时间。

4）卫生防疫。

①施工现场员工膳食、饮水、休息场所应符合卫生标准。

②宿舍、食堂、浴室、厕所应有通风、照明设施，日常维护应有专人负责。

③食堂应有相关部门发放的有效卫生许可证，各类器具规范清洁。炊事员应持有效健康证。

④厕所、卫生设施、排水沟及阴暗潮湿地带应定期消毒。

⑤生活区应设置密闭式容器，垃圾分类存放，定期灭蝇，及时清运。

⑥施工现场应设立医务室，配备保健药箱、常用药品及绷带、止血带、颈托、担架等急救器材。

⑦施工人员发生传染病、食物中毒、急性职业中毒时，应及时向发生地的卫生防疫部门和建设主管部门报告，并按照卫生防疫部门的有关规定进行处置。

2. 环境监测

（1）企业应建立书面的监测和测量程序。

（2）应有规律的监测、测量重要的环境因素和环境影响。

（3）业绩的监测、测量，重点是项目部的环境绩效。测量对象的重点有施工的噪声，施工污水及节水节电，土方及混凝土工程的扬尘，建筑工程的固体废弃物以及公司总部及现场食堂的生活污水、厕所污水、火灾等。

（4）运行控制的监测应分层次进行。项目部及公司分别进行相关的监测活动，同时应与外部监测（如政府执法部门）相结合。监测的内容包括对目标指标的实现情况，环境活动的稳定及改进效果等。

（5）应监测重大环境因素控制的运行情况，包括了解运行策划的合理性。

（6）监测仪器要校准维护并留下记录，包括校准依据、校准方式及校准结果。

（7）应分析环境管理体系持续改进的客观需求。

举例如下。

表 6-27　　绿色施工资格验收表（开工前验收）

序号	考　核　项	标　准	不合格项	合格项	备注
一	企业资格				
1	施工资质	强制条款			
2	营业执照	强制条款			
3	安全认证	强制条款			
4	质量认证	强制条款			
5	环保认证	强制条款			
二	项目资格				
1	规划审批	强制条款			
2	消防审批	强制条款			
3	绿色建筑	设计审批	强制条款		
三	项目施工许可				
1	施工许可证	强制条款			
2	卫生许可	强制条款			
3	安全许可	强制条款			
4	施工组织设计	强制条款			
5	施工平面布置	强制条款			
6	绿色施工方案	强制条款			

表6-28　　绿色施工过程检查表（过程中阶段性检查验收）

序号	考　核　项	标准	不合格项	合格项	备　注
一	现场布置				
1	现场标识				
(1)	七牌一图	强制条款			
(2)	物业化管理	一般条款			
(3)	各种标识是否规范	一般条款			
2	现场围挡				
(1)	大门	强制条款			
(2)	围挡高度	强制条款			
(3)	围挡材质与外观	强制条款			
3	环境卫生				
(1)	厕所设置	强制条款			
(2)	垃圾储运	强制条款			
(3)	场地卫生	强制条款			
4	材料堆放				
(1)	危险品品存放	强制条款			
(2)	材料存放设施	强制条款			
(3)	材料存放标准	强制条款			
二	现场设施				
1	环保设施				
(1)	控制扬尘设施	强制条款			
(2)	控制噪声设施	强制条款			
(3)	污水排放处理设施	强制条款			
(4)	控制光污染措施	强制条款			
(5)	控制有害气体排放设施	强制条款			
(6)	生活垃圾储运设施	强制条款			
(7)	建筑垃圾储运设施	强制条款			
2	安全设施				
(1)	施工操作平台	强制条款			包括施工脚手架等各种用于施工操作的平台
(2)	临时用电设施	强制条款			
(3)	现场消防设施	强制条款			
(4)	各种临边、洞口防护	强制条款			
(5)	季节性现场	安全措施 强制条款			包括防雷、防高温、防雨雪、防风等措施
(6)	特种作业	安全措施 强制条款			包括深基坑边坡支护、高大脚手架、起重、高空作业等危险性较大的作业

续表

序号	考 核 项	标准	不合格项	合格项	备 注
3	计量监控设施				
(1)	施工用水计量设施	强制条款			包括生产、生活、消防用水
(2)	污水排放计量设施	一般条款			
(3)	施工用电计量设施	强制条款			
(4)	扬尘监控设施	一般条款			
(5)	噪声监控设施	一般条款			
(6)	有害气体排放监控设施	一般条款			
(7)	光污染监控设施	一般条款			
(8)	垃圾排放计量设施	一般条款			
4	施工机械				
(1)	施工机械安全	强制条款			按照施工平面布置图
(2)	施工机械布置	强制条款			
(3)	施工机械外观	一般条款			
三	节约设施				
1	节水措施				
(1)	水的搜集利用设施	一般条款			
(2)	施工用水节水强制条款				
2	节电措施				
(1)	施工照明控制设施	强制条款			
(2)	节能型电动机械设备	一般条款			
3	节材措施				
(1)	降低材料储运损耗措施	强制条款			
(2)	材料的再利用措施	一般条款			
(3)	提高措施材料周转率措施				
4	节地措施				
(1)	材料科学储运措施	强制条款			
(2)	施工平面布置图	强制条款			
(3)	临时房屋设施布置	一般条款			

表 6-29　　绿色施工监控指标验收表（过程检查记录与竣工汇总）

序号	考 核 项	标准	不合格项	合格项	备 注
一	环境监测				
1	扬尘监测	强制项	抽查中超过25%次以上扬尘超标为不合格项		
2	噪声监测	强制项	抽查中超过25%次以上噪声超标为不合格项		
3	有害气体排放监测	强制项	抽查中超过25%次以上排放超标为不合格项		
4	污水排放监测	强制项	抽查中超过25%次以上排放超标为不合格项		
5	光污染监测	强制项	抽查中超过25%次以上排放超标为不合格项		
6	工程材料环保检测	强制项	百分百合格为合格		
7	竣工后室内环境监测	强制项	监测不合格为不合格项，不能进入绿色建筑的评价		

续表

序号	考　核　项	标准	不合格项	合格项	备　注
二	施工节约				
1	施工用水	强制项	施工用水量不超用水指标为合格		
2	施工用电	强制项	施工用水量不超用电指标为合格		
3	工程材料	强制项	工程材料用量不超过施工预算用量，并达到本规程指标为合格		
4	措施材料	强制项	措施材料按照措施方案不超指标。达到本规程指标为合格		
5	施工用地	强制项	不超审批的临时用地指标		
6	太阳能利用	一般项	采用了为合格		
7	非传统水源利用	一般项	采用了为合格		
8	建筑垃圾再回收利用率	一般项	达到本规程指标为合格		

表 6-30　绿色施工综合评价表（竣工后汇总评价）

序号	考　核　项	不合格项次	合　格　项　次	备　注
一	施工资格			
二	过程检查			
三	指标验收			
四	综合评价			

3. 合规性评价

为了履行对合规性的承诺，企业应建立、实施并保持一个或多个程序，以定期评价对适用环境法律法规的遵循情况。

公司应保存对上述定期评价结果的记录。

公司应评价对其他要求的遵循情况。

组织应保存上述定期评价结果的记录。

环境方面的其他要求，如当地政府关于环境保护的一些规定、公司与政府或顾客等签订的一些协议。

举例如下。

表 6-31　合规性评价记录

项目名称：　　　　　　　　　　结构层数：

建筑面积：

<table>
<tr><td rowspan="6">基本概况</td><td rowspan="2">周边状况</td><td colspan="2">□学校　□住宅区　□商场　□医院　□车站、码头　□交通要道　□人口密集区域</td></tr>
<tr><td colspan="2">□　城郊结合部　　　□　郊区　　　□　空旷区域</td></tr>
<tr><td rowspan="2">设备情况</td><td colspan="2">大型机械　□新购　□1 年内　□　2 年内　□　3 年内　□　3～5 年　□　5 年以上</td></tr>
<tr><td colspan="2">小型机械　□新购　□1 年内　□　2 年内　□　3 年内　□　3～5 年　□　5 年以上</td></tr>
<tr><td>建材</td><td>商品混凝土　□是　□否　商品砂浆　□是　□否</td><td>废污水排放：□市政管网　□现场处理　□自由排放</td></tr>
<tr><td colspan="3">创建“绿色”工地：　□是　□否　　　　创建“标化”工地：□是　□否</td></tr>
</table>

续表

法律法规名称				
序号	类别	使用要求/条款	现状描述	结　果
1	一般规定	2.0.2　施工现场必须采用封闭围挡，高度不得小于1.8m		
2	一般规定	2.0.3　施工现场出入口应标有企业名称或企业标识。主要出入口明显处应设置工程概况牌，大门内应有施工现场总平面图和安全生产、消防保卫、环境保护、文明施工等制度牌		
3	一般规定	2.0.5　在工程的施工组织设计中应有防治大气、水土、噪声污染和改善环境卫生的有效措施		
4	一般规定	2.0.8　施工现场必须建立环境保护、环境卫生管理和检查制度，并应做好检查记录		
5	环境保护	3.1.1　施工现场的主要道路必须进行硬化处理，土方应集中堆放。裸露的场地和集中对方的土方应采取覆盖、固化或绿化等措施		
6	环境保护	3.1.7　建筑物内施工垃圾的清运，必须采用相应容器或管道运输，严禁凌空抛掷		
7	环境保护	3.1.11　施工现场严禁焚烧各类废弃物		
8	环境保护	3.1.4　从事土方、渣土和施工垃圾运输应采用密闭式运输车辆或采取覆盖措施；施工现场出入口处应采取保证车辆清洁的措施		
9	环境保护	3.1.5　施工现场的材料和大模板等存放场地必须平整坚实。水泥和其他易飞扬的细颗粒建筑材料应密闭存放或采取覆盖等措施		
10	环境保护	3.1.8　施工现场应设置密闭式垃圾站，施工垃圾、生活垃圾应分类存放，并应及时清运出场		
11	环境保护	3.2.1　施工现场应设置排水沟及沉淀池，施工污水经沉淀后方可排入市政污水管网或河流		
12	环境保护	3.2.2　施工现场存放的油料和化学溶剂等物品应设有专门的库房，地面应做防渗漏处理。废弃的油料和化学溶剂应集中处理，不得随意倾倒		
13	环境保护	3.2.3　食堂应设置隔油池，并应及时清理		
14	环境保护	3.3.2　施工现场的强噪声设备宜设置在远离居民区的一侧，并应采取降低噪声措施		
15	环境保护	3.3.3　对因生产工艺要求或其他特殊需要，确需在夜间进行超过噪声标准施工的，施工前建设单位应向有关部门提出申请，经批准后方可进行夜间施工		
16	环境保护	3.3.4　运输材料的车辆进入施工现场，严禁鸣笛，装卸材料应做到轻拿轻放		
17	环境卫生	4.1.6　施工现场宿舍必须设置可开启式窗户，宿舍内的床铺不得超过2层，严禁使用通铺		
17	环境卫生	4.2.3　食堂必须有卫生许可证，炊事人员必须持身体健康证上岗		
18	环境卫生	4.1.1　施工现场应设置办公室、宿舍、食堂、厕所、淋浴间、开水房、文体活动室、密闭式垃圾站（或容器）及盥洗设施等临时设施。临时设施所用建筑材料应符合环保、消防要求		

续表

法律法规名称				
序号	类别	使用要求/条款	现状描述	结果
19	环境卫生	4.1.2 办公区和生活区应设密闭式垃圾容器		
20		4.1.5 宿舍内应保证有必要的生活空间，室内净高不得小于2.4m，通道宽度不得小于0.9m，每间宿舍居住人员不得超过16人		
21		4.1.9 食堂应设置在远离厕所、垃圾站、有毒有害场所等污染源的地方		
22		4.1.11 食堂应配备必要的排风设施和冷藏设施		
23		4.1.15 施工现场应设置水冲式或移动式厕所，厕所地面应硬化，门窗应齐全。蹲位之间宜设置隔板，隔板高度不宜低于0.9m		
24		4.1.19 生活区应设置开水炉、电热水器或饮用水保温桶；施工区应配备流动保温水桶		
25		4.2.1 施工现场应设专职或兼职保洁员，负责卫生清扫和保洁		
26		4.2.2 办公区和生活区应采取灭鼠、蚊、蝇、蟑螂等措施，并应定期投放和喷洒药物		

评价人：　　　　审核：　　　　日期：

[案例1]　某园林工程环境管理控制与监测

1. 场景

(1) 工程概况如下。

该工程为东南亚某国首都东南郊皇家中式园林的维修施工。该园林占地面积2086m²。全园共分三个部分，即庭院区、水榭画舫区、双亭峰石区，包含了中式园林中全部应有的内容，如亭、台、楼、阁等。此外，还有雅致的水面和热带的各种植物、树木、花草。

该园已建成使用14年，现出现局部木结构的损坏、主要建筑地基下沉、围墙地基下沉造成墙面开裂、假山严重倾斜等情况。尤其是热带地区的白蚁活动十分猖獗，基本上将大木结构蛀空，对正常使用造成了极大威胁。

该园地处热带国家，地球赤道以北，常年热季气温35～40度（3～9月），雨量充沛，干季（9月～下一年3月）气温略低，雨量略少。各种动植物生长茂盛，蚊虫极多。

(2) 技术工艺特点。

主要施工内容有：木构件制作，油漆工程，打桩工程，砌筑工程，整修加固假山工程，石作工程，园路工程，拆除作业等。这些分项工程的主要技术工艺特点是中式传统制作。

(3) 质量要求如下。

符合中华人民共和国《古建筑修建质量检验评定标准》[（南方地区）CJJ 70—1996]

符合中国古建筑传统做法。

符合中华人民共和国动植物检验检疫法和相关条例。

(4) 资金情况。该项目是在大部分投资均已到位的情况下实施。但也考虑到施工作业方式和物料对现场环境产生不良影响以及工人健康出现意外时公司进行的紧急情况的处置所产生的费用。

(5) 全部工期。

2003年2月25日～12月1日，共计9个月，实际工期为7.5个月。合同期是9个月，但因2003年中国发生非典，总工期就浪费2个月，按照合同精神，可以延期2个月，但是抵泰后泰方要求在12月5日前完工，以便向泰国国王祝寿，故加快施工进度，缩短工期。

(6) 周边环境。

该项目位于泰国曼谷东南郊皇家御苑内，御苑占地面积约3平km^2。苑内有纪念碑，各国援建的特色园林建筑以及大片的水面、河湖。全苑绿化等级较高，被热带植物所覆盖，郁郁葱葱。各种动植物繁衍茂盛，有许多人放生的鱼龟等。御苑归皇室内务府管辖，苑内设管理机构和工作人员。御苑周边有别墅、高档物业、贫民棚架、商务区、工业设施、高速公路、医院、酒店等，交通极为便利，属泰国的远郊市镇。大型公益活动，纪念活动常在此举办，每日早晚均有大批市民光临苑中锻炼、娱乐。项目甲方是中华人民共和国对外经济贸易部，丙方是泰王国皇家御苑。中国园占据该苑的东北角，比其他国家的援建园林规模大，内容丰富，受欢迎程度较高。

(7) 特殊设备。烘干窑。

(8) 现场人员。全体中方施工和管理人员，当地劳工，翻译，御苑管理人员。

(9) 施工季节。当地热季，白天气温40℃左右，时常下大雨，蚊虫叮咬。

(10) 文化背景。小乘佛教国家。

2. 环境因素识别及描述

(1) 木构件制作阶段环境因素识别及描述如下。

1) 识别。粉尘，火灾，煤气。

2) 描述。

烘干窑火灾——对木材烘干时的温度控制主要控制木材的含水率。间接控制温度过高会造成失火。

烘干窑粉尘——煤灰，尘土等造成的粉尘浓度过高容易造成排放的环境污染，对工人健康造成危害。

烘干窑煤气——烘干窑采用煤炭作燃料，防止生产中产生CO对工人身心健康产生危害。

烘干窑烫伤——观察及出窑时对温度进行控制，防止烫伤。

(2) 油漆工程阶段环境因素识别及描述。

1) 识别。腐蚀，污染，大雨，防白蚁药物涂刷。

2) 描述。

油漆污染——中式油漆在现场需要进行面漆涂刷，因此余料及油刷等废弃的工具会对环境造成轻微的污染。

油漆作业时的大雨——现场作业要求干燥环境，空气含水率低于80%，但大雨会使作业环境的含水率上升，质量下降。同时容易造成部分油漆随大雨流入旁边河中。

防白蚁药物涂刷——为防止热带地区猖獗的白蚁活动，需要在木构件烘干后涂刷防白蚁药剂。对周边小动物有轻微影响。

油漆的腐蚀——经过加工的木构件表面需要涂刷中式油漆（大漆），该漆对皮肤有一定的腐蚀作用，表征是皮肤轻微中毒而发痒。

(3) 砌筑工程阶段环境因素识别及描述。

1) 识别。材料消耗、落地灰。

2) 描述。材料消耗、落地灰——砌筑消耗材料，产生落地灰等废弃物。

(4) 整修加固假山工程阶段环境因素和危险源识别及描述。

1) 识别。坠落，植物移栽，杀虫。

2) 描述。

整修加固假山植物移栽——因年代久远，假山附近植物根部已经将假山包住，若加固假山必须先将周边植物临时移走清理，但是被移的植物根系易受破坏，重新栽植是对成活率有一定的影响，从而对环境产生间接破坏。

整修加固假山杀虫——假山根部混凝土已经被热带白蚁啃噬，须将白蚁杀死。故喷播专用杀虫剂，同时可将假山中的其他蛇类驱走。杀虫剂对局部环境有破坏作用，用量较多流入旁边河中，造成污染。

整修加固假山坠落——假山由数段垒筑而成造型，在加固工作中必须先确保假山上端稳固，故防止坠落。

(5) 石作工程阶段环境因素识别及描述。

1) 识别。粉尘，碎石飞溅

2) 描述。

石作工程粉尘——该工程中需要制作安装一些石桌凳、石桥、台明等，故制作过程中因切割等工艺产生粉尘，对人呼吸道造成损害。

石作工程碎石飞溅——该工程中需要制作安装一些石桌凳、石桥、台明等，故制作过程中因局部剔凿等工艺产生碎石飞溅，对操作人员眼睛造成危害。

(6) 拆除作业阶段环境因素和危险源识别及描述。

1) 识别。杀虫，焚烧。

2) 描述。

拆除作业杀虫——原建筑拆除过程中的杀虫、驱虫，使用杀虫剂对环境造成污染。

拆除作业焚烧——为防止白蚁蔓延对其他建筑物产生破坏，因此，对经热带白蚁啃噬过的木料进行集中焚烧。

(7) 其他阶段环境因素和危险源识别及描述。

1) 识别。中暑，伊蚊叮咬、毒蛇，热带传染病，非典。

2) 描述。

施工中暑——工人施工时环境温度很高，又潮湿闷热，极易中暑，损害工人身体健康。

伊蚊——当地热带蚊虫，经叮咬后易患出血热。

蛇类——施工场地植物茂密，有较多蛇类蜥蜴类等动物，对工人施工安全有影响，但因文化背景原因不能杀死，只能驱离。

热带传染病——如脑炎，疟疾等。

交通——泰国的交通是靠左行，与我国相反，因此要求工人注意交通安全。

3. 目标，指标

环境目标：周围居民投诉率为零。

环境指标：施工期间周围居民投诉率为零。

操作人员持证上岗为100%。

药品入库保存专人管理：100%。

4. 工作准备

(1) 构件制作（烘干）。

1) 作业流程。采购——→选材——→开方——→暖窑——→烘干——→出料。

2) 人员要求。木工作业人员经历培训，有上岗证书，具有熟练操作水准。

3) 设施设备要求。火炕。

(2) 油漆工程。

1) 作业流程。配料——→涂刷——→打磨——→涂刷——→打磨——→再涂刷。

2) 人员要求。对大漆的熬制过程有丰富经验的人员操作。由卫生防疫站人员进行防白蚁药剂的涂刷。

3) 设施设备要求。熬漆锅，调漆桶，油刷，打漆布，口罩，护目镜，橡胶手套等。

(3) 砌筑工程。

1) 作业流程。选砖——→清理基层放线——→砂浆配制——→立杆挂线——→砌筑

2) 人员要求。砌筑工人中中高级工人不少于70%，应具有同类工程施工经验。

3) 设施设备要求。砂浆运输车辆，水准仪，钢卷尺，线坠，水平尺。

(4) 整修加固假山工程。

1) 作业流程。检查——→制订方案——→杀虫——→假植——→修缮——→回植。

2) 人员要求。高级假山工占操作人员的60%，且具有同类工程操作经验。

3) 设施设备要求。绳索，撬杠，小吊机。

(5) 石作工程。

1) 作业流程。选料——→运输——→放大样——→粗凿——→细凿——→打磨成型——→吊装。

2) 人员要求。专业石工，经验4年以上。

3) 设施设备要求。吊机，电动切割机，电动打磨机，凿子，锤子，降尘设备，护目镜，口罩，手套。

(6) 园路工程。

1) 作业流程。选料——→清洗。

2) 人员要求。普通人员。

3) 设施设备要求。高压清洗机。

(7) 拆除作业。

1) 作业流程。搭设脚手架——→卸瓦——→杀虫——→拆防水层——→拆木构件。

2) 人员要求。木工作业人员经历培训，有上岗证书，具有熟练操作水准。

3) 设施设备要求。撬杠，拔钉锤，手套，护目镜。

(8) 人体功效要求。

人体工效反映了人的文化素质、身体素质、灵敏性、胆量（技高胆大）、心理活动、身体的强弱、高矮和胖瘦等，为了安全生产、适应环境、充分发挥人的特长，用科学的方法管理与使用人才，那么，各种岗位的安排就要充分考虑人体工效。

园林工程是建筑工程的一个分支。园林工程中常见工种包括：绿化工、油漆工、石工、木工、瓦工（含砖细和砌筑）、假山工、架子工。以下分述各工种的人体功效应用。

1）绿化工。绿化工是园林工程中主要工种之一。要求该工种人员无特殊疾病。由于经常搬运苗木和支撑苗木，需要安排身体强健有力的人员担任，身体高矮不限，高大的人员更有优势。

2）油漆工。除按照建筑工程对油漆工的一般要求之外，还要求该工种人员身体素质较好，眼睛视力不低于1.2。对中式大漆不敏感或恢复较快的特质，对细微事务观察力强的特质。一般来讲最好是祖传油漆工匠。身高等无其他要求。

3）石工。要求头脑灵活，反应灵敏，立体感和立体思维较强，有一定的审美能力。身体强壮，高大最好。此外有较强的抵抗噪声的能力。做工时，身体协调性和柔韧性较好，以便与他人配合抗抬石料。

4）木工。除按照建筑工程对木工的要求之外，要求该工种有一定的审美能力和空间想象能力，对中国传统的木工下料计算有一定的经验，身体强壮。做工时，身体协调性和柔韧性较好，以便与他人配合抗抬木料。

5）瓦工。除按照建筑工程对瓦工的要求之外，还要求该工种人员有一定的审美能力和空间想象能力，身体健康。

6）假山工。除按照建筑工程对起重工的要求之外，还要求该工种人员有一定的审美能力和空间想象能力，对物料平衡有丰富经验，身体健康。

7）架子工。按照一般建筑工程对架子工的要求。

（9）其他。

1）培训。对施工人员进行出国前教育和培训。

2）人员要求。全体人员。

3）设施设备要求。无。

5. 管理措施

（1）木构件制作。

1）烘干。

烘干窑优先选用无烟低硫煤炭作为燃料，并加装吸烟装置吸烟，控制排放CO、SO等有害气体。

配备控温测温装置，掌握温度变化，窑内温度控制在70℃～80℃，防止烫伤。

2）木材加工。

作业人员配备口罩，作业区域地面每一小时进行一次清扫，作业房内使用通风机械，使粉尘加速扩散。

电锯，刨床等设备上设置防护罩，防止细碎物抛洒。

当扬尘超过1.5m且目测漂浮物较明显时，应停止作业5min左右，待漂浮物沉淀后再进行作业。

作业中应尽力避免过大的噪声，检查木工机械性能，不允许机械带病作业，机械放置应保持平稳，防止机械摆动产生额外噪声。

人工送料时必须使用推料杆，严禁手工直接推料。

（2）油漆工程。

1）保管。油漆桶与引火物均储藏在仓库中，由专人进行看管。引火物周围应放置明显的警示标志。引火物四周三米距离内不准放置其他物品。

领用油漆、引火物应在保管员处进行登记，方可使用。

2）熬制。熬制油漆的设施应设置在空旷无人且通风良好的地方。

起火前应认真检查堆放引火物的地方，清理起火范围内易燃易爆物品，同时配备消防灭火器4个，检查水源接头，确保使用状态良好。

操作人员应配带口罩，橡胶手套，护目镜、胶鞋、围裙、套袖等防护用品，随时监测风向变化，选择上风向进行近距离观察，每隔10min搅拌一分钟。搅拌时动作不宜过大，搅拌需一人用右手顺时针转动，控制在每分钟10～15圈。严禁用手触摸熬制中的物料，若不慎溅到皮肤上，立即停止作业，并用大量的清水冲洗。

熬制完成后，装桶时应不少于2人，使用马勺或铁水舀装桶，盛装在硬质塑料漆桶，盛装时仍保持上述防护装备，装桶不宜过满，装至距桶口15公分即可。盛装完毕后立即将桶盖盖严，将成品放置到荫凉通风、儿童不宜触摸到的地方放置。

①上漆。操作人员在上漆前打磨木料时应带护目镜，手套，口罩，应顺风向操作，在操作范围五平方米内，不许出现其他人员。

打磨操作前应认真检查打磨机连接线路，插头插座等是否完好。严禁使用破损机械。搬运油漆时，应平拿平放，防止倾斜。

涂刷油漆时操作人员应脚穿胶鞋，其他人员应远离操作区域至少直线距离五米。

②其他。每天收工时操作人员应将工具擦拭干净，将剩余油漆密闭装好交还保管员。

工程完工后对剩余油漆和涂刷工具交当地环保部门统一进行处理。

(3) 整修加固假山工程。

1）吊装准备。首先由现场技术负责人带领操作人员检查假山周边情况，确定损坏状况和受力点。在重点位置须用明显标志进行标示。捆绑时应选择至少五个固定点，每个固定点之间直线距离超过50cm。吊机（当地选用的机械）吊装前，应由当地翻译及我方技术人员与吊装操作人员进行充分沟通，使其明确吊装物的体积、重量、吊装的距离、吊装的时间。

2）吊装作业。在吊装期间，进入操作现场的捆绑工人为五人。在捆绑工作完成后，应撤离出吊装作业面。其后由泰方吊机指挥员及吊机司机进行操作。我方技术人员及翻译应在现场进行配合监督，但不得进入吊装作业面。若发现异常问题应立即停止作业。

3）杀虫驱虫。因本工程地处热带地区，蚊虫众多，白蚁肆虐，所以加固假山工程中还需要增加杀虫驱虫工作。

杀虫驱虫工作设专人负责。药水和杀虫剂应设专门区域定量存放，和其他施工材料分开并垫高10公分放置，防止雨水冲刷。

设立杀虫剂领用登记制度，杀虫剂和药水的空罐集中收集交回，统一委托当地环保部门处理，严格禁止乱丢乱放。

实施杀虫驱虫时，全体人员停止作业，到上风向避让，待喷洒完毕半小时后再返回作业面。

实施人员应身穿隔离服、护目镜、口罩等，防止自身中毒。喷洒药剂时应选择晴天且顺风向操作。遇到即将下雨或风力超过3级时，应停止喷洒药剂操作。

若药剂不慎进入眼中和口鼻中，应立即离开操作现场，用大量清水冲洗，并停止24h作业进行观察。若确认无中毒症状后，才能进入施工现场。若确认有中毒症状，应立即就医诊治。

(4) 石作工程。

1) 石料切割打磨。操作人员在进行石料切割、打磨时应选择靠近安装作业的通风良好的空旷区域。禁止靠近人员休息区、水源地、已经施工完成的区域。操作人员进行作业时应配带口罩，护目镜，耳塞等防止灰尘和噪声。作业区域地面每30min进行清扫一次，电动切割机，电动打磨机等设备上设置防护罩，防止碎石抛洒。当扬尘超过1.5m且目测漂浮物较明显时，应停止作业5min左右，用喷壶对空气进行喷淋，待漂浮物沉淀后再进行作业。作业中应尽力避免过大的噪声，检查机械性能，不允许机械带病作业，机械放置应保持平稳，防止机械摆动产生额外噪声。

2) 石料吊装。石料吊装时应尽量使用吊机（操作规程如上），吊机无法作业时应使用把杆和倒链。把杆材料应使用壁厚3mm的钢质脚手杆，把杆安装时应由技术负责人跟根据泰方提供的地质报告选择土质较硬，不易变形的地方做支点，打上固定楔子。把杆端部应将脚扣拧紧（不少于100公斤力）并使用承重较大的钢丝吊索（5t以上）或钢链，安装稳妥后先进行试吊。试吊时应按顺序先选取轻于吊装物五公斤的试吊物再选取于吊装物重量一样的试吊物最后选取超过吊装物五公斤的试吊物。再进行正式吊装。

3) 石料搬运。人工搬运石料时，80公斤以内的石料由2人扛搬，80公斤以上200公斤以下石料由4人扛搬。200公斤以上的石料必须使用机械搬运。扛搬石料时应步调一致，由一人口喊号令，其他人员应和，同起同放。严禁不听号令，步调不一致，使蛮力的行为。

(5) 拆除作业。施工卸瓦时注意向下运送安全，最好搭设溜槽。面瓦卸完后应喷洒杀虫剂，杀死白蚁和驱赶蛇蝎。实施杀虫驱虫时，全体人员停止作业，到上风向避让，待喷洒完毕半小时后再返回作业面。实施人员应身穿隔离服、护目镜、口罩等，防止自身中毒。喷洒药剂时应选择晴天且顺风向操作。遇到即将下雨或风力超过3级时，应停止喷洒药剂操作。同时应间隔喷水防止灰尘飞扬。

专业配合：架子工（执行现场环境控制规程之“脚手架工程”）。

(6) 人员培训。

1) 出国施工前，对全体出国人员进行培训。宣讲外事纪律、出国注意事项、泰国的气候条件、文化背景、风俗习惯、宗教信仰、交通常识、卫生知识、人身安全事项及紧急处置程序等，使全体人员从根源上提高规避各种风险的意识。

2) 进入现场前再进行实地教育。现场配备的灭火器材的使用方法，现场配备急救药箱内药品的名称与用途及使用方法，曼谷医院急救电话，当地的求救应急的语言，并组织一次实地演习。

6. 监视测量

主要工艺流程中专业环保员，项目技术人员及项目经理每20min巡检一次。

(1) 木构件制作。烘干窑温度设专人监控，频率每2h一次。粉尘浓度每1h一次。

材料员在无烟低硫煤炭购买和进货时检查供货方是否能够提供国家质量检验合格证明。

(2) 油漆工程。

1) 作业人员的口罩，耳塞，护目镜，手套在作业前由工长对佩戴情况和完好状况作检查1次，使用过程中如破损应立即更换。

2) 环保员检查在熬漆时在作业范围内是否配备灭火器2台，2个大容量水桶是否注满超过桶容积的3/4。

3）环保员在使用电锯，刨床等设备前检查设备的防护罩，不允许机械带病作业，检查机械放置是否保持水平及稳固。

（3）砌筑工程。砌筑作业前由工长检查操作环境是否充分润湿，操作人员是否已接受安全操作和环保交底。

（4）整修加固假山工程。

1）喷洒杀虫药剂时，由专人在作业区上风口观测风向及风力。

2）材料员每日检查杀虫剂及药水的领用是否按规定进行，使用后的空罐是否按规定集中收集交回，并统一交当地环保部门处理。

（5）石作工程。

带班工长随时监控作业区域粉尘浓度，以肉眼视觉监控，当扬尘超过 1.5m 且目测漂浮物较明显时，应停止作业 5min 左右，待漂浮物沉淀后再进行作业。

（6）园路工程。

1）在国内进行卵石清洗时，管理人员应检查清洗污水是否按规定处理排放。

2）装袋前由专人检查卵石是否清洗干净。

3）入境时按规定办理动植物检疫手续。

4）施工剩余石料按规定统一收集、处理。

（7）拆除作业。

1）工长在作业前检查操作人员是否已接受安全、环境控制交底。

2）拆除作业前检查是否设置境界区域，防止非作业人员进入而被砸伤。

3）环保员在作业前检查是否搭设溜槽。

4）拆除屋面时应监测扬尘，设专人采用目测方法，一级风扬尘控制高度在 0.3～0.4m，二级风扬尘控制高度在 0.5～0.6m，三级风控制高度在 1m 以下，四级风要停止作业。作业时应间隔喷水防止灰尘飞扬。

5）安排专人负责拆除废弃物的清运，防止废弃物未按规定处理，造成污染。

（8）材料管理。

1）库管员每一小时对仓库中存放的材料进行安全检查，尤其注意油漆、煤炭、农药是否放置在指定安全位置，是否警示标志规范到位；

2）材料员每日检查杀虫剂及药水的领用是否按规定进行，使用后的空罐是否按规定集中收集交回，并统一交当地环保部门处理。

7. 评估

管理方案由项目经理部项目经理负责组织编写，交由工程管理部及质量、安全、技术部进行审核，最终由公司总工程师批准。管理方案在投标阶段、施工前准备阶段、进场施工阶段需进行三次修改及评估，最终指导现场的作业操作。

公司总工程师组织工程管理部、质量、安全、技术部、项目经理部应对管理方案的有效性、适宜性、可操作性和对现场人员安全意识、紧急情况的应变能力、项目部与外方人员配合沟通的能力、管理控制效果进行总结评价 1 次。

评估中针对两次培训的效果、人员配备、管理措施的问题或潜在问题，分析原因、制定、实施、验证纠正措施，持续改进现场安全管理工作，实现预定安全目标。

［案例2］ 某教学大楼钢结构工程环境管理方案

1. 场景

（1）工程概况。

某教学大楼由东、西两栋14层楼高的塔楼和中间两跨40m长的空中连廊组成，形成一个门字形结构，建筑面积××m^2。东、西两塔楼7层以下（包括7层）为钢筋混凝土结构；7层以上为劲性（钢骨）钢筋混凝土结构；连廊为钢结构。

连廊分为南、北两跨，跨度均为40m长，宽分别为17.4m和14.4m，高度17.6m；每个连廊底部均由3榀各重63T的钢桁架承受荷载，两个连廊共有钢桁架6榀，高度4.6m，建筑位置在11层，其上是3层楼的框架钢结构。

由于6榀钢桁架的安装位置均不在塔式起重机的起重吊装范围之内，需要采用特殊的施工方法进行钢桁架的安装。

（2）施工特点与难点。

施工环境有以下几个特点：

1）由于是在校园区内进行施工，无论是白天还是夜间，其噪声控制，成为环境保护的重点工作之一。

2）学校的位置处在繁华的市区，周围道路狭窄拥挤，大量的钢构件要运到学校内，其交通堵塞又成为环境保护的重点工作之二。

3）该学校为民族大学，是来自全国各地的少数民族子弟和国外的学生，民族习惯和宗教信仰成为环境保护重点工作之三。

（3）周边环境与文化背景。

1）该学校学生来自全国各地，还有部分国外留学生，大部分是少数民族子弟，其语言、衣着习惯、饮食习惯、社交活动和宗教、信仰有所不同。

2）学校周围居住着部分少数民族，主要是生意人和少数学生家长；学校周围有一些少数民族开办的餐饮店，如清真馆和回民馆等。

3）距离学校500m处有一所市级人们医院，联络为我们的定点救护医疗机构。

4）距离学校2kg处有一个消防中队。

2. 本工程管理的重点内容

环境管理方面有以下内容：

（1）施工噪声控制。

（2）道路交通维护。

（3）尊重民族习惯与宗教信仰。

3. 环境因素识别

（1）施工噪声。

1）塔式起重机运行中的噪声排放。

2）空气压机启动后的噪声排放。

3）钢结构安装时榔头的敲击噪声排放。

4）压型钢板切割时的噪声排放。

（2）其他环境因素。

1）运输车辆和施工活动引起的灰尘。

2）电焊机电弧光和夜间施工强光污染。

3）防火喷涂造成的空气污染。

4）工地生活区环境卫生。

5）公共秩序与治安。

4. 环境管理目标

噪声排放值不超过当地规定，其他环境控制目标满足法律、法规要求。

5. 工作准备

（1）人员准备。

1）管理人员 8 人。

①项目经理是一名具有施工经验的专业本科生毕业，全面负责钢结构施工工作，兼管人力和财务工作。

②项目书记主要负责思想和环境因素管理工作。

③项目生产经理主要负责生产管理和对危险源的控制管理工作。

④项目总工负责生产技术工作。

⑤专职环保员一人；质量员一人；出纳兼管劳资人；资料管理员兼计划统计一人。

2）技术工人 30 人。

技术工人要求专业技术熟练，具有上岗证件，适应高空作业。

①起重技术工人 8 人。

②焊接技术工人 10 人。

③测量技术工人 2 人。

④钳工（安装工）4 人。

⑤机操工 2 人。

⑥电工 2 人。

⑦架子工 2 人。

3）普工 15 人，要求身体强壮，反应敏捷，适应高空作业。

（2）主要机具及设备准备。

1）现场已有塔式起重机 2 台。用于小型钢构件的吊装、桅杆起重机的组装与拆卸和机具的移位等。

2）设计、制造两套桅杆式起重机。要求安全适用，能够安全的完成钢桁架的吊装任务。

3）二氧化碳气体保护焊机 6 台；交直流焊机 4 台；空气压缩机 2 台。要求焊机性能稳定，确保安全焊接。

4）起重工具、机具和焊接保温设备等，要求产品质量合格，能够保证安全使用。

5）测量仪器。测距仪 1 台；光学经纬仪 1 台；电子经纬仪 1 台；水准仪 1 台。要求测量精度满足工程要求。

（3）主要机具及设备检测。

1）吊具与吊索应送质检部门检测，合格后才准使用。

2）测量设备按规定送检，并保存有效的合格证。

3）重点对自制的桅杆式起重机进行质量检测和验收，满足安全要求后才准使用。

（4）主要工艺流程监测。

1）对于钢结构焊接，先做工艺流程试验，满足设计要求。在工地施焊时，对焊接工艺流程进行监测，保证过程精品。

2）对于桅杆式起重机的使用过程进行监测。

（5）专业配合。

1）起重指挥与塔式起重机司机配合，塔式起重机司机按照起重指挥手势、信号进行操作，保持通信畅通，配合熟练，禁止违章作业、违章指挥和违反操作规程。

2）本工程脚手架用量较大，而且都是悬挂在墙面上，为了安全施工，将脚手架的搭设承包给专业的脚手架施工队，确保使用安全。

6. 管理措施

环境控制措施包括以下内容：

（1）施工噪声控制。

1）首先，考虑选用低噪声的塔式起重机；其次，塔式起重机尽量安排在白天多使用，晚间少使用，特别是学生睡觉时间停止使用。

2）选购噪声低的空压机；尽量在白天多使用，在学生睡觉时间停止使用。

3）为减少钢结构安装时榔头的敲击声，尽量使用木榔头或用木块垫在敲击处，铁榔头在学生睡觉时不许使用。

4）对于压型钢板切割噪声，该工程的压型钢板安排在工厂进行切割，施工现场只允许有小量的修改工作。

5）钢构件的运输车辆安排在晚上8点至第二天早上5点之间进出学校；车速控制在15km/h，并禁止鸣笛。

6）钢构件搬运时，必须轻拿轻放或用吊车轻装轻放，严禁野蛮施工，随意抛掷钢构件产生噪声污染。

7）塔式起重机指挥配套使用对讲机，杜绝哨声。

8）对噪声排放不能达标的设备，在作业前应设置流动隔声屏或采用24砖墙封闭，以减少噪声污染。

（2）其他环境控制。其他环境控制严格安装《施工组织设计》要求进行，预防或减少对环境的污染。

7. 监视测量

（1）环境因素监视测量。

1）对作业设备布置位置、作业时间、噪声源、施工高峰和白天、夜间噪声排放值按规定每天监听1次，每周检测1次。

2）监听或一检测发现超标或存在不足时应立即纠正或采取纠正措施举一反三纠正，以减少噪声排放污染。

（2）桅杆起重机监视测量。

1）桅杆起重机组装前对其计算书校对确认一次；对桅杆起重机配件和组件、安装单位资质、作业人员资质安装前全部检测或检查一次；对桅杆起重机的组装程序在组装过程中随时检查；对吊具、滑轮组、受拉导向轮、钢丝绳、吊装桅杆的仰角、桅杆与水平方向的夹角、卷扬机的自动性能、桁架的提升程序、提升速度、作业人员的高空防护用品或用具或资格等在吊装中经常进行检查或检测。

2）观察和检查发现安全隐患或存在不足时，应立即纠正或采取纠正措施举一反三纠正，以预防和减少对人员的伤害。

（3）钢结构焊接监视测量。

1）应钢结构焊接预热、后热和升温点，与其他易燃易爆品的安全距离，每天作业中观察一次；对接火盆、防火器材、焊接人员防护用品每天检查一次；对预热温度、后热温度、升温时间、降温时间、无损检测的安全距离每次作业中检测一次。

2）观察或检测发现安全隐患或存在不足时，应立即纠正或采取纠正措施举一反三纠正，以预防和减少对人员的伤害。

第7章 环境管理预案与应急响应

环境管理预案与应急响应

应急物资：氧气、乙炔、油漆；木材、建筑垃圾、易燃装饰材料。

应急场所：电气焊作业点、木工棚、装饰作业点、仓库、食堂。

应急准备措施：施工现场氧气、乙炔、油漆存放于通风条件较好的仓库内，氧气、乙炔放置间距大于6m，并根据《施工现场消防平面布置图》要求，布置消防灭火器。施工现场建筑垃圾集中堆放，设专人管理。对电气焊作业点、木工棚、装饰作业点、仓库、食堂等作业点或场所布置数量满足《施工现场消防平面布置图》要求的灭火器。

应急处理措施：成立应急响应组织架构，对应急响应的工作人员和管理人员进行岗位教育、消防知识教育、应急准备和响应培训，定期检查应急准备工作情况，并做好记录。发生紧急情况时立即按“紧急事故处理流程”采取应急措施，防止扩散。当紧急事故威胁到人身安全时，必须首先确保人身安全，迅速组织人员脱离危险区域或场所，同时采取应急措施，以尽可能减少对环境的影响。紧急事故处理结束后，需填写应急准备和响应报告，经审批后报上级主管部门。项目部应召集有关人员分析发生事故的原因，按《纠正和预防措施程序》的有关规定制定和实施纠正措施，并跟踪验证。

二次污染预防是指污染物由污染源排入环境后，在物理、化学或生物作用下生成新的污染物（二次污染物）而对环境产生二次污染的再次污染。通常，二次污染的危害比一次污染严重，并由于其形成机理复杂，防治也较困难。

二次污染物又称“次生污染物”，是一次污染物在物理、化学因素或生物作用下发生变化，或与环境中的其他物质发生反应，所形成的物化特征与一次污染物不同的新污染物，通常比一次污染物对环境和人体的危害更为严重。如水体中无机汞化合物通过微生物作用，可转变为更有毒的甲基汞化合物，进入人体易被吸收，不易降解，排泄很慢，容易在脑中积累。大气中的二氧化硫和水蒸气可氧化为硫酸，进而生成硫酸雾，其刺激作用比二氧化硫强10倍。

1. 目的

为了在某室内外精装修工程发生火灾事故时，能迅速对事故进行应急处理和救援，避免或减少人员伤亡和财产损失，并能在最短时间内处理好事故，特制定本事故应急救援预案。

2. 适用范围

适用于某室内外精装修工程项目区域内火灾事故的应急救援与处理。

3. 组织机构及职责

（1）组织机构如下。

某室内外精装修工程项目火灾事故应急救援小组，成员包括组长，副组长及成员。

（2）职责。

1）组长职责。

①统一指挥事故发生后的应急救援处理。

②负责向公司领导汇报事故情况。

③负责联系当地消防、医院、公安、环保、政府等有关部门，进行事故现场各部门之间的协调等工作。

2）副组长职责。

①负责事故现场的应急救援指挥工作。

②负责与组长、各救援部门之间的联系。

③负责应急救援预案的实施，并进行监督。

3）信息联络组职责。

①协助副组长对事故现场的应急救援处理；

②负责内部、外部（119、120）联系和通信工作，给组长提供及时准确的信息。

4）救护组职责。

①协助副组长对事故现场的应急救援处理；

②负责事故应急救援预案的具体实施；

③负责指挥事故应急救援状态下的生产和物资投用。

4. 应急处理程序

(1) 发现某室内外精装修工程项目范围着火后，最先发现火情的人员要大声呼叫，呼叫内容要明确：某某地点或某某部位失火！将信息准确传出。听到呼叫的任何人，均有责任将火情信息报告给予其最近的火灾事故应急救援信息联络员或救护员，使消息迅速报告到火灾事故应急救援领导小组现场指挥处。火灾事故应急救援领导小组现场总指挥负责现场组织工作。

(2) 信息联络员根据火势判断是否拨打119，火警事故现场人员马上撤离到安全地带，如火势较大，由信息联络组组员负责拨打火警电话119，报告失火地点、火势、失火材料，同时必须告知公司附近醒目标志建筑，以利于消防队迅速判断方位。信息联络员迅速到路口接车，引领消防车从具备驶入条件的道路迅速到达现场。

(3) 应急救援领导小组现场总指挥负责现场组织工作。火情现场的人员，应用衣服堵住口鼻，弯下腰，以最低的姿势迅速撤离失火地点。信息联络组电工负责切断电源。

救护员打开消火栓井盖，接通水龙带，用水龙带灭火。

救护员迅速开启灭火器，用灭火器灭火。根据现场情况，使用消防桶提水、用铁锹铲土（砂）灭火。

(4) 火灾发生，信息联络员应立即询问最先发现火情的人员有关失火地点情况，了解是否有人员伤害，当怀疑有可能的人员伤害时，迅速拨打120急救电话，告知失火地点、附近醒目建筑物，并派信息联络员去路口接应。

(5) 其他人员听从应急救援领导小组的指挥，进行抢险灭火处理。

(6) 组长负责向上级领导汇报和对外救援联系。

(7) 为防止事故扩大，应急救援领导小组下令停止事故现场周围的一切作业。

(8) 信息联络员和救护员在事故发生后，立即疏散楼内无关人员，并禁止与应急救援无关车辆和人员的进入，防止造成人员伤亡和交通堵塞。

(9) 若火势太大，无法控制，组长下令救火人员撤离事故现场，以避免造成更大的人员伤亡。

（10）现场应急过程中，应急救援领导小组成员应负责保护现场，以满足事后对对事故调查的需要。

5. 物资储备参见表7-1

表7-1 **物 资 储 备**

序号	材料名称	规格型号	单位	数量	备注
1	消防栓、干粉灭火器	MFZ5	个	6	消防栓2
2	铁锹		把	5	
3	轿车		台	1	
4	急救箱		个	1	

6. 通讯录组见表7-2

表7-2 **通 讯 录**

序号	联 系 单 位	联系人	备注
1			
2			
3			
4			
5			
6			
7	消防中队		119
8	医院		120

第 8 章　环境管理和绿色施工的持续改进

我国在绿色施工推进方面仍然存在诸多问题。建筑行业坚决贯彻落实国家可持续发展战略，在绿色建筑与绿色施工技术领域开拓创新，不断进取，为我国绿色设计、绿色施工和绿色建筑技术的发展做出了积极的贡献。但是基于绿色施工，我们存在的问题仍然相当突出，主要表现为：绿色施工推进深度和广度不足，对环境积极作用的体现不明显，概念理解多、实际行动少，管理和技术研究不够深入等现象，具体表现如下。

（1）建筑行业尚存在许多不绿色的情况。

1）高强混凝土用量低；城镇民用建筑的年混凝土用量约为 7 亿 m^3，其中高强高性能混凝土使用量却不到 1500 万 m^3，其使用比例远低于国际水平。模板体系处在较低层次，造成周转次数很低。混凝土搅拌用水 90%以上均源于自来水，而中水、雨水和地下采集水的利用率极低。高强钢材用量较少。

2）民用建筑特别是住宅工程二次装修普遍，拆除量巨大；场地硬化过当，且少有循环使用，造成建筑废弃物排量增加，据统计，建筑施工垃圾占城市垃圾总量的 30%～40%；每 1 万 m^2 的住宅施工，建筑垃圾量达 500～600t。

3）施工粉尘排放居高不下，施工粉尘占城区粉尘排放量的 22%。

4）施工过程噪声及光污染并未得到妥当解决。

5）施工检验和检测技术相对落后，特别无损检测领域的技术比较滞后，造成固体排放量增大。

6）外保温技术尚存在许多不成熟。

7）我国现场在使的施工设备有相当部分仅能满足生产功能简单要求，其耗能、噪声排放等指标仍然比较落后。

（2）许多施工工艺难以满足绿色施工要求。绿色施工提倡以节约能源、降低消耗、减少污染物的产生量和排放量为基本宗旨的“清洁生产”，然而目前施工过程中普遍采用的施工技术、工艺等仍是基于质量、安全和工期为目标的传统技术，缺乏综合“四节一环保”的绿色施工技术支撑，少有针对绿色施工技术的系统研究，围绕房建的工程地基、基础、主体结构、装饰、安装等环节的具体绿色技术研究大多处在起步阶段。

（3）资源再生利用水平不高。我国新建建筑废弃物每年达 1 亿吨，旧建筑拆除每年超过 5 亿吨，占城市垃圾总量的 30%～40%。建筑废弃物资源化率不足 5%。而欧盟、韩国、日本等国家建筑废弃物资源化率已经超过 90%。

地下空间的开发和利用使基坑面积和深度越来越大，工程降水引起的地下水排量已引起人们的关注。北方某超大城市每年可开采水资源 23.12 亿 m^3，而工程降水占可采资源的 38.9%，造成巨额经济损失。同时，还间接引起地面、相邻建筑物和基础设施的沉降。另据统计，全国每年新建面积约为 $18\times108m^2$，如果其中有 10%需进行基坑工程降水，则全国每年地下水抽排量达 $(380～1200)\times108m^3$，相当于十多个北京市的年总用水量的流失，地下降水施工的无序状态使我国水资源紧张的情况更为加剧。

(4) 市场主体职能尚存在缺陷和不到位。市场主体各方对绿色施工的认知尚存在较多误区，往往把绿色施工等同于文明施工，政府、投资方及承包商各方尚未形成“责任清晰、目标明确、考核便捷”的政策、法规和评价及实施标准规范，因而绿色施工难能落实到位。

(5) 激励制度有待建立健全。市场无序竞争往往演化为价格战。不乏建筑业企业具有高涨的推进绿色施工热情，然而在成本控制的巨大压力下，也只能望而却步。目前还没有制定绿色施工的激励机制。

(6) 信息化施工和管理的水平不高。信息化是改造和提升建筑业产业和绿色施工水平的天赋良药，然而，目前我国建筑业推进信息化尚处在苦闷的求索阶段。国内外尚难能找到适于工程项目管理的软件工作平台和指导信息化施工的软件，这是需要我们下大力气解决的重大课题。综上所述，建筑施工行业推进绿色施工面临的困难和问题不少，因此，迅速造就一个全行业推进绿色施工的良好局面，是摆在政府、建筑行业和相关企业面前迫切需要解决的问题。

为实现环境管理和绿色施工的持续改进，建筑企业应不断发展和运用有关环境管理和绿色施工的新技术、新设备、新材料与新工艺。施工方案应建立推广、限制、淘汰公布制度和管理办法。发展适合环境管理和绿色施工的资源利用与环境保护技术，对落后的施工方案进行限制或淘汰，鼓励环境管理和绿色施工技术的发展，推动环境管理和绿色施工技术的创新。

应大力发展现场监测技术、低噪声的施工技术、现场环境参数检测技术、自密实混凝土施工技术、清水混凝土施工技术、建筑固体废弃物再生产品在墙体材料中的应用技术、新型模板及脚手架技术的研究与应用。应加强信息技术应用，如环境管理和绿色施工的虚拟现实技术、三维建筑模型的工程量自动统计、环境管理和绿色施工组织设计数据库建立与应用系统、数字化工地、基于电子商务的建筑工程材料、设备与物流管理系统等。通过应用信息技术，进行精密规划、设计、精心建造和优化集成，实现与提高环境管理和绿色施工的各项指标。应通过试点和示范工程，总结经验，引导环境管理和绿色施工的健康发展。各地应根据具体情况，制订有针对性的考核指标和统计制度，制订引导建筑企业实施环境管理和绿色施工的激励政策，促进环境管理和绿色施工的发展。

8.1 信息收集与数据分析

1. 顾客满意与相关方意见

(1) 企业负责编制并监督实施《服务管理程序》，项目经理部负责具体实施。

(2) 顾客满意作为环境管理体系业绩的一种表现，各部门和项目经理部应及时识别并监视顾客对本企业设计、施工过程及交付后的服务质量、工程质量是否满足其要求的感受的相关信息，并确定获取和利用这种信息的方法。

(3) 监视顾客的感受包括顾客满意度调查、顾客产品质量验收方面数据、用户意见调查、业务损失、顾客赞扬、担保索赔、经销商报告等。

(4) 实施顾客满意程度评价和分析，当发现或评审后确认顾客的满意程度存在需要改进的要求时，应及时采取措施进行改进，并尽快进行改进效果的反馈工作。并保存相应记录。

（5）及时收集相关方意见，与政府、监理、设计、合作方、分包方等建立信息交流与反馈渠道，评价相关方等意见要求，并及时进行管理改进。

2. 内部审核

（1）企业采用滚动式内审或集中式内审的方式进行运作，以确定环境管理体系符合标准要求，并得到有效实施与保持。

（2）审核由管理者代表下达指令并任命审核组长，审核组成员必须由经过内审培训的人员担任，审核过程按规定方式进行。

（3）审核计划由组长拟定，应考虑拟审核的过程和区域状况和重要性及以往审核结果，其内容包括：审核的准则、范围、方法、内容、路线、日程安排等。

（4）审核过程由与被审核方无关的内审员执行，以保证审核过程的客观性和公正性；审核相关记录由内审员负责整理，并交企业策划与管理部或事业部或设计院保存。

（5）审核结束后，由被审核方对审核方发现的不符合进行纠正或采取纠正措施，以消除所发现的不符合及其原因。

（6）整改的结果由内审组长或授权人员负责进行验证，审核报告由组长负责编制，经管理者代表批准后下发。

3. 过程的监视和测量

企业各部门负责对职责范围内的环境管理体系和施工过程、重大环境因素、重要风险采用适宜的方法进行常规监视和测量。所采用的方法与这些过程对产品要求的符合性和环境管理体系有效性的影响程度和企业管理模式相一致。

（1）施工过程测量监视。

1）施工过程测量监视应用于确认和保持每一个过程持续满足其预期的目的和能力。由项目经理部负责进行日常监视，重点是施工工序的运作过程。

2）分支机构应针对过程制定目标、计划、施工组织设计、技术交底等活动，对过程预期的能力要求和输出进行测量。测量方式有项目联检、巡检、内审等。

3）企业应组织对所属分支机构、项目经理部的监视和测量。总部对各设计、施工及部门管理过程通过内审实施监视和测量。特殊情况，进行专项监视和测量。

4）通过对测量结果使用适当的统计方法，评价每一个过程满足要求的能力。

5）当过程结果未达到策划的结果时，各部门应在适当时及时采取纠正措施，以确保过程的适宜和有效性。

（2）环境管理绩效监视和测量。

1）企业各部门对与重大环境因素、重大风险有关的运行及活动的关键特性进行监视和测量，通过适合企业管理需要的定性和定量的监视和测量结果对环境、职业健康安全管理绩效、适用法律法规和其他要求的符合程度、目标和指标的实现程度以及运行控制的有效性进行评价。

2）项目部应按照有关要求，在《项目环境管理计划》、《项目职业健康安全管理计划》中明确监视和测量的方法及责任人。

3）企业在环境保护作业指导书中对常见的重大环境因素、重要风险的监视和测量方法作出了规定。当作业指导书中的方法不适用时，监视和测量单位可选用其他的方法。

（3）环境监视和测量的主要内容。

1）环境监视和测量的主要内容包括：对环境目标、指标及管理方案的满足程度；对污水排放、噪声排放、扬尘、遗洒、有毒有害气体排放、废弃物分类与合规性处置、节能减排、防火等应急准备和响应实施情况与运行标准或准则、适用法律、法规和其他要求的符合程度；对环境污染事件包括事故和其他不良环境管理绩效。

2）职业健康安全监视和测量的主要内容包括：对企业活动和行为符合适用法律、法规和其他要求进行主动性检查；对目标、指标的满足程度进行主动性检查和测量；对管理方案、计划、运行标准的执行情况进行主动性检查或测量；对健康损害、事件包括事故和其他不良职业健康安全绩效的历史证据进行被动性检查。

8.2　纠正措施及案例

纠正措施的实施应采取以下步骤。

（1）企业通过管理体系运作和过程产品质量监控及顾客与相关方投诉、重大环境因素和重要职业健康安全风险监控来发现不合格或不符合。

（2）企业通过对不合格或不符合原因的调查分析，确定其产生的原因，评价采取纠正措施的客观要求。

（3）针对产生的原因制订应采取相应纠正措施，为消除环境、职业健康安全不符合原因而采取的任何纠正措施，应与问题的严重性和面临的职业健康安全风险相适应，与环境影响的严重程度相符，确定无误后实施这些措施。

（4）对纠正措施的实施效果进行记录。

（5）跟踪验证评价纠正措施的有效性，对富有成效的改进做出永久更改。对于效果不明确的要采取进一步的分析和改进措施。

企业在制订纠正措施时应考虑相关因素的影响问题，以保证环境管理体系业绩的持续改进。

企业在接到顾客与相关方意见或有关部门的不合格或不符合报告后，应立即调查分析确定不合格或不符合的原因，评审采取纠正措施的必要性，针对产生的原因及时纠正并采取纠正措施。以防止发生类似的不合格或不符合。

对于产品、过程中出现的不合格所采取的纠正措施应考虑不合格品评审和处置的情况，力求方法得当，效果到位。

由总部环境管理体系内部审核中发现的不符合所采取的纠正措施执行内部审核管理程序。

如果纠正措施发现新的或变化的危险源与环境影响，或新的或变化的控制措施需求，程序要求，拟定的措施在实施前应先通过风险评价。为消除不合格或不符合原因而采取的任何纠正措施，应与问题的严重性和面临的职业健康安全风险相适应，与环境影响的严重程度相符。

8.3　预防措施及案例

企业通过管理评审、内部审核、过程与产品的测量和监视，环境、职业健康安全管理绩效监控，对顾客与相关方意见、活动的监视测量等方法识别潜在不合格或不符合，并分析确定其产生的原因。

在评价预防措施实施的客观需求基础上，各部门按照潜在不合格或不符合的特性，通过专项技术措施、技术交底等制定预防措施，并予以实施。重大预防措施可由有关部门编制专项预防措施报告。

为消除环境、职业健康安全潜在不合格或不符合原因而采取的任何预防措施，应与问题的严重性和面临的职业健康安全风险相适应，与环境影响的严重程度相符，确定无误后实施这些措施。跟踪验证并记录预防措施的效果。

评价预防措施的有效性，并做出永久更改或进一步采取措施的决定。

企业在制定预防措施时应考虑风险、利益和成本问题，确保预防措施的有效性和效率。

如果预防措施发现新的或变化的危险源或环境影响，或新的或变化的控制措施需求，程序应要求，拟定的措施在实施前应先通过风险评价。

8.4 持续改进

企业通过使用环境目标、方针、审核和合规性评价结果、交流协商结果、相关方投诉与抱怨意见、环境管理绩效、数据分析、纠正和预防措施以及管理评审，及时识别管理体系运作中的改进目标，并将上述工作纳入企业各层次的日常管理工作，促进环境管理体系的持续改进。

(1) 通过分析和调整环境目标，以明确改进的方向。

(2) 通过环境方针的建立与实施，营造一个激励改进的氛围与环境。

(3) 通过顾客和其他相关方的满意程度来测量持续改进。

(4) 纠正措施、预防措施应针对消除不合格品或不符合和潜在不合格或潜在不符合的原因制定，并经济、合理、可行，责任部门应对纠正与预防措施的实施效果进行跟踪验证，以确保实施有效。

(5) 在管理评审中，评审改进的效果，确定新的改进目标。

(6) 执行纠正和预防措施引起文件更改由企业策划与管理部按《文件管理程序》规定对相关文件进行更改，并通知到责任部门和人员。并保存更改记录。

案例

[案例1] 某市政道路工程环境管理方案

一、场景

1. 工程概况

某道路改扩建工程，主线西起昆明湖东路，向东至西苑路、万柳路，路线止于高明河西岸属市干线公路建设网总体规划之一，是一条连接城区交通的重要道路。其中道路起讫桩号为K0+000－K1+000；工程路线全长1673m。本工程主要工程内容包括道路、雨污水工程、给水工程。

2. 工程结构及技术工艺特点

(1) 道路扩建工程。

1) 基本情况。本工程道路扩建全长1000m。道路设计为城市次干路标准，道路施工中线为规划中线，规划红线宽40m，此路段设有一折点，设圆曲线半经$R=4500$m。道路最小纵坡为0.3%。道路横断面采用两幅路的横断面型式，两上两下。

2）道路结构。按城市次干路（2）级标准，路面回弹弯沉25.8（1/100mm）。机动车道结构厚为56cm。

细粒式沥青混凝土AC-16（Ⅰ）型	5cm
粗粒式沥青混凝土AC-25（Ⅰ）型	6cm
石灰粉煤灰砂砾混合料（3∶12∶85）	15+15+15cm

（2）雨污水工程。该道路雨污水管线沿道路自西昆明湖东路起向东敷设，至万泉河路止。

管线位置：雨水位于道路中线南侧12m；污水位于道路中线南侧7m。

雨水管管材为钢筋混凝土承插口管Ⅱ级管材，管沟结构采用PT11-02（120°）砂基础，方沟结构采用PT09-ZH04、06做法。污水管管材为钢筋混凝土承插口管Ⅲ级，管沟结构采用PT11-02（120°）砂基础。

（3）给水工程。本工程新建给水管为DN300球墨铸铁给水管，管道距道路永中北17.5m，给水管接口为柔性胶圈接口，管线复土1.3m。长度954.23m。

3. 工程的质量、工期要求

（1）质量要求。本工程质量要求为合格。

（2）工期要求。工程计划开工日期为2003年5月30日，计划工期为4个月，其中道路改建工程计划工期93个日历天。

4. 周边环境

（1）现场情况。在道路施工中线北侧大约在非机动车道范围内有一条约6.5m宽的现况路。目前该道路交通流量较大、行人较多，又是旅游黄金季节。施工时应保证此路的车辆及行人通行、安全。

（2）现况拆迁。在该道路的施工范围内，北侧有饭馆、平房、院墙等大量简易或半永久性建筑未拆迁。

位于现况路两侧沿线有通信架空线、路灯杆、高压电线、树木等需予以拆除、拆改、砍伐。其中高压线为双杆式10万伏高压线，净空10m。

（3）周围环境。施工道路南侧是一公园。西侧起点距一旅游区约300m，游人和车辆较多。北侧沿线30m范围内有餐厅、小学、汽修保养中心、公园管理处、生态医药研究所等及商业、办公楼和居民区，且一条现况路贯通沿线，是担负着沿途居民、旅游，以及社会车辆的一条重要交通通道，并使该地区已形成较为繁华的商业旅游街区。

（4）地下管线。某路（昆明湖东路至西苑路、万柳路）因已形成城市道路和街区，所以在现况路下面（道路桩号0+140至西苑路、万柳路）有电缆管线，2×DN220现有原水管、DN600给水管，施工时应提前做好物探及标实工作。

（5）工程特点。全线北半幅路受现况道路和拆迁影响，且距商住楼30m左右，并有较多小区出口，施工时比较困难，南半幅路现场条件较好，不受外界干扰。

（6）工程中点距区人民医院5km，距消防支队16km，距当地街道办1km，距当地派出所2km。

（7）工程交通条件。本标段工程在起点与李天路相接，与由西至东分别与昆湖东路、西宛路、万柳路交叉，向东与高明大桥相接。另外道路北侧还与天竺花园小区路、特警路等道路相交，同时连通周围小区的小型道路很多。

（8）工程材料条件。由于工程处于市郊区，各种建筑材料充足。其中各半成品站选择为：商品混凝土搅和站，距离 7km；二灰混合料站，距离 12km；沥青拌和站，距离 12km；梁板预制构件厂，距离 11km。

5. 设备情况

本工程无特殊设备。主要投入设备详见“二三　施工工作准备　3”内容。

6. 现场人员

根据本项目的特点和结构形式，为保证流水施工和合理组织，本标段划分为 2 个施工作业区，并在区段内进行流水施工。总计投入八个专业施工队伍施工，高峰时施工作业从数 639 人。

项目部设安全环境管理部，具体负安全监督、检查、巡视、处置等安全事务，配备持证专职环保员 3 人；专业施工队中按每 50 人以下设置 1 名专职环保员，200 人以下的设置 2 名专职环保员，劳务队伍中共设置 11 人专职安全人员。

7. 工程气候条件

本工程位于北京地区，属温带大陆性半湿润季风气候，春季干旱多风，夏季炎热多雨，秋季秋高气爽，冬季寒冷干燥，四季气候分明。年平均气温为 11.7℃，近十年极端最高温度 42.2℃，极端最低温度－15℃。地区年降水量为 626mm，降雨量的年变化较大。

对道桥建设影响较大的是低温、大风和大雷雨。北京地区年大风数为 10.5d，夏季暴雨天数为 4d 且多发生在 6～8 月，年平均气温大于 10℃ 的天数为 208d。标准冻土深度为 0.8m。

8. 工程水文、地质条件

（1）地质情况。本段线路主要位于潮白河冲积扇的中部，地形起伏不大，沿线主要为城镇、农田及村庄，地势平缓且由南向北逐渐升高。地层层序自上而下依次为：人工填土层，主要为杂填土；新近沉积层，主要为粉土和粉质黏土且含姜石；第四纪全新世冲洪积层，主要为粉质黏土、黏土和粉细砂；第四纪晚更新世冲洪积层，主要为中粗砂、粉土、黏土、粉细砂等，含个别砾石。

（2）水文情况。本段路线初步勘察实测地下水有四层，地下水流向均为自西向东。本工程地下水静止水位标高 42.98～45.00m（深 2.95～3.70m），其地下水属于上层滞水。本地区历史上的最高地下水位接近自然地面。近 3～5 年最高地下水位标高为 40.80～38.20m 左右（自西向东降低）。

（3）地震及不良地质。拟建线路位于地震基本烈度 8 度区，勘察结果表明，勘察深度范围内 8 度烈度下无液化土层存在，本场地为非液化场地，场地土类别为Ⅲ类，沿线无影响区域稳定的地质结构。沿线区域无不良地质和特殊地质，但在拟建立交大部分地区分布有新近沉积土层，力学性质较差。

9. 文化背景

本工程位于国内沿海地区某大城市，项目部施工及生活区域内及其周边地区均无少数民族居住和活动，也无其他宗教信仰或特殊习俗。

10. 施工的策划

(1) 工程特点及难点分析。

1) 本工程的工期紧，只有9个月，而市政道路改建只有93d。施工时由于拆迁不到位，不能中断交通，道路改建施工时只能分南、北幅进行，可先行施工南半幅路的各管线和道路施工，待南半幅路主路完成后，可作为交通导行路，再进行北半幅路各管线及道路施工。立交桥工程工期要求双层立交桥交叉作业，下层支架未拆除前必须进行上层作业，难度大。

2) 本工程多处穿越既有道路，同时穿越人口密集区，交叉道较多，车流密集，必须做好相应的交通疏导和员工保护工作。

3) 本工程地处市区，而工地周边紧临民居、小学（30m），公园、旅游区（约300m），现况路沿线北侧商业、办公楼和居民区较多、相应的安全、环保、卫生、消防及职业健康要求高，特别是对施工中产生的噪声、扬尘等比较敏感，需要着重控制。

4) 道路改建段北侧有公园和小学，对噪声和扬尘要求高，小学内在上课其间，其校园内音高小于55dB，公园要求不得有明显灰尘出现。小学校为一中考考试点，中考期间不得施工。

(2) 施工组织。

1) 为保证工程工期，道路工程采用分南、北两个工区施工，每个工区分三个区段进行流水作业。高峰期内五个区同时作业：南侧的三个区段分别施工管线工程、路基工程、路面及附属工程，北侧则为拆迁、管线工程、路基工程。在1000m路段上机械较多，工艺重叠，对环境、噪声控制及为不利。施工分区如图8-1所示。

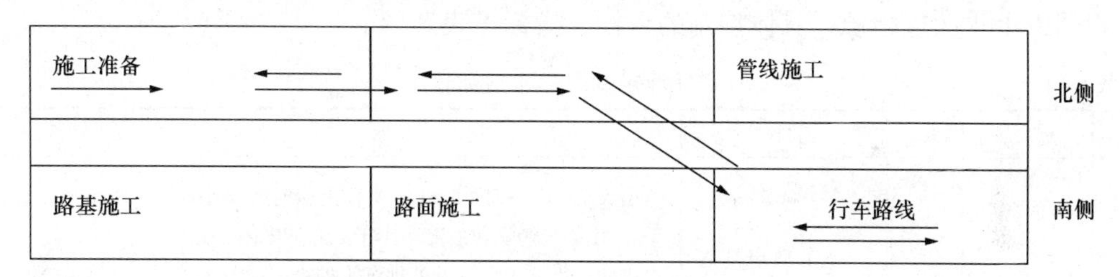

图8-1 施工分区图

2) 桥梁工程中钻孔桩基采用下正循环钻机施工，上部箱梁采用满堂脚手架、整体现浇左、右幅同时实施，为保证整体工期，双层立体交叉要同时作业，交叉实施。

3) 由于周边环境要求较高，施工的时间限制较严格。在居民区、小学等噪声要求高的区域必须保证其正常的教学和起居。

4) 为减少项目施工的现场环境影响，项目决定，除混凝土砂浆外，所有预拌混凝土均采用商品混凝土，所有混凝土预制半成品均采委托工厂加工运至现场，二灰混合料和沥青混凝土由当地拌和站采购。现场的水、电由业主指定接口。

二、环境因素识别

根据本工程的特点和周边环境要求，通过环境因素评价，可以确定工程的重大环境因素，本类工程特殊重大环境因素如下。

1. 噪声排放

噪声排放主要因素如下：

(1) 机械设备异常引起的噪声超标。

(2) 模板工程施工发生的噪声。

(3) 临时停电使用发电机。

(4) 夜间施工。

(5) 结构安装产生噪声等。

由于施工中产生噪声的工序较多，发生的频率较大，影响范围主要为施工区域及其周围。

2. 扬尘

产生扬尘的主要因素为以下几点：

(1) 汽车运输过程中产生的扬尘。

(2) 施工过程中产生的粉尘，主要有以下几个方面：①土方施工产生粉尘飞散；②路面基层施工时表面经车辆摩擦形成灰粒造成粉尘；③路面施工中外购材料在卸料、摊铺过程产生粉尘；④砂浆拌制时砂、石材料和水泥倾倒时产生粉尘；⑤模板施工时拆除、清理过程中产生粉尘；⑥混凝土半成品清扫时产生粉尘。

(3) 特殊条件下产生的粉尘，如大风天气。

(4) 急紧状态下产生粉尘或烟尘，如火灾、爆炸等。

3. 本工程还有以下重大环境因素，如运输汽车尾气的排放、废水、路面施工时的气体挥发、废弃物、渣土遗洒、振动、焊接弧光照射等，在此不一一详述

三、目标、指标

根据以上重大危险源，具体控制的目标、指标见表 8-1。

表 8-1　　环境控制目标和指标表

序号	重大环境因素	目标	指　　标	主管部门
1	噪声排放	施工噪声排放达标，无投诉。	白天 75dB，夜间 55dB；学校上课时噪声小于 40dB。车辆噪声故障率小于 2%。以下机械在夜间不得施工：软基处理沉管桩机，居民区路段 150m 内的土方施工和运输、路面施工。中考期间小学校附近 150m 停止施工	工程部
2	扬尘	扬尘达标，无投诉	拌制中，一级风扬尘高度不超过 0.5m，二级风扬尘高度不超过 0.6m，三级风扬尘高度不超过 1m，四级风停止作业。公园内树木无明显积尘	工程部

四、工作准备

1. 分项工程的人员要求

(1) 施工现场管理人员必须经过 ISO14001 相关培训，熟悉相应的体系文件和管理方案，能够理解管理方案的内容并根据现场情况组织实施。项目或公司的评估人员必须具有环境体系内审员资格并具有丰富的施工经验。

(2) 现场操作人员必须取得相应级别的岗位操作证，并符合法律、法规要求，经项目安环部主管人员确认后方可上岗。

(3) 进场人员必须经过进场培训，了解施工过程中的环境要求和施工作业过程中中可能会出现的环境影响，项目部工程部考核后方可进行工程施工作业。

(4) 每项作业活动操作前项目部应组织对作业人员针对该项作业活动所涉及的噪声、扬尘、废弃物等重要环境因素的控制措施、环境操作基本要求、环境检测的关键参数、应急准备响应中的注意事项进行专项环境交底或综合交底包括以上环境方面的内容，避免因作业人员的不掌握环境方面的基本要求而造成环境污染或事故。

(5) 本项目主要作业人员要求。

环境巡视人员：视力好（1.2以上）善观察，掌握本项目部重要环境因素，具有识别和判断造成环境污染险情的能力；

消防人员：身体健壮，身高1.7m以上、织纪律性强、服从命令听指挥，会正确使用现场各种灭火器材，具有较强的应变能力和责任心；

现场救护人员：现场抢救人员具有资格，有丰富的抢救能力、责任心强、较高职业道德，对抢救或救护过程产生的废弃物能按环境规定进行有效处理，预防或减少环境污染；

抢险队员：要求身体健壮，身高1.7m以上、组织纪律性强、服从命令听指挥，了解和掌握环境污染事故的现场抢险方法，并正确使用现场各种抢险工具，应变能力和责任心强；

混凝土工：要求身体健壮，身高1.6m以上，责任心强、较高职业道德，并掌握混凝土施工中产生的噪声、扬尘、废弃物排放的控制和减轻其环境污染的方法和能力；

架子工：要求身体健壮，身高1.6m以上，持有架子工资格证、责任心强、较高职业道德，并掌握脚手架搭设中产生的噪声、油遗洒的控制和减轻其环境污染的方法和能力；

中小型机械操作工：要求身体健壮，身高1.6m以上，持有中小型机械操作资格证、责任心强、较高职业道德，并掌握中小型机械操作中产生的噪声、油遗洒、废弃物排放的控制和减轻其环境污染的方法和能力；

自卸汽车驾驶员：要求身体健壮，身高1.65m以上，持有驾驶员资格证、责任心强、较高职业道德，并掌握运输中产生的噪声、扬尘、油遗洒、废弃物排放的控制和减轻其环境污染的方法和能力；

挖掘机驾驶员：要求身体健壮，身高1.65m以上，持有资格证、责任心强、较高职业道德，并掌握挖掘中产生的噪声、扬尘、油遗洒、废弃物排放的控制和减轻其环境污染的方法和能力；

推土机驾驶员：要求身体健壮，身高1.6m以上，持有资格证、责任心强、较高职业道德，并掌握堆土碾压中产生的噪声、扬尘、油遗洒、废弃物排放的控制和减轻其环境污染的方法和能力；

装载机驾驶员：要求身体健壮，身高1.65m以上，持有资格证、责任心强、较高职业道德，并掌握装运中产生的噪声、扬尘、油遗洒、废弃物排放的控制和减轻其环境污染的方法和能力；

吊车司机：要求身体健壮，身高1.6m以上，持有驾驶员资格证、责任心强、较高职业道德，并掌握吊装中产生的噪声、扬尘、油遗洒、废弃物排放的控制和减轻其环境污染的方法和能力；

油车司机：要求身体健壮，身高1.6m以上，持有驾驶员资格证、责任心强、较高职业道德，并掌握油车装、运、卸料中产生的油遗洒、防止火灾对河水污染的控制和减轻其环境污染的方法和能力；

救护车司机：要求身体健壮，身高1.65m以上，持有驾驶员资格证、责任心强、较高职业道德，并掌握爆破中产生的油遗洒、噪声、有毒有害气体排放的控制和减轻其环境污染的方法和能力。

2. 分项工程的设备要求

（1）进场设备必须符合国家质量监督部门的标准，设备产生的噪声、废气等满足国家有关标准要求。

（2）凡施工使用的机械、配套机具，均须有产品合格证，施工前都应进行检修，合格才能进入施工现场施工。土方施工设备、自卸汽车、搅拌设备、钻机设备、钢筋加工设备及运输设备等进场前进行声级检测，项目达标为设备正常运行后其1m处噪声小于85dB。

（3）砂浆搅拌站及其排水、沉淀池附属设施，以及其他加工、材料、临时用电用房等应满足工程需要，并按混凝土、钢筋工程和临时设施建设的一般要求控制环境因素。

（4）设备停置场地进行硬化，防止漏油污染。

3. 职责和权限（略）

4. 编制依据

5. 排放申报

根据本工程的特点和施工要求，在工程开工前，根据本市环境管理部门的要求和相关的法律法规要求对，申请噪声、污水、扬尘等排放标准，经环卫主管部门批复本工程施工界限控制标准为昼75dB，夜55dB，小学校上课期间55dB。

6. 公示与沟通

环卫部门的批复在本市报纸上进行公示，项目向街道办、居委会通报噪声排放许可和噪声排放标准等要求，通过街道办、居委会与当地居民沟通，了解相应的情况。通过了解，施工区的小区中儿童和老人较多，对施工要求较高，夜间不能进行噪声施工。小学上学期间应将噪声控制在规定范围内。

五、管理措施

1. 临时设施建设

（1）总体情况。

本工程生产生活用房屋采用工地附近租用房屋和在现场搭建彩钢板房解决。施工用混凝土和梁板等半成品均采取外购，由专业工厂加工，现场仅进行砂浆拌制。施工用水由业主提供接水口，施工区内铺设供水管道；施工用电由业主提供接驳点，设变压器后进行临时用电设计。现场排水采用在设梯形排水沟排水。

（2）临时道路设计。

①为限制运输车辆的噪声和场内遗洒、扬尘，临时道路设计时速为30km/h。为保证小区、小学等重点噪声控制区域，便道在平面设置时尽量远离这些区域；为减少运输车辆的转弯、刹车，便道的平、纵线型按四级公路标准设计。

②为保证施工便道运行畅通，减少运输车辆噪声、遗洒和扬尘，施工便道采用C25混凝土路面。具体结构如下：便道的路面结构为30cm钢渣＋8cm道渣＋20cm C25混凝土。施工时对便道位置清表整平，采用重型压实标准对土基碾压密实，施做路面结构。施工完成后，便道拆除形成的固体废弃物按城市环卫部门要求处理。

③为节约用地，减少错车会车形成的扬尘、噪声，施工便道宽度采用5m，单车道，每隔200m设一会车台，便道采用单向2%排水坡度，与路基排水沟相连。具体横断面为：边沟+0.5m土路肩+3.75m车道+0.75m土路肩。外侧土路肩兼行人道。

④为降低扬尘、杜绝因便道损坏形成噪声和遗洒扬尘，施工便道进行专人养护。安排养护排洒水车2台和巡视工人2名，洒水车洒水具体规定见表8-2。

表8-2　　洒水车洒水具体规定表

季节	洒水时间（每天）	洒水量	行车速度	备注
春冬季	8：00、13：00、19：00	$8m^3/km$	5km/h	风天风后增洒一次
夏秋季	8：00、11：00、13：00、16：00、19：00	$16m^3/km$	5km/h	雨天停洒

洒水时注意使道路湿润，但不形成流淌，防止资源浪费。

施工过程中巡视工人对便道来回巡视，及时清理遗洒和浮土，做好便道保洁工作，同时对便道的坑洞进行修补。

(3) 施工围挡。为减少噪声的传播和扬尘飞扬，施工前对整个施工区域进行围挡，由于道路工程不中断交通，局部的施工围挡设置在中央绿化带处。

施工临时围蔽按照市建委2001年218号文的要求采用弧形彩色镀锌压型钢板，加30cm的砖墙基础。正式施工现场围蔽采用5cm夹心钢板，高1.9m，加30cm的压顶；围墙基础底脚埋。地深度30cm，墙柱埋基础埋深50cm，墙柱间距离为3m，墙体内加4根$\phi 6$钢筋。外墙面加批抹光后再刷涂料。为使围挡周转使用，弧形彩色镀锌压型钢板与墙柱采用预埋件螺栓连接。

队伍驻地围蔽采用砖墙，砖墙1.2m以上采用实体与镂空复合式围墙，以满足透绿要求。

(4) 洗车台设置。为减少施工车辆在市政道路上的扬尘和遗洒，现场出口处设置洗车台、沉淀池，对进出运输车辆进行清洗。排放的废水要排入沉淀池内，经二次沉淀后，清洁部分排入储水池用于洒水降尘，其他排入市政污水管线。沉淀池由专人每月清理干净。

(5) 隔声板。

经现场了解本工程有两个噪声敏感点：K0+240-296北侧小区，距施工界限30m中；K0+330-340北侧小学，距施工界限30m。为保证这两处施工点的噪声控制，施工前对此处安装隔声板。隔声板采用聚碳酸酯（PC）实心板（通称透明钢板），规格为3mm，尺寸为4900mm×2440mm。透明钢板可以有效隔声，降低噪声20～40dB（A）。隔声板沿施工界限布置，高度5m，宽度2.5m，安装位置由K0+220-360，计120m。立桩采用混凝土立柱。

隔声板安装完毕后，对其隔声性能进行测试，测试表明当隔声板内侧噪声为85dB（A）时，外侧噪声为53dB，降低32dB，完全达到要求。

(6) 绿化。在工程总平面布置中，对施工中不占用，长期搁置的地表外露部分进行种草绿化处理，绿化时采用普通草籽。

(7) 总平面布置。针对现场噪声要求，安排机械而置。将临时发电的发电机、砂浆拌和站设置在互通区西北侧，当模板附着较多需较大清理时指定地占集中进行，清理地点在立交西侧临时厂地内，对北部无临建厂房的区域采用隔声布围挡。场内施工便道在背向居民区设置，施工中挖土机、装载机作业以远离商、住楼为原则。

2. 路基施工

路基施工的主要作业流程为：施工准备⟶测量放样⟶清理耕植土⟶清淤排水⟶路基处理⟶路基填筑⟶压实度检测⟶路堤整修⟶工序验收。

(1) 施工准备。施工机械人员进场；修筑临时工程，落实土源，进行标准试验；做好路田分界和临时排水工作。路基施工前，施工人员应对路基工程范围内的地质、水文情况、地下管线、缆线等进行详细调查，通过取样、试验确定土质性质和范围，了解附近既有建筑物需要的特殊处理方法。检查施工过程人员能力、设备设施完好、材料储存、应急准备等情况，以防准备不足造成损失和浪费。

制定详细的施工计划，明确施工时间。由于路基施工噪声较大，不得夜间施工，施工时间近控制在6：00～22：00之间。对于小学校附近，较大的噪声设备（如推土机、柴油发电机等）安排在上课前、放学后、双休日进行。

(2) 施工机械降噪声措施。本工程土方工程的主要施工机械均为柴油发动机机械，当其运行时，通常会产生85～128dB (A) 的噪声。如果不采取必要的降噪措施，机械运行的噪声将对周围环境造成严重损害。为了保护和改善环境质量，必须对噪声进行控制，使之噪声排放达到国家标准［85dB (A)］。具体方法如下：

①降低排气噪声。排气噪声是机组最主要的噪声源，其特点是噪声级高，排气速度快，治理难度大。采用特制的阻抗型复合式的消声器，一般可使排气噪声降低40～60dB (A)。

②降低轴流风机噪声。降低发电机组冷却风机噪声时，必须考虑两个问题：一是排气通道所允许的压力损失；二是要求的消声量。针对上述两点，选用阻性片式消声器。

(3) 测量放样。用全站仪恢复路中线、边线和征地红线，测量原地面标高，将测量结果报监理工程师审批。对导线、中线及水准点进行复测时，不得随意践踏耕地内农作物，增设水准点时尽量利用非耕地，并不得将水准点设置在高压线附近。

(4) 填前准备。

①清除施工现场内的所有障碍物。砍除树林或其他经济植物时，应事先征得所有者和业主的同意，有经济或使用价值时须进行移植处理。

②采用推土机配合人工进行路基范围内的草皮、作物及有机质含量超过规定值的表层土清理，并用汽车运输到备土场待绿化工程使有。对于场地内的建筑垃圾，按城市垃圾处理办法运至指定垃圾堆场。当原地表较干燥，推土机施工时明显产生尘雾时，采用洒水车对原地表进行洒水处理，减少扬尘。

③对软土地基按设计要求采用CFG桩进行处理；具体管理措施见下节。

④原地面处理。对清表后的原地面进行填前压实，对于填高小于路面厚度＋80cm的路段原地面采取翻挖处理。原地面翻挖时要注意扬尘污染，施工中对干土及时进行洒水或与湿土拌和处理，洒水时根据原状土含水量确定洒水量，使土整体湿度不大于最佳含水量2%，具体数值由试验室给出。

(5) 路基填筑。路基采用挖土机挖装土方，自御汽车运输，推土机初平，平地机精平，大吨位振动压路机和三轮压路机联合碾压的施工方法。每层按要求进行压实度、平整度等项目的检测报验。

①土方开挖。土方开挖时应注间原状土的含水量，当含水量超过其扬尘数值时方可进行开挖作业，否则进行洒水处理。现场进行开挖时一般不允许现场堆土，特殊情况时采取塑料布进行覆盖，防止水分蒸发而扬尘。

②运输。使用带覆盖装置的渣土自卸车进行渣土运输，车厢应关闭严密，装运渣土高度应留出渣土与车辆槽帮上沿10～15cm。车辆出入施工现场设置洗车台和沉淀池，施工过程中及时对临时道路进行洒水处理，保持土方运输过程中路面湿润。

渣土车在运输过程中严禁超载，可以通过装车的斗数、自特汽车弹簧钢板弯度超标或装车超过槽帮上沿10～15cm进行控制，以减少产生超载噪声和遗洒扬尘。运输车辆的运行速度应符合道路规定。

③填筑。路堤施工前先要做一段试验段以获取路基施工的各类最佳参数。确定分层厚度为25cm，碾压程序为：25t振动压路机静压1遍，振压两遍，18t三轮压路机成碾压4遍。确定参数可以使施工的各个环节受控，明确土的含水量控制指标，减少扬尘的可能性，同时节约资源。

路堤采用水平分层填筑，分层填筑的最大松铺厚度和碾压程序由试验路段结果确定。填土加宽填筑0.5m～1m，每层表面作成2%～4%的横坡。路基填生机盎然的松铺厚度一般在20～25cm之间，如土干燥可洒水拌和，过湿可进行晾晒处理，同时达到最佳碾压效果，减少扬尘和振动噪声，节约资源。

路基压实检验后及时进行上土等下一道工序，不宜长期置放。

④修坡。本工程路基较低，填筑高度小于1m，采取最后一次性整修，同时进行放样检测。至路床顶时最终修整修。整时注意挖土机不高扬斗，尽量减少扬尘，过分干燥时对边坡采取洒水车洒水处理，洒水以表面湿润不流淌为宜。

（6）减少机械尾气的措施。

①柴油汽车时应设置尾气吸收罩，减少尾气排放。对尾气排放在国定标准附近的车辆更新化油器。

②使用AR抗磨润滑油，AR使机械性能提高、机油耗油率下降51.4%，废气减少。

③合理进行机械调配，在距居民的生活区和工作区附近时安排尾气排放标准高的车辆。

（7）机械保养。各类机械设备保养要贯彻“定期、定项强制执行，养修并重，预防为主”的原则，保持机械设备经常处于完好状态，以减少施工噪声。

①各类保养必须定期强制进行，保养时间间隔和作业项目必须按原机出厂说明书的规定和技术要求逐项进行，不得漏保或不保。

②例行保养是日常性作业，由操作人员负责执行，作业主要内容是在开机前、使用中和停机后对机械设备进行清洁、润滑、紧固、调整、防腐、补给和安全检视工作。重点是润滑系统、冷却系统及操作、转向、行走等部位。

③定期保养分为一级保养、二级保养，二保加项修三类。

a. 一级保养。由操作人员负责执行，作业中心内容除例行保养作业项目外，以清洁、润滑、紧固为主，检查有关制动操纵安全等部件；

b. 二级保养。以维修人员为主，操作人员参加共同负责执行。其作业中心内容除一级保养内容外，以检查调整为主；

c. 二保加项修。是指二级以上的保养作业，由维修人员负责完成，操作人员未经领导批准安排其他工作的，必须参加本机保养，除执行一、二级保养作业内容外，主要以总成解体清洗、检查、调整、项目检修为中心。

④换季保养，由操作人员负责完成，时间一般在每年的5月上旬和10月上旬进行，其作业重点是润滑系统、冷却系统和起动部分。

(8) 段路基两侧设置50cm×50cm×40cm的矩形集水沟，集水沟出口设置200m^3的集水沉淀池，经两级沉淀后由市政污水管道排出。清洗施工机械、设备及工具的废水、废油等有害物质以及生活污水，排水沟采用30cm×30cm×30cm矩形断面，5cm C10混凝土沟壁，长不超过10m排入20m^3的沉淀池中，经过沉淀后的污水可直接向污水管网排出。沉淀池内的泥砂每月进行清理，并由垃圾车运至指定地点。

3. 软基处理

本工程软基处理采用CFG桩，因软基施工机械为DJ60步履式振动沉桩机施工。因DJ60步履式振动沉桩机施工振动和噪声均较大，必须进行控制。

(1) 施工准备。平整场地至设计标高，按施工图设计桩位放样。采用全站仪放出控制坐标后，使用木签标出桩位。平整场地时注意在施工范围内进行平整，平整后采用YZ25振压路机静压1～2遍，防止降雨形成冲刷。整平后在施工区两侧设50cm×50cm×40cm的排水光线并与路基排水沟连接。

在左侧施工边缘开挖宽100cm、深120cm、长30m防振沟，防止左侧30m范围内的一座民房振动损坏，同时防止沉管施工时噪声的振动传播。

对找桩机的柴油机进行降噪处理，采用特制的阻抗型复合式的消声器，降低打桩机一般可使排气噪声降低40～60dB (A)，使打桩机在沉入时噪声降至55～85dB (A)。

为降低沉管施工的环境影响，CFG桩施工时间定为每天8：30～17：30。

(2) 沉管。

沉管前对机械噪声进行测定，2m内不大于85dB，当进入硬土层时，应对机械噪声进行检测。由于施工场地周围建筑物较少，施工顺序从一侧向另一侧进行。

沉管采用振动沉管法，减少噪声的产生。桩机到位后，首先将沉管对准桩位并调好垂直度。启动马达，沉管至预定标高，停机，沉管过程中须做好记录，激振电流每沉1m记录一次，对土层变化处要特别说明，沉管过程要观察沉管的下沉是否异常，沉管是否有挤偏的现象；若出现异常情况，分析原因，及时采取措施。

终止沉管采用沉入电流和沉入深度双控，防止超过浪费资源、增加桩机噪声、废气排放，或不到设计位置出现质量问题。

(3) 混合料拌制。

混合料拌制在现场进行，按设计配比配制混合料，投入搅拌机加水拌和，加水量由混合料坍落度控制，一般坍落度为10cm左右，混合料搅拌须均匀，搅拌时间不得小于1min。

由于拌和数量较少，混合料拌制采用滚筒式搅拌机进行拌制，为减少噪声和水泥、粉煤灰填加时形成的扬尘，拌和场采用彩钢板形成厂房，面积为30m^2，高度3.5m，出口面向路基。搅拌房内地平采用混凝土地坪，保证搅拌机安装平整，减少噪声。在搅拌机上安装简易喷淋头，通过喷雾对搅拌过程进行降尘。喷淋装置如下布置：在搅拌机进水口处，单独安装一根供水管，供水管采用DN20镀锌钢管制作，布置在搅拌房屋顶位置。在供水管顶端安装喷雾阀门，喷雾出口距搅拌机进料口50cm，高度距进料口80cm。搅拌房周边设排水沟，并与沉淀池相连，确保污水排放。

粉煤灰运输时，要求粉煤灰的含水量在28%～40%之间，防止形成扬尘或遗洒，采用带盖运输车辆，箱式密封车厢，控制措施与路基施工相同。现场粉煤灰存放在有顶盖的料仓内，料仓底部采用水泥压抹光，并应防水。

水泥采用袋装水泥，水泥运输车辆苫盖密闭，以防扬尘遗洒，水泥装卸时注意轻拿轻放，减少扬尘。

石子采用含泥量小于5%的碎石，现场拍实塑料布覆盖存放。

现场的混合料运输采用斗车，注意不产生遗洒。

(4) 沉管达到要求深度后，立即灌注混合料，尽量减少间隔时间，灌注之前，必须检查沉管内是否吞进桩尖或进水进泥，然后尽快用料斗进行空中投料，直到管内混合料面与钢管料口平齐，如上料量不够，在拔管过程中进行空中补充投料，以保证成桩桩顶标高满足设计要求。灌注混合料时，注意料斗与桩机授料口接合后，方可打开出料阀门，防止混合料遗洒。空中补料时要根据桩筒敲击确定补料高度计量数量或由充盈系数确完整的总料量控制，防止在桩口形成料堆而造成浪费。

(5) 开动马达，沉管原地留振10s左右，然后边振动边拔管，拔管速度一般控制在1.2～1.5m/min左右，在淤泥或淤泥质土中，拔管速度适当放慢，拔管过程中不允许反插。当桩管拔出地面，确认成桩符合设计要求后用粒状材料封顶，然后移机继续下一根桩施工。

4. 路面施工

(1) 施工准备。

路面施工前应对施工场所进行清场，清场时应用洒水车配合人工进行，以免扬尘对环境造成污染，清理的废弃物应集中堆放，集中处理。对钢筋、钢板、木材等下脚料可分类回收，交废物收购站处理。

路基机械设备的降噪处理和机械保养内容见“2”中所述。

二灰混合料进场前进行含水量的检测，确保其在最佳含水量2个点以上，碾压时对其表面进行补水处理。

(2) 基层底基层施工。

①混合料采用厂拌法施工，以减少现场的各种环境污染。现场用推土机配合人工进行摊铺。加强来料含水量与施工过程中的含水量的检测工作，及时洒水或晒干来调节含水量使其达到或接近最佳含水量。防止过干形成粉尘，过湿造成遗洒或材料浪费。

②机动车道基层厚度为45cm，应分层摊铺15cm、15cm、15cm，根据试验段的实际摊铺情况，掌握好摊铺虚厚，将拌和料按设计断面和松铺厚度均匀摊铺，防止材料浪费。混合料初压时要及时找平，切忌贴薄层找平，形成松散层产生粉尘，同时因必须用上层材料补齐而浪费材料。

③石灰粉煤灰砂砾混合料按要求的松铺厚度均匀地摊铺在要求的宽度上。摊铺时混合料的含水量宜高于最佳含水量0.5%～1.0%，以补偿摊铺及碾压过程中的水分损失。混合料从开始摊铺到压实成型的总时间不宜超过8h。

④混合料经摊铺和整形后，立即在全幅范围内进行碾压。直线段由两侧向中心碾压，超高段由内侧向外侧碾压，轮迹要重叠，使每层均匀的压实到规定的密实度为止。碾压时采用三轮压路机碾压6遍，防止对周围建筑物产生振动，同时在保证质量前提下节约能源、降低

压路机产生的废气和噪声等持续时间。

⑤碾压成形并验收合格后，应在潮湿状态下养生 7d，使强度达到要求。养生期间应封闭交通，防止在未成型的基层上形成松散薄层或使下承层结构整体破坏。养生洒水应保持混合料上表面湿润，但不流淌，节约用水，并防止产生污水。基层、底基层养生期间，中断交通，防止结构破坏或表面磨损产生粉尘。

(3) 封层施工。

沥青封层在已完成的基层上撒布，主要材料为阳离子乳化沥青及粒径为 5～10mm 的石屑 。

在气温大于 10℃，风速小于 4 级时，进行沥青的撒布。沥青撒布时温度控制在 100℃～120℃之间。防止因降温过快造成撒布沥青报废或风速过大形成沥青飞撒。

沥青封层的乳化沥青采用沥青撒布车喷撒，用量为 0.8～1.2kg/m^2，要求撒布均匀，不产生滑移和流淌，防止产生土壤污染。施工时施工人员站在顺风侧，防止乳化沥青有毒气体的挥发，当有遗漏时用人工补洒。撒布乳化沥青后，保证 24h 不得扰动，待乳化沥青充分渗到基层后再撒布石屑，石屑用含泥量小于 5%，保证不产生粉尘，石屑均匀分布在沥青封层上，石屑撒布量为 3～5m^3/1000m^2，防止材料浪费。

(4) 沥青路面施工。

①为减少现场环境影响，沥青混合料外购，运距 12km。

②沥青混合料运输车辆数量按摊铺机能力和运输距离、道路状况、车辆吨位计算如下：

摊铺机速率：3m/min；两台 ABG423 型摊铺机前后摊铺，宽度为 8m。厚度 5、6cm 两种。

场外运距 12km，平均时速 60km/h，场内运距 2km，平均时速 30km/h。考虑到场内错车一次，1min。则运输时间为 17min；

汽车在摊铺机前等待时间为 8min；汽车载重量 15t，约 6.1m^3。

汽车数量为：$n=8\times0.05\times3\times25\times2/6.1=10$ 辆。厚度为 6cm 时为 12 辆。

在能满足施工要求的情况下尽量减少车辆的使用，减少废气的排放和车辆避让引起的能源浪费。自卸汽车装料前清扫车厢并涂刷防粘剂薄膜（柴油：水＝1：3），涂刷时应对隔离剂随涂随盖，并小心轻放，防止遗洒和挥发，避免沥青混合料粘于车厢上形成废弃物。运输车应用篷布覆盖好，防止降温、污染和雨淋，以免增加施工难度和造成浪费。满载车辆不得中途停留，必须直接将混合料运至现场等候摊铺，运到现场的沥青混合料温度应不低于 130℃，避免现场材料浪费或重新进行加热，引起有毒有害气体排放。

③沥青混合料的摊铺。

a. 在准备就绪的下承层上应将摊铺机就位于正确的位置上，如在已铺筑沥青混合料面层接槎处摊铺时，应先将已铺层的接头处切除处理，把切除后的断面用粘层油涂刷后就位摊铺机。切除时应在切除方向装设挡板，防止火星引燃沥青，造成重大安全和环境事故。

b. 摊铺机在操作前应预热，熨平板温度不低于 65℃，预热时应周围设警戒线，禁止操作人员靠近，防止烫伤和热辐射。

c. 沥青混合料摊铺温度正常情况下应控制在 120～150℃之间，最高不超过 165℃；低温时施工温度应控制在 130～160℃之间，最高不超过 175℃。过高会造成沥青混合料的流淌，过低则增加摊铺的难度，增大摊铺的能源消耗。

d. 摊铺机开始受料前应防止沥青混合料粘在受料斗和送料板上，影响摊铺效率，应在受料斗和送料刮板上涂刷少许隔离剂（柴油：水＝1：3）。涂刷时应对隔离剂随涂随盖，并小心轻放，防止遗洒和挥发。

e. 沥青混合料的松铺系数和松铺厚度必须从实际施工中测得。因为摊铺机、混合料类型不同造成松铺系数和松铺厚度不同，应每天在开铺后的5～15m范围内进行实测，以便准确控制路面的失铺厚度与横坡，避免重复施工造成材料和油耗浪费。

f. 摊铺机摊铺作业应尽量减少中途停机，避免沥青混合料温度下降，再起步摊铺会使该层出现波浪，严重影响路面平整度，造成返工而浪费材料。

g. 禁止在铺面上用柴油清洗设备，以防产生火灾，造成大气污染。

④压实成型时，摊铺好的沥青混合料，应在合适的温度下尽快碾压成型（初村110～130℃，复压90～110℃，终压80～90℃），防止温度降低时，增加碾压造成碾压损耗。为防止压路机碾压过程中出现粘轮现象，可向压路机碾轮上喷洒雾状水液，但不应过多或流淌污染路面。严禁向碾轮涂刷柴油，以避免柴油稀释沥青路面造成沥青损失或意外起火。施工机械、车辆、压路机等严禁停留在尚未成型或已成型但还未冷到自然温度的路段上，振动压路机在已成型的路段通过时应关闭振动，禁止履带式机械在已成型的油面上直接穿行，避免损坏成品，造成返工，浪费材料。

⑤混合料的碾压。

碾压程序见表8-3。

表8-3　混合料的碾压程序表

压路机类型	碾压速度/(km/h)		
	初压	复压	终压
双驱双振压路机（6～8t）	静压1.5～2.0	—	静压2.5～3.5
双驱双振压路机（8～12t）	静压1.5～2.0	振动4.0～5.0	静压2.0～5.0
轮胎压路机（面层不用）	—	静压3.5～4.5	—

施工时按以上程序碾压，以提高碾压的工效。压实时应采用高频率、低振幅，以防止表面石料损伤，保持良好的棱角性与嵌挤作用。压路机应紧跟在摊铺机后在高温状态下碾压，以最大程度地发挥碾压功。

⑥施工缝处理。

路面应尽量全断面摊铺，防止因为混合料拌和生产率较低，使混合料拌和跟不上摊铺速度，出现停机待料现象。停机待料时应迅速抬起摊铺机熨平板，用切割机垂直切齐，接缝处冲洗干净，涂刷上粘层油后再摊铺，切忌停机等料，以防混合料冷却、结硬，增加施工能耗。

5. 管道施工

（1）施工准备。测量前先复核水准点，符合规范要求。根据图纸和现场交底的控制点，进行管道和井位的复测，做好中心桩、方向桩固定井位桩的验桩、拴点工作，测量高程闭合差要满足规范要求。若管道线路与地下原有构筑物交叉，必须在地面上用标志标明位置。施工过程中发现桩钉错位或丢失，及时校正或补桩。

测量时注意进行双检，保证测量结果准确，防止出现错挖地下管道和地下电缆事故。

管道工程施工作业时间与路基工程相同，为6：00～22：00。

施工机械的降噪处理和养护详见“2”中内容。

（2）沟槽开挖。根据现场实际情况，开槽以机械开挖人工配合的方式进行。

①管道槽底部的开挖宽度为：

$$B=D_1+2b_1$$

式中 B——管道槽底部的开槽宽度（mm）；

D_1——管道结构的外缘宽度（mm）；

b_1——管道一侧的工作面宽度（mm）。

槽下有地下水时，管道一侧应加宽400mm。

各种管径的开挖宽度根据上式计算得出。

②按设计图纸要求和测量定位的中心线，依据沟槽开挖尺寸撒好灰线。采用机械挖槽时，应向机械司机详细交底，交底内容一般包括挖槽断面、堆土位置，现有地下构筑物情况及施工技术、环境安全要求等，并应指定专人与司机配合。至设计槽底高程以上保留20cm左右一层不挖，用人工清底。开挖时及时量测槽底高程和宽度及放坡，防止超挖及放陡坡。

土方开挖时应注意原状土的含水量，当含水量超过其扬尘数值时方可进行开挖作业，否则进行洒水处理。现场进行开挖时一般不允许现场堆土，特殊情况时采取塑料布进行覆盖，防止水分蒸发而扬尘。

（3）雨、污水管道工程。回填砂石基础时，按15cm厚度分层回填、夯实，整平砂石后用平板振捣夯夯实2～3遍，夯实的密实应达到95%以上，应保持砂石的基础的含水量，防止松散和扬尘。因平板夯噪声较大，施工时注意控制施工时间，不得在夜间施工。

管道铺设时，注意固体废弃物处理和油污遗洒。特别是涂刷润滑剂的刷子、布头等，要集中处理地。

管节安装时由从下游排向上游，插口向下游，承口向上游，用吊车安装。管节合拢采用两只3t手扳葫芦方法：手扳葫芦一端用钢丝绳与承口拉钩连接，另一端作为固定反力端，管节合拢时两只手扳葫芦应放置在管节水平直径处，拉钩勾在被合拢管节的承口壁，手扳葫芦反力端可用钢丝绳、卡扣等固定于临时方木，合拢时两只手扳葫芦应同步拉动，使管节合拢。

（4）闭水试验。管道安装完毕，还土前应进行闭水试验，具体做法如下。

①胸腔还砂全部完成后即可进行闭水试验。

②闭水试验的水位，应为试验段上游管道内顶以上2m，如上游管道内顶水位由于井室限制小于2m，但不得小于0.5m时，其允许渗水量可按：水位小于2m的允许渗水量＝$\sqrt{H}/2\times$允许渗水量，H为上游管内顶至试验水位的高度（单位为m）。

③闭水试验应在管道与检查井灌满水经过24h后再进行。

④对渗水量的测量时间≥30min。

实测渗水量按下式计算：

$$q=(W/T)L$$

式中 q——实测渗水量（L/min·m）；

W——补水量（L）；

T——观测时间（min）；

L——试验段长度（m）。

允许渗水量 D=400，20m³/(d·km)、D=500，22m³/(d·km)、D=700，26m³/(d·km)。

压力管道使用前进应所有阀门的启闭试验，确保阀门质量不造成渗漏。闭水试验用水用水泵回收，集中在储水池中利用。

（5）管线的土方回填。由于管线工程完成后即进行道路工程施工，所以回填质量是把握整体工程质量的关键，是施工的重点。管线结构验收合格后进行回填施工，回填尽可能与沟槽开挖施工形成流水作业。为了避免井室周围下沉的质量通病，在回填施工中应采用双填法进行施工，即井室周围必须与管道回填同时进行。待回填施工完成后，对井室周围进行2次台阶形开挖，然后用9%灰土重新进行回填，沟槽两侧须同时回填，且两侧高差不得超过30cm。具体管理措施与路基土方施工相同，防止回填时的扬尘。

（6）施工测量。对导线、中线及水准点进行复测时，不得随意践踏耕地内农作物。增设水准点时尽量利用非耕地，并不得将水准点设置在高压线附近。测量仪器在使用前应进行检验、校正，以保证其能满足测量精度要求，避免因测量误差而导致的资源浪费和废弃物的产生。

（7）施工前的复查和试验。进行各种配合比试验的试验废液、废渣等有害物质不能随意倾倒，应统一回收、集中处理。进行压实度、含水量、强度等试验产生的废液、废渣等不能随意倾倒，应统一回收处理。使用新材料时，除应按相关规范作有关试验外，还应作对环境卫生有害成分的试验，同时提出报告，经批准后方可使用。

六、监视测量

1. 施工噪声的监视测量

施工噪声设定采用ST120型手提噪声测量仪进行测定，仪器的动态测定范围为50dB。施工中测设定以下固定噪声量测点：具体为K0+010北侧居民区外、K0+102小学校操场周围墙旁、K0+690公园围墙旁、K0+980南侧居民区外侧。分别在每天上午9：00和夜间10：00进行噪声测量。

每周对各分项工程噪声源进行测定。具体为路基软基处理机械噪声，路基施工机械噪声，汽车运输时机械噪声、砂浆拌和机的机械噪声，混凝土振捣时的机械噪声和模板清理时的机械噪声和停电时的发电机噪声。测定后填写噪声测量记录。具体操作如下。

（1）土石方、打桩、分层填筑、碾压等各阶段施工开始后要进行周期性的噪声测量，各阶段施工在进入正常阶段后应再进行至少1次的噪声测量。

（2）测量方法是：在同一测量点，连续测量50个数值，每次读数的时间间隔为5s，测量值为50个数值的平均值。

（3）测量时手持，传声器处于距地面高1.2m的边界线敏感处。如果边界处有围墙，为了扩大监测范围，也可将传声器置于1.2m以上的高度，但要在测量报告中加以注明。

（4）测量应选在无雨、无雪的气候时进行。当风速超过1m/s时，要求在测量时加防风罩；如风速超过5m/s时，应停止测量。

（5）测量期间，各施工机械应处于正常运行状态，并应包括不断进入或离开场地的车辆，以及在施工场地上运转的车辆。

（6）背景噪声应比测量噪声低10dB以上，若测量值与背景噪声值相差小于10dB时，测量值应按下表8-4修正；背景噪声是指停止施工时的环境噪声。

表 8-4 背景噪声修正值 单位：dB

差值	3	4～5	6～9
修正值	—30	—2	—1

2. 粉尘的监视测量

粉尘监测分为施工现场扬尘高度测定和粉细材料（如土、砂、碎石等）的含水量测定及砂石的含泥量测定。

扬尘监测点设置 4 处：道路施工便道、出口市政道路 100m 内、土方施工现场和模板清理场。

现场环境管理员每一工作日对扬尘源洒水、覆盖、道路硬化及完好性等进行检查。路基、路面施工现场要满足：一级风时扬尘高度不超过 0.5m，二级风时扬尘高度不超过 0.6m，三级风时扬尘高度不超过 1m，四级风停止施工；一般情况下，应保持扬尘高度不超过 0.5m。施工便道上扬尘，一级风时不得高于 0.3m。测定人员首先利用风速仪测定检测点的风速，然后以距检测点 50m 外目测扬尘高度，并进行记录。

当施工地点离居民区距离较近且扬尘集中过量达 1h 内不能散尽时，应进行粉尘排放检测。粉尘含量采有粉尘测定仪进行测定，测定高度为地面上 1.2m，粉尘含量小于 $400mg/m^3$。

砂石材料进场前按每批进行含泥量、含水量测定。测定由现场试验室进行，含泥量小于 5%，含水量不小 1%，砂不大于 4%，石不大地于 3%。

进场的土在取土场取样，测定表面 1m 土层含水量，每 $5000m^3$ 一次，含水量不小于最佳含水量 2%。二灰混合料在拌和场测定含水量。每 $100m^3$ 测定一次，混合料含水量在最佳含 2%～4%之间。

第9章　绿色施工的展望

近年来，我国大力提倡经济的可持续发展，在这一理论思想的指导下，促进了我国施工管理向绿色施工方向的发展。目前，我国已先后建立起生态住宅评估体系、绿色办公建筑评估标准、绿色奥运建筑评估体系，并已经初步建立起自己的建筑评定体系，如建筑节能示范工程、康居工程、住宅性能评级、健康住宅等。但放眼全球，我国的绿色施工建筑评价体系由于起步较晚，发展相对滞后。

在绿色施工思想贯彻的群体中，施工企业是最重要的一部分。如果能够运用现有的成熟技术和高新技术充分考虑施工的可持续发展，将绿色施工技术结合新技术、新管理方法运用到实际工程当中。我国的建筑施工产业将会得到长远的发展。为了更好地保护环境，并对建筑市场进行规范和指导，我国政府在绿色施工方面也出台了相应的政策及标准。2002 年 3 月 1 日，国家建设部出台了《关于加强建筑队工程室内环境质量管理的若干意见》，2003 年 11 月，北京奥组委环境活动部为贯彻"绿色奥运"的理念，推动绿色施工水平的提高，使奥运工程达到较高的环保标准，起草了《奥运工程绿色施工指南》。其中，包括对施工工艺的选择、工地围栏、防尘措施、防治水污染、大气污染、噪声控制、垃圾回收处理等方面的详尽说明。至此，我国已经在绿色施工管理方面有了可供参考的依据。

绿色建筑的环境效益和社会效益毋庸置疑有利于社会可持续发展，但由于其初始投资成本高要比传统建筑高 5%～10%，使得关注短期收益的开发商很难下决心投资绿色建筑，所以绿色建筑的推广一直举步维艰。而实际上，绿色建筑由于采用了各种生态节能技术，使得其在使用过程中的各种运行费用、能源消耗费用、维修费用以及报废拆除费用等全寿命周期费用是远远低于传统建筑的。有估算表明，一幢典型建筑在使用中的能耗费差不多占了该建筑物总运营费用的 25%，而在美国的建筑中，应用现有技术的气候敏感设计可以削减采暖和供冷能耗的 60%，以及照明能量需求的 50%以上，其投资回报率带来的效益大大超过此种设计增加投资所付出的代价。因此，若期望改变公众认为的绿色建筑措施成本高的错误认识，使得开发和维护绿色建筑成为人们的自觉行动，就必须从全寿命周期的角度出发，在评价时应充分考虑"摆正"初始一次性投资与全寿命费用的关系，检验各项绿色技术在绿色建筑使用过程中所降低的运行费用和节能效益，力求兼顾经济、社会和生态环境三方面的综合利益。

在建筑业中实施可持续发展战略，除应重视建设项目投资决策、规划设计阶段的可持续技术的应用外，建筑施工管理阶段也是应重视的一个阶段。项目施工管理过程会对环境、资源造成严重的影响。在许多情况下，建造和清除扰乱了场地上现存的自然资源，代之以非自然的人造系统；建造和拆除所产生的废弃物占填埋废物总量的比重较大；在建造过程中散发出的灰尘、微粒和空气污染物等会造成健康问题。而具有可持续发展思想的施工管理方法则能够显著减少对场地环境的干扰、填埋废弃物的数量以及在建造过程中使用的自然资源；同时，还可将建筑物建成后对室内空气品质的不利影响降低到最低限度。

绿色施工管理是可持续发展思想在工程施工管理中的应用体现，是绿色施工管理技术的综合应用。绿色施工管理技术并不是独立于传统施工管理技术的全新技术，而是用“可持续”的眼光对传统施工管理技术的重新审视，是符合可持续发展战略的施工管理技术。根据绿色奥运建筑评估体系的内容，绿色施工管理可以定义为通过切实有效的管理制度和工作制度，最大程度地降低施工管理活动对环境的不利影响，减少资源与能源的消耗，实现可持续发展的施工管理技术。

建设工程施工阶段严格按照建设工程规划、设计要求，通过建立管理体系和管理制度，采取有效的技术措施，全面贯彻落实国家关于资源节约和环境保护的政策，最大限度节约资源，减少能源消耗，降低施工活动对环境造成的不利影响，提高施工人员的职业健康安全水平，保护施工人员的安全与健康。

1. 绿色施工在推动建筑业可持续发展中的重要作用

我国民经济要想又好、又快发展，加强能源资源节约和生态环境保护，增强可持续发展能力。因此，建筑业可持续发展必须满足国民经济又好、又快发展的需要，同时建筑业自身也必须符合国家节约资源能源和生态保护的基本要求。

（1）全面准确理解绿色施工的内涵。绿色施工作为建筑全寿命周期中的一个重要阶段，是实现建筑领域资源节约和节能减排的关键环节。

1）实施绿色施工的原则。一是要进行总体方案优化，在规划、设计阶段，充分考虑绿色施工的总体要求，为绿色施工提供基础条件；二是对施工策划、材料采购、现场施工、工程验收等各阶段进行控制，加强整个施工过程的管理和监督。绿色施工的总体框架由施工管理、环境保护、节材与材料资源利用、节水与水资源利用、节能与能源利用、节地与施工用地保护六个方面组成。

2）绿色施工不同于绿色建筑。建设部发布的《绿色建筑评价标准》中定义，绿色建筑是指在建筑的全寿命周期内，最大限度地节约资源、保护环境和减少污染，为人们提供健康、适用和高效的使用空间，与自然和谐共生的建筑。因此，绿色建筑体现在建筑物本身的安全、舒适、节能和环保，绿色施工则体现在工程建设过程的四节一环保。绿色施工以打造绿色建筑为落脚点，但是又不仅仅局限于绿色建筑的性能要求，更侧重于过程控制。没有绿色施工，建造绿色建筑就成为空谈。

3）绿色施工不同于文明施工。前两年，绿色施工的概念刚刚出现时，它的含义尚不清晰，不少人很容易把绿色施工与文明施工混淆理解。当时从某种程度上，文明施工可以理解为狭义的绿色施工。随着国家战略政策和技术水平的发展，绿色施工的内涵也在不断深化。绿色施工除了涵盖文明施工外，还包括采用降耗环保型的施工工艺和技术，节约水、电、材料等资源能源。因此，绿色施工高于、严于文明施工。

（2）绿色施工是建筑业承担社会责任的具体实践，在施工中如何做到四节一环保都提供了针对性控制措施，在节水与水资源利用中，涉及提高用水效率、加强非传统水源利用（中水、雨水、基坑降水阶段的地下水）和用水安全；在节材与材料资源利用中，强调节材措施、结构材料的标准化专业化生产加工和安装方法优化、围护材料的节能性能、周转材料的合理重复使用；在节能与能源利用中提出机械设备机具、施工用电照明、生产生活及办公临时设施选用节能的机具设备、合理设计工序和配置设施降低耗能的要求；在节地与施工用地保护中，提出严格临时用地指标、强化临时用地保护、合理紧凑施工总平面布置，充分利用原有建筑物、道路管线和交通线路；在环境保护中，强调扬尘控制要根据不同施工阶段、不同材料采取分类控制措施和指标。

(3) 绿色施工是实现建筑业发展方式转变的重要途径之一。建筑业能否抓住未来机遇实现可持续发展，适应国民经济又好又快发展的国家战略，关键在于发展方式的根本转变。建筑业发展方式的转变，要从加快建筑业企业改革发展，提升建筑业综合竞争力入手，核心在于增强自主创新能力，加强管理创新和技术创新，提高从业人员素质。建筑业可持续发展，从传统高消耗的粗放型增长方式向高效率的集约型方式转变，建造方式从劳动力密集型向技术密集型转变，绿色施工正是实现这一转变的重要途径之一。

(4) 绿色施工是企业转变发展观念、提高综合效益的重要手段。绿色施工的实施主体是企业。当前，我国建筑业企业仍然主要通过铺摊子、比设备、拼人力来获取企业效益，往往最注重经济效益，越来越关注社会效益，对环境效益还缺乏足够认识。企业项目组织管理和施工现场管理的重心一直放在工程建设速度和经济效益上，现场污染和浪费现象普遍严重。绿色施工的根本宗旨就是要实现经济效益、社会效益和环境效益的统一。实施绿色施工并不意味着企业必须要高投入，影响工期和经济效益，相反会增进企业的综合效益。

2. 绿色施工的实施

首先，绿色施工是在向技术、管理和节约要效益。绿色施工在规划管理阶段要编制绿色施工方案，方案包括环境保护、节能、节地、节水、节材的措施，这些措施都将直接为工程建设节约成本。因此，绿色施工在履行保护环境节约资源的社会责任的同时，也节约了企业自身成本，促使工程项目管理更加科学、合理。

其次，环境效益可以转化为经济效益、社会效益。建筑业企业在工程建设过程中，注重环境保护，势必树立良好的社会形象，进而形成潜在效益。企业树立了自身良好形象，有利于取得社会支持，保证工程建设各项工作的顺利进行，乃至获得市场青睐。所以说，企业在绿色施工过程中既产生经济效益，也派生了社会效益、环境效益，最终形成企业的综合效益。

3. 加快推进建筑业绿色施工的步伐

(1) 加强研究和积累，建立完善绿色施工的法规标准和制度 我国的绿色施工尚处于起步阶段，但是发展势头良好。建设部出台《绿色施工导则》仅仅是一个开端，还属于导向性要求。相关绿色施工法规和标准都还没有跟上，尤其是量化方面的指标，比如能耗指标。因此，我们还有大量的基础工作要做。

一方面要在推进绿色施工的实践中，及时总结地区和企业经验，对绿色施工评价指标进一步量化，并逐步形成相关标准和规范，使绿色施工管理有标可依。比如《导则》中评价管理属于企业自我评估，有关评估指标和方法尚需要企业结合工程特点和自身情况自我掌握。随着社会进步和经济发展，我们将把一些企业的好经验及时总结和研究，条件成熟时上升为标准，有些还可以上升为强制性标准。

另一方面研究建立工程建设各方主体的绿色施工责任制及社会承诺保证制度，促进各方企业在绿色施工中自觉落实责任，形成有利于开展绿色施工的外部环境和管理机制。

(2) 以绿色施工应用示范工程为切入点，建立完善激励机制。推行绿色施工应用示范工程能够以点带面，发挥典型示范作用。为此，《导则》专设“绿色施工应用示范工程”一章，鼓励各地区通过加快试点和示范工程，引导绿色施工的健康发展，同时制定引导企业实施绿色施工的激励机制。目前，要对绿色施工应用示范工程的技术内容和推广重点做进一步研究，逐步建立激励政策，以示范工程为平台，促进绿色施工技术和管理经验更多、更快地应用于工程建设。

（3）加强绿色施工宣传和培训，创造良好运行环境。要大力组织开展绿色施工宣传活动，引导建筑业企业和社会公众提高对绿色施工的认识，深刻理解绿色施工的重要意义，增强社会责任意识，加强开展绿色施工的统一性和协调性。要充分利用建筑业既有人力资源优势，通过加强技术和管理人员以及一线建筑工人分类培训，使广大工程建设者尽早熟悉掌握绿色施工的要求、原则、方法，及时有效地运用于工程建设实践，保障绿色施工的实施效果。

（4）积极发挥建筑业企业实施绿色施工的主力军作用。实施绿色施工，政府的导向作用固然不可或缺，但是关键还在于建筑业企业。企业才是实施绿色施工的主力军。要依靠建设、设计、施工、监理等建设各方企业，加强绿色施工的技术和管理创新，把绿色施工理念真正贯穿到施工全过程。

4. 绿色施工

绿色施工是一种“以环境保护为核心的施工组织体系和施工方法”。可见，对于绿色施工还有其他的一些说法，但是万变不离其宗，绿色施工的内涵大概包括如下四个方面含义：一是尽可能采用绿色建材和设备；二是节约资源，降低消耗；三是清洁施工过程，控制环境污染；四是基于绿色理念，通过科技和管理进步的方法，对设计产品（即施工图纸）所确定的工程做法、设备和用材提出优化和完善的建议和意见，促使施工过程安全文明，质量保证，促使实现建筑产品的安全性、可靠性、适用性和经济性。

绿色施工的六个方面。绿色施工由施工管理、环境保护、节材与材料资源利用、节水与水资源利用、节能与能源利用、节地与施工用地保护六个方面组成。这六个方面涵盖了绿色施工的基本指标，同时包含了施工策划、材料采购、现场施工、工程验收等各阶段的指标的子集。

绿色施工应遵循的原则。传统的施工模式以追求施工进度和控制项目成本为主要目标，虽然各个工程项目也有对于施工安全生产和环境包含的目标，但是它们都处在从属于进度和成本的次要地位。为了节约成本和加快施工进度，施工企业往往会沿用落后的施工工艺，采用人海战术，拼设备、拼材料，造成资源的浪费资源和环境破坏。

绿色施工是清洁生产原则和循环经济“3R”原则在建筑施工过程中的具体应用。清洁生产原则要求在建筑施工全过程的每一个环节，以最小量的资源和能源消耗，使污染的产生降低到最低程度。清洁生产不仅要实现施工过程的无污染或少污染，而且要求建筑物在使用和最终报废处置过程中，也不对人类的生存环境造成损害。循环经济所要求的“3R”原则包括“Reduce，Reuse，Recycle”，即“减量化”、“再使用”、“循环再生利用”的原则。减量化原则要求建筑施工项目应当用较少的原材料和能源投入来达到完成建筑施工的目的，即从源头上注意节约资源和减少污染再使用原则是要求建成的建筑物应当有一个相对较长的使用期限，而不是太过频繁地更新换代，即所谓“造了就拆，拆了又造”再循环原则是要求建筑物在完成其使用功能而被拆除后，原来的建筑材料还能够被重新利用，而不是变成建筑垃圾。

“四节一环保”。绿色施工所强调的“四节一环保”并非以“经济效益最大化”为基础，而是强调在环境和资源保护前提下的“四节一环保”，是强调以“节能减排”为目标的“四节一环保”。因此，符合绿色施工做法的“四节一环保”对于项目成本控制而言，往往是施工的成本的大量增加。但是，这种企业效益的“小损失”换来的却是国家整体环境治理的“大收益”。这种局部利益与整体利益、眼前利益与长远利益在客观上存在不一致性，短期内会增加推进绿色施工的困难。

5. 绿色施工理念的引入与应用

绿色施工的理念将融入该建设工程施工的每个施工阶段和过程，主要表现在以下几个方面。

（1）施工组织设计。在传统的施工技术基础上，结合本工程的实际情况，对施工组织设计的内容进行提升和优化。首先，从以人为本的角度考虑，结合改建工程时间紧，对市民出行影响巨大等因素，合理安排施工进程和施工程序；其次，根据对施工进程的安排及控制，对施工机械设备合理调用和配置，实现机械效用最大化；最后，在分部分项的施工中对人工、机械、材料、方法和环境进行全面把握。

（2）节约使用材料。在建筑施工中，要消耗大量的砂、石、水泥、钢材等材料，这些材料都属于不可再生资源，拆除原有建筑会对环境造成一定的影响，并造成资源的浪费。因此，在进行城区改造的同时，要加强对施工人员的宣传教育工作，提高他们的环保意识。同时，在施工过程中，要尽量使用环保建材，例如在铺设人行道时掺加一定比例的粉煤灰、矿渣等废弃环保的建材。还要尽可能地节约使用施工用料，减小材料在现场的损耗率，提高材料的使用率。

（3）控制生产环节的噪声。在拆除爆破原有建筑、混凝土浇捣过程、基坑开挖过程、房屋内部装潢过程中，会产生大量的噪声。这就要求施工队伍在施工的过程中进行封闭施工，采用低噪声大机械设备，合理安排施工时间。原则上产生噪声较大施工步骤在白天进行，夜间要在零点前结束当天的施工作业；派专人定时检查机械设备的完好性，不使用超期、老化的设备；对安全脚手架的高度限制在楼层作业面上 3m 以上，架体表面挂满纱网和竹笆片，吸收和阻隔噪声，防止噪声向外围扩散。

（4）控制施工中的污水排放。市政工程中的污水源主要分为施工用水和生活用水。施工用水又包括基坑开挖抽取的地下水，搅拌泥浆、冲洗运输车辆与机械设备的多余水，其中含有大量的泥沙，在施工操作中，这些水要通过沉淀池的二次沉淀方可排入市政管道。生活用水要经过化粪池过滤处理后，方可外排。

（5）控制施工过程的空气污染。施工中会产生大量的粉尘和对大气有害的有毒气体。

对于粉尘的处理措施包括：在工地出入口进行专人清理和高压水枪冲洗；在场内运输道路和施工楼层每天派专人清运垃圾、洒水；在场内围墙空余场地种植草和灌木；尽量使用商品混凝土，以减少搅拌过程中的粉尘；将场中的砂、石、泥土等易产生粉尘的材料用塑料布覆盖。

由于改建道路中采用沥青混凝土路面，在沥青拌和、运输、摊铺阶段容易对大气造成污染。因此，在沥青混凝土出厂时要严格按照规定控制其出厂温度；在拌和过程中，要设有粉尘回收装置；摊铺时，应缓慢、均匀、连续不间断地摊铺，不宜采用人工摊铺；热拌沥青混凝土要在路面自然冷却达到 50℃，方可通行。

（6）回收再利用建筑垃圾。旧城区改造中需拆除大量原有建筑和道路，这就会产生大量的建筑垃圾。对这些垃圾进行分类，可实现建筑垃圾的回收再利用。例如，强度较高的可回收建筑垃圾，可在路基施工中作为路基加固使用的材料；废木、废纸、塑料及金属材料等可送往专门的废品回收站，加以回收利用；不可回收的建筑垃圾，应运往指定的地点进行处理。

（7）发展绿色施工技术的对策与展望。

我国的建筑业总体上科技含量不高，信息化水平低；施工企业以传统的粗放经营为主。要实现建筑的可持续发展，还需要从多方面进行改革。不仅要树立可持续发展的观念，还要在科技装备上不断完善，提高技术装备水平，开展建筑科技开发的相关研究。要有计划地进行科技攻关，研发新型材料和机具，吸收利用国际先进技术。

21 世纪是信息时代，建筑业只有与信息技术相结合才能实现更大的发展，软件的开发与应用已经在过去的几十年里对我国的建筑业产生深远的影响。借助计算机辅助计算和管理的软件，可以更好地引导施工向着绿色施工的方向发展；优化材料配置可以实现材料的合理利用，节省材料的用量；利用最新的成型软件技术，可以使建筑模板的版型更科学合理，更利于模板的周转利用。

绿色施工是一个系统工程，涉及的范围极广，我国在绿色施工方面还有很多问题亟待研究和解决，让我们共同努力，利用现有的研究成果，为人类提供更好的生活空间。

第10章 绿色施工案例

［案例1］ 某宾馆工程安全、环境管理方案

1. 场景

（1）工程概况。

本工程总建筑面积为112 381m²，建筑物总高度为107.8m，包括主楼地上28层，地下3层，裙楼地上8层，建筑物占地面积为7906m²，地面以上86 491m²，最大单层面积8700m²，地下室面积26 325m²，单层面积达8800m²。入口接待大厅最大跨度24m，高度9m。外墙采用铝板幕墙，地下室停车场采用耐磨地坪涂料，裙楼各个楼层之间在走道采用防火卷帘分隔，裙楼中庭采用网架，顶层设置设备层，将电气、空调、电信等机房集中布置在这一层，形成一个屋顶“设备中心”，8～27层为塔楼标准层，设置室内电梯6台。屋顶层为电梯机房、水箱层等设备用房。

本工程桩基础采用人工挖孔桩，共198条，其中直径有2000mm、1600mm、1200mm三种类型，持力层为进入中风化层3500mm，平均桩长20m。

（2）工程难点。

本工程基础埋深达9.5m，中间电梯部位局部深达11.8m、13.8m，基坑周边的土质较差，与周边建筑、道路或管线较近，且施工场地狭小，基坑土方开挖时如何保证基坑本身开挖的安全，又不对周围环境造成影响，这是本工程的一个难点。

工程基础采用桩基础，一柱一桩，采用人工挖孔桩，因地质情况较复杂，桩基础施工时如何保证施工人员的人身安全，又不至于因挖孔桩施工时深层降水对周围环境造成破坏性影响，是本工程的又一个难点。入口接待大厅跨度达24m，高达9m，有几条2m多高的预应力大梁，施工中的高支模是一个难点。工程位于闹市区，材料运输困难，环境要求高。因宾馆工程装饰量较大，分包队伍较多，装饰材料的保管和对现场安全的控制相当重要，要引起高度重视，以免发生因空气污染导致的中毒事件和材料保管不善引起的火灾等安全事故。

（3）安全、环境要求。

安全文明施工目标为杜绝死亡和重大机械设备、急性中毒、火灾事故，避免重伤，年轻伤负伤频率控制在2‰以内，施工现场创省级“安全文明样板工地”。

环境目标为有效控制各种环境影响因素，不超标排放，杜绝重大环境影响事件，无严重环境影响行政处罚记录，环境影响投诉处理率达100%。

（4）主要施工工艺。

1）土方及支护工程。本工程地下室3层，基坑深度达10m，土质较差，周边环境无放坡场地，为了确保本工程的施工安全和周边环境的安全，必须采用可靠的支护措施。设计方案由有资质的某设计院设计，经专家论证后正式由施工单位实施。

本工程的支护结构采用2排直径500@400、深14m的深层搅拌桩挡水，内侧采用直径

500@700，长 14m 的预应力管桩加 4 排预应力锚杆进行挡土。

土方开挖时要配合锚杆施工应分层开挖，在基坑的东南角和北面留两个 5m 宽的临时坡道，汽车可以直接开到基坑内。

2）人工挖孔桩工程。本工程的人工挖孔桩施工在基坑开挖完后，在基坑底进行。人工挖孔桩内的土方采用卷扬机提升到地面再用斗车运到指定地点，钢筋工程采用井内绑扎的方法，混凝土采用泵送的方法。

3）钢筋工程。采用现场加工，柱子竖向筋采用电渣压力焊，水平钢筋直径 22mm 以上的采用直螺纹连接。

4）混凝土工程。采用商品混凝土，搅拌站距现场约 10km，现场采用输送泵进行运输。

5）架子工程。本工程内架、外架及操作平台等均采用钢管搭设。其中入口接待大厅的高支模专项方案为：架子立杆间距 1.2m，步距 1.8m；在大梁下沿梁方向设置三排立杆，横距和纵距均为 600m，步距加密到 900m；每 4 排立杆两个方向加竖向剪刀撑，另设两道水平剪刀撑。

2. 环境因素、危险源识别与评价

(1) 环境因素识别。

1）深基坑开挖的环境因素。

①挖土机、锚杆机施工产生的噪声。

②锚杆机施工产生的粉尘。

③灌浆产生的污水与噪声。

④空气压缩机产生的噪声。

⑤混凝土运输、浇筑当中的遗洒、噪声排放、污水排放。

⑥土方运输过程中的遗洒、噪声排放。

2）人工挖孔桩施工阶段的环境因素。

①土石方运输过程中产生的遗洒、扬尘。

②土石方未倒至指定地点。

③施工过程中的噪声排放。

④桩孔中积水排放。

3）高大模板施工阶段的环境因素。

①模板安装过程中，模板表面脱模剂涂刷时，脱模剂遗洒对土壤造成污染。

②模板吊运过程中，吊装机械产生的噪声的排放。

③模板安装过程中，拼装模板产生噪声的排放。

④模板拆除过程中产生的噪声及粉尘，对大气造成污染。

⑤脚手架装卸过程中产生的噪声等。

⑥脚手架吊运过程中，噪声的排放；脚手架安装过程中，噪声的排放。脚手架清理产生的扬尘。

⑦脚手架拆除过程中产生的噪声及粉尘。

⑧脚手架维修过程中，敲击脚手架产生的噪声，清理脚手架表面混凝土残渣等产生的固体废弃物。

3. 环境管理目标

(1) 环境管理目标。

1) 深基坑开挖阶段环境控制目标。

①噪声排放达标：白天70dB，夜间55dB。

②污水排放达标。冲洗混凝土罐车的污水经二级沉淀池沉淀后，排入市政污水管网，杜绝遗洒、溢流；食堂废水必须经隔油池过滤后排入城市污水管网，杜绝遗洒、溢流；浴室、厕所的污水必须经化粪池过滤沉淀后，排入城市污水管网，杜绝遗洒、溢流。

③有效控制城区施工现场扬尘。一级风扬尘控制高度0.3～0.4m，二级风扬尘控制高度0.5～0.6m，三级风扬尘控制高度小于1m，四级风停止土方作业。

2) 人工挖孔桩成孔施工阶段环境目标。

①噪声达标排放。

②污水排放达标。

③有效控制施工现场扬尘。

④运输无遗洒。

3) 高大模板施工阶段环境因素目标。

①噪声达标排放。

②废弃物排放达标。

③有效控制施工现场扬尘。

4. 环境管理方案

(1) 环境管理方案。

1) 总要求。

①在政府规定的时间段施工。

②围墙内现场的施工道路采用混凝土硬化，道路宽6m，基层压实后采用C20混凝土150mm厚浇筑；其余施工用地基层平整压实后，采用石粉拌15%左右的水泥再压实的方法进行硬化。

③工地现场两个大门口设置洗车槽，洗车槽深宽各300mm，底面用细石混凝土100mm厚封底，两侧边用C30混凝土做200mm宽的侧壁，以5%的排水坡度坡向沉淀池，上面盖以直径25钢筋焊成的钢筋盖；洗车槽围成一个4m×6m的洗车场地，运输车辆停在洗车场地中，冲洗干净后方能驶入市政道路，避免车辆轮胎污染市政道路。

④工现场污水的最后出口处、大门口运输车辆洗车槽处设立沉淀池，沉淀池尺寸2m×2m×2m，采用24砖墙砌筑，侧面抹灰，底面用100mm厚砂浆封底，在污水流入的对面一侧开以出口；施工废水或污水必须经过沉淀，达标后方可排向市政管网，沉淀池内的泥沙定期清理干净，并妥善处理。未经处理的泥浆水，严禁直接排入城市设施。

⑤施工机械选用低噪声、低能耗的先进设备，避免噪声超标和节约能源。

⑥车辆行驶禁鸣喇叭。

⑦当场界噪声超标时，合理选择施工工艺或错开使用产生噪声的机械设备，以降低噪声。

⑧施工现场的排水系统应通畅，防止现场积水。

2) 深基坑开挖环境控制措施。

①运输车辆垃圾、土方等不得装车过满，装载的垃圾渣土高度不得超过车辆槽帮上沿，并应当将车辆槽帮和车轮清扫干净。项目所在地规定运输垃圾渣土的施工运输车辆必须是封闭式货车时，应使用封闭式货车。

②垃圾渣土运出施工现场时，应当按照批准的路线和时间，并向指定的处理场所倾倒。

③基坑内地下水及雨水等应及时排走，避免由于积水施工时产生过多泥浆，车辆运输时泥浆污染环境。

④干燥气候下施工时，应配置洒水设备，施工场地、施工道路、作业面等处应有专人负责定期洒水、清扫，以防止现场扬尘超标。

⑤施工作业完成后，应对裸露的地面、堆土进行覆盖，防止扬尘。

3）人工挖孔桩环境管理措施。

①人工挖孔桩挖到持力层时，需要使用空压机，空压机应放在用铁皮做的接油盘上，避免机械漏油，污染土地。

②在空压机使用阶段，如多台空压机及风镐同时使用噪声超标时，应合理安排作业时间，以错开使用空压机降低噪声的产生。

③基坑底应有完善的排水系统且应有集水井（兼作沉淀池），井中地下水抽出后先排入集水井经初步沉淀后再抽入地面排水系统，避免井中的泥浆水直接抽入地面排水系统而达不到排放要求。

④井中挖出的土方当含水率不大时，可直接运走；当含水率大时应堆在指定地方，滤干水后才能运走，避免运输时泥水流出，污染环境。

4）高大模板施工阶段环境控制措施。

①板运输应安排专人指挥，两人抬运模板，架料时要互相配合、协同工作。传送模板、工具应用运输工具或用绳子系牢后升降，不得乱扔，减少人为噪声。

②进行楼板模板拼装施工时，应尽量减少对整块模板的切割。

③模板拼装，采用小型切割机对模板局部调整时，应合理安排施工顺序、均衡施工，避免同时操作，集中产生噪声，增加噪声排放量。

④模板、钢管在密闭的加工房内清理、维修；加工房四周及吊顶安装吸声纤维。

⑤架子安装与拆除时，架管和材料等均要轻拿轻放，避免直接抛掷，造成噪声的超标。

5. 过程监视控制

（1）总要求。

1）施工现场的专职环保员每天不间断地对现场应监视的内容进行监视，并做好记录；发现异常情况，及时向相关人员报告，及时处理。

2）项目专职环保员每月定期组织项目经理、项目副经理、项目施工员参加安全检查，针对要监视的内容进行检查评比，奖优罚劣。

3）公司工程部每个月对现场进行检查，就监视的内容进行检查评分，对不符合项发整改通知单，定人、定时间、定措施进行整改。

（2）环境管理目标监测。

1）深基坑施工环境监测。

①水监测。每天由项目环境员巡视现场的是否有积水，排放是否顺畅，集水井和沉淀池是否清理干净。

②噪声监测。四台挖土机同时正常作业时，应由项目环境员监测场界噪声是否超标，如超标应报告给项目技术负责人处理；日常每天进行监听，感觉噪声过高时使用仪器检测。

③粉尘监测。每天由项目环境员对施工现场粉尘进行目测，一级风扬尘高度控制在0.5m，二级风扬尘高度控制在0.6m，三级风扬尘高度控制在1m以下，四级风要停止作业。一般作业时扬尘高度控制在0.5m以内，并且通过防护、洒水，减少粉尘的排放。

2）人工挖孔桩施工环境监测。

①污水监测。人工挖孔桩抽出的水，首先排到基坑底的集水井，再从基坑底集水井抽入地面上的集水井，地面上的集水井接着流入大门口的沉淀也，最后排入市政管道；每天项目环保员不少于一次监测井中废水是否达到了排放标准。

②噪声监测。本工程共有50组同时开好施工挖孔桩，当电动设备全部同时启用时，要进行场界噪声的测试；如超标，可能采取错开施工的办法解决；当挖到持力层需要空压机和风镐施工时，也要进行场界噪声的测试，如超标应采取措施解决。日常每天进行监听，感觉噪声过高时使用仪器检测。

③粉尘监测。每天由专人对施工现场粉尘进行目测，一级风扬尘高度控制在0.5m，二级风扬尘高度控制在0.6m，三级风扬尘高度控制在1m以下，四级风要停止作业。一般作业时扬尘高度控制在0.5m以内，并且通过防护、洒水，减少粉尘的排放。

④设专人每天对现场道路及施工现场进出口附近主干道进行巡视检查。

3）高大模板施工阶段环境监测。

①在正常木工加工操作期间，每班应对木工房内设备产生的噪声进行检测。在室内，噪声不得超过85dB的最大限值。如发现噪声排放超标，应对设备进行检修或更换部分噪声超标设备，或调整工序安排，将噪声大的机械设备的工作时间错开，减少同时间的噪声排放。

②在模板加工期间，每班应对木工房内的粉尘浓度进行监测。当目测可见木工房内粉尘颗粒时，应增加人工降尘。

③操作人员应定期对加工机械的完好情况进行监测（不少于每周一次），对磨损件进行更换并添加机油。

④每班对产生的地面木屑等废弃物进行处置，将木屑集中存放于可回收利用废弃物分类箱内。

⑤作业前应对作业环境的湿度进行检测，当湿度小于60%时应采取洒水措施，当风力超过4级时应停止室外模板加工作业，避免扬尘。

⑥每个作业班结束时，应对地面撒落的混凝土渣、木屑等垃圾进行清理，避免扬尘及对土壤造成污染。

⑦进行模板加工及安装施工时，每月对噪声监测一次，当超标时分析原因，可调整施工作业部署，将噪声大的作业时间上错开，避免噪声集中排放。增加隔声材料厚度或更换其他隔声材料，避免噪声对环境的污染。

[案例2] 某航站楼工程环境管理方案

1. 场景

（1）工程概况。

某机场航站楼工程总建筑面积××m²（含地下室），建筑平面布局为“U”形，根据建筑使用功能，将其分为A、B、C三个区。办理手续、安检及行李分拣主要在主楼C区，旅客候机在A、B指廊。主楼C区为筏形基础，并有地下室、局部设4.00m和12.5m（钢结构）双夹层的两层现浇混凝土框架结构，A、B指廊及连廊为桩基处，并设4.00m夹层的两层现浇混凝土框架结构，航站楼屋面主楼和指廊结构形式为大跨度弧形钢桁架结构，主桁架之间用平面桁架相连，平面桁架跨中上下弦之间有钢梁相连，桁架为圆管相贯焊接节点，平面桁架与主桁架之间铰接，钢结构总重约7200t。航站楼屋面采用为铝镁锰复合金属板，主楼入口雨棚为弧形钢结构悬挑形式，最远挑出长度为30.0m。主楼长315m，宽85.9至97.5m；指廊长256.8m，宽38m；连廊（A3、B3段）长54.3m，宽26m。

(2) 周边环境。

1) 地理环境情况。本航站楼现场附近无高大建筑物，周边相当空旷，周边建筑物主要用于航空公司及相关单位职工办公及生活用途。而最近的居民区是某镇，距离现场约10min车程，交通较便利。

2) 交通环境情况。现场共设3个大门，位于现场东面，大门外连接机场路，交通较为便利。

3) 合作方和相关方情况。与业主、监理组成联合安全监督小组，由各单位现场第一领导担任该小组的组长、副组长。

将机场内光纤接入施工现场，并在项目部内部建立局域网，使项目能实现网络化管理。通过网络预定一周的天气预报，在重大天气变化来临前提前通知现场负责人。

土建阶段，现场有6支劳务分包队，均成立义务消防队、工程抢险队，应急情况时接受项目部统一调动和指挥，以保证各项应急准备和响应工作到位。

现场工人中有40%的人员掌握了火灾的应急本领，有20%的工人具备了基本伤害的应急本领。

(3) 特殊设备情况。

该工程土建施工共投入9台F0-23C塔式起重机，钢结构施工阶段投入1台K50/50行走式塔式起重机及1辆300t履带吊车。

(4) 施工季节情况。

该工程经历3个冬季，2个雨季。所处的气象环境是四季分明，冬天最低温度平均可达到−5℃，冬春期间多风、干燥，通常情况下最大风力可达到6级；夏天最高气温可达到40℃，6～8月份雨水较为集中。

2. 环境影响因素识别

(1) 环境影响。

1) 施工现场扬尘排放，影响飞行净空的安全。

2) 混凝土振捣、木方切割等的噪声排放。

3) 生产、生活污水混淆排放对水的污染。

4) 各种复印机、电脑等对人体的电磁辐射污染。

5) 各种永久性使用材料所含的氯离子、碱含量、放射性物质超标对大气污染。

(2) 能源利用与管理。

现有能源的大量消耗、资源的浪费及无法再利用。

3. 环境管理目标

(1) 施工环境管理目标和指标。

1) 场地土壤环境控制目标。杜绝由遗洒、废水随意排放和遗洒造成的土壤污染。

2) 大气环境控制目标。一级风扬尘控制高度为0.3～0.4m，二级风扬尘控制高度为0.5～0.6m，三级风扬尘控制高度小于1m，四级风停止土方作业。

3) 噪声控制目标见表10-1。

表10-1 施工噪声限值表

施工阶段	主要噪声源	噪声限值/dB	
		白天	夜间
结构阶段	混凝土罐车、地泵、振捣棒、钢结构施工磨光机等小型机械、电锯等	70	55
装修阶段	电锤、电锯手持电动工具等	60	55

注：表中所列噪声值是指与敏感区域相应的建筑工场地边界线处的限值。

4) 污水排放控制目标。冲洗混凝土罐车的污水经三级沉淀池沉淀后排入市政污水管网，杜绝遗洒、溢流；食堂废水必须经隔油池过滤后排入城市污水管网，杜绝遗洒、溢流；浴室、厕所的污水必须经化粪池过滤沉淀后，排入城市污水管网，杜绝遗洒、溢流。

5) 电磁辐射控制目标。杜绝电磁辐射污染。

6) 放射性污染控制目标。杜绝放射物的污染事件。

(2) 能源、资源控制目标。水、电节约1%，油节约1%，木材、水泥、钢材节约1.5%。

4. 人员准备

施工高峰期，包括业主及监理、总包的管理人员达到160人，项目部设安全监督管理部，具体负责安全监督、检查、巡视、处置等安全事务，配备持证专职环保员5人，施工人员达1200人，每个劳务及专业分包队伍均设置专职或兼职环保员，设置人数按照50人以下设置1名专制安全生产管理人员；50～200人的，应设2名专职安全生产管理人员；200人以上的，应根据所承担的分部分项工程施工危险实际情况增配，并不少于企业总人数的5‰。

(1) 项目经理部。由公司主要领导成员构成的工程指挥部，负责总体指挥和协调；聘请业界知名的建筑、结构及机电安装等方面的专家组成顾问小组，提供强大的技术指导和支持；从公司内部抽调具有丰富工程施工管理经验的项目管理人员组成高效、精干的项目经理部，经理部配备情况如下。

1) 工程指挥部：公司各主管领导组成，4～5名。

2) 专家顾问小组：由6名经验丰富的高级工程师组成，钢结构专业2名，土建2名、机电安装专业2名，均为业内知名专家。

3) 项目经理：具备近10年以上施工管理经验的国家一级项目经理（土建专业），高级工程师。

4) 项目总工程师：具备10年以上施工经验的土建专业高级工程师。

5) 安装副经理：具备10年以上施工管理经验的国家壹级项目经理（安装专业），高级工程师。

6）其余管理人员均为具备大型公共建筑工程施工管理经验的工程技术及管理人员，项目经理部的管理人员总数初步定为70人（包括各个专业）。

根据混凝土结构、钢结构、装饰装修等不同施工阶段的特点，对项目经理部人员动态调整（主要人员保持不变），充分发挥专业特长。

（2）分包或劳务队伍。按照各个施工阶段及专业的要求，分别投入混凝土、钢结构、机电、装修等施工队，其中混凝土阶段投入3支土建劳务队，每支最高峰400人，钢结构阶段亦投入2支劳务队，每支最高峰300人；其他阶段按照各专业特点及工期要求，分别配备相应数量及专业配套的施工人员。

（3）医疗及抢险队伍。项目部设立医疗室，配备专业医护人员1名，参建各方均配备经培训熟悉急救过程的急救小组，每个小组不少于5名急救人员；现场配备20个保安，进行3班倒，24h负责3个大门及场内警卫亭的看守及夜间不间断巡视；由3个分包队伍及保安组建3只共45人的义务抢险队。

5. 环境管理措施

（1）减少对环境影响的措施。

1）减少对场地土壤环境影响如下。

①施工道路按施工方案用C20素混凝土硬化，其宽度不小于6m，在未做硬化的场地上种植花草，把施工现场建设成为花园式工地。

②专用化学品库房四周全封闭，地面为混凝土全密封，防止油品污染土地；现场钢筋等中小型加工设备，设置接油盘或垫塑料布或砂，防止油品遗洒，污染土地，加强设备的日常维护与保养，以保持设备的完好，避免设备漏油污染。

③现场雨水应设置专门的回收池，洗车应在指定地点洗车，洗车水流入沉淀池，禁止随意排放。洗车水经沉淀后流入市政雨水管道，避免水流带走地表土。

④施工过程中在排水明沟、排水井2m范围内不得堆放散装材料和有毒有害的物品，并禁止在周边5m范围内洗车，防止泥浆、含油废水、污水、废水流入或堵塞下水道和排水沟；管沟回填用土禁止将有毒有害废弃物、垃圾、氡超标的土壤作为回填土填埋在管沟上。

2）减少对大气环境影响。

①所有混凝土均选用搅拌站供应，砂浆优先选用干拌砂浆或由搅拌站供应湿拌砂浆。混凝土采用罐车密封运输，卸完混凝土后及时清扫地面，防止扬尘。

②场内易扬尘的建筑材料运输时应采用封闭的运输工具或用塑料布覆盖，并控制装车高度低于槽帮10～15cm；进场汽车时速控制在40km/h以内，如灌浆料等需密闭存放，现场在西侧设置约200m^{2}的库房。

③施工期间每天安排洒水车洒水再清理道路上的浮灰，避免刮风或汽车行驶时造成扬尘污染；施工期间每隔2h检查路面，发现干透时，用自制洒水车洒水降尘，使路面湿润且不流淌。降尘用水采用收集的雨水或沉淀池水。

④冬季混凝土拌制时，禁止使用含氨的外加剂，避免造成氨气污染，冬季混凝土浇筑、防火涂料喷涂等粉尘散布较多的工序施工时，周围立面用苫布或者密目网加阻燃草帘被彩条布的夹芯被封闭，落地料同时回收利用，防止粉尘的扩散污染。刷油漆时注意环境污染，做好通风处理，涂刷时，管道及设备下面应有覆盖，以免造成二次污染。

⑤控制废气排放：所有进出现场的运输车辆必须为排放达标车辆，不达标的车辆禁止进入现场。项目经理部派专人定期检查车辆手续。

⑥减少烟雾排放：加强对现场的烟尘监测，确保烟尘排放度达到规定级别以下。全天24h内禁止在施工区域吸烟，现场设两间吸烟室，禁止采用燃烧的方法剥电缆皮，以免烟气污染环境。电焊机焊锡烟的排放应符合国家要求。

3）减少噪声影响。

①施工现场合理布局、闹静分开，对人为的施工行为严格控制。

②所有车辆进入现场后禁止鸣笛，时速控制在40km/h以内，以减少噪声。

③低噪声机械设备的选用：塔式起重机选用国内先进的多级变挡式塔式起重机，运行噪声较小。塔式起重机指挥配套使用对讲机，杜绝哨声。

④混凝土浇筑尽量赶在白天进行。底板混凝土浇筑采用小流水段作业法组织施工，缩短混凝土浇筑时间相结合，减少噪声排放。

⑤采用低噪声混凝土振捣棒，振捣混凝土时，不得振钢筋和钢模板，并做到快插、慢拔。

⑥楼板支模采用碗扣式早拆支撑体系，减少拆装产生的噪声，钢筋绑扎、模板、脚手架在支设、拆除和搬运时，必须轻拿轻放，上下、左右有人传递，架料、模板、钢筋进出现场采用塔式起重机吊放，施工现场严禁抛掷物料，严禁野蛮施工。

⑦使用电锤开洞、凿眼时，应使用合格的电锤，及时在钻头上注油或水。

⑧合理安排施工进度，严格控制作业时间，当日22时～次日6时停止超噪声施工。由于现场离居民区较远，居民受施工噪声影响较小，高考、中考期间适当调整夜间施工强度。

4）防止扬尘采取的措施。

①措施一：硬化现场施工道路13 900m^2，施工区临时硬化达10 000m^2，有效地降低施工扬尘。

②措施二：现场专设洒水车一台，专职道路保洁工若干名进行场区降尘。洗车应在指定地点洗车，洗车水流入沉淀池，禁止随意排放。

③措施三：混凝土均由现场搅拌站供应，搅拌站均按环保型设计和使用，如全封闭投料及搅拌系统，防尘水泥及掺合料储料罐的应用等。

④措施四：扬尘的建筑材料运输时均采用封闭罐车或将运输车辆用防雨布覆盖。

5）水污染防治、处理及回用。

①现场污水排放严格按武汉市现场环境控制标准执行。

②雨水管网与污水管网分开使用。

③现场设置雨水收集系统，基坑降水可用于降尘。

④办公区设置水冲式厕所，在厕所下方设置化粪池，污水经化粪池沉淀后排入市政管道，清洁车每月一次对化粪池进行消毒处理。在特殊施工阶段的个别施工区域设置可移动式环保厕所：可利用泳池上空的特点在地下室区域，每天吊运更换一次，厕所由专业保洁公司进行定期抽运、消毒。

⑤现场大门口按施工高峰设置相适应的三级沉淀池，清洗混凝土泵车、搅拌车应在指定的洗车处，使清洗的水能够排入规定的排水沟或沉淀池，禁止随意排放污染地下水，污水经过沉淀后还可用作现场洒水降尘、混凝土养护等重复利用。

⑥施工现场试验室产生的养护用水通过现场污水管线，经沉淀排到市政管线，严禁出现在施工现场乱流现象。

⑦工地食堂洗碗池下方设隔油池。每天清扫、清洗，每周一次清理隔油池。

⑧加强对现场存放油品和化学品的管理，对存放油品和化学品的库房做混凝土地面，并做防渗漏处理，采取有效措施，并有明显的标识，在储存和使用中加强检查和维修，防止油料跑、冒、滴、漏，污染水体。

6）减少电磁辐射防治。

①办公室内电脑与电脑的摆放间距应保持 2.5～3m 的距离；电脑操作员每天连续操作时间不宜超过 4h；连续操作 1h 应关机休息 15min，四处走动、松弛一下身体。

②工地食堂配制的午餐应多选择吃含维生素 B 的蔬菜以及含多糖类和磷脂丰富的食物，以增强员工抗辐射能力。

③办公室育龄女员工一旦发现有怀孕者，则应减轻其电脑工作量，调整工作内容，避免其与复印机、打印机等辐射污染源接触。

7）减少使用含有害物质材料的防治。所有施工用材料均采用对人体无害的绿色材料，要符合《民用建筑室内环境污染控制规范》、《室内建筑装饰装修材料有害物质限量》，混凝土外加剂要符合《混凝土外加剂应用规程》（DBJ 01—61—2002）、《混凝土外加剂中释放氨的限量》（GB 18588—2001），严格控制各种原材料可能产生的放射性，混凝土中碱及氯离子的含量等，不符合绿色环保规定的材料不允许进场。对所有厂家上报的环保方面的试验报告均需要追查真伪，保证资料的真实性和有效性。

（2）资源、能源的利用与管理。

1）节约能耗。

①工程开工后，我公司会对现场用电量、用水量、用油量建立消耗台账，指定责任人，按"能源计量网络图"每月一次填写台账，每季度考核一次节能效果，奖罚挂钩，并通过公司进行全公司各项目评比竞赛。

②密切相关的办公室采用敞开的办公格局，以自然通风、自然光照明为主，缩短空调机使用时间。室内照明采用新型节能荧光灯。

③现场安装水表、电表、节水阀、节能灯，安排专人对水电线路使用情况进行检查、维修，随时了解用水、用电情况。经常检测现场供水阀门，杜绝跑、冒、滴、漏现象，对浪费能源的责任人实行奖罚制度，并公告处理结果。

④现场建立内部局域网，包括与业主、监理的沟通，增加网络联系，减少文件的复印量和提高纸张的双面利用率。

⑤现场淋浴间安装太阳能热水淋浴器。

2）资源再利用。

①充分利用现场已有的临建用房、循环道路、临水、临电，根据现场实际进度安排，随时调整临建用房。

②施工过程中产生的建筑垃圾主要有：土、渣土、散落的砂浆、混凝土、剔凿产生的砖石和混凝土碎块、金属、装饰装修产生的废料、各种包装材料和其他废弃物。因此，施工垃圾分类时，就是要将其中可再生利用或可再生的材料进行有效的回收处理，重新用于生产。

3）就地取材。除业主指定品牌、厂家以外，进口和国产的同一类材料，选择综合性价比较优的国产材料；外省与本地产的同一类材料，选择综合性价比较优的本地材料。

6. 监视及测量

（1）环境监视及测量。

施工现场的监视和测量包括定期的监视和日常的巡查监视。

（2）监视点设置。

1）污水排放监视如下。

①三级沉淀池尺寸、施工质量，排水沟与沉淀池的连接使用前检查一次；沉淀池、管沟的清掏每周观察一次；沉淀池的沉淀效果冲洗时检查一次；

②隔油池尺寸、施工质量，排水沟与隔油池的连接使用前检查一次；隔油池、管沟的清掏每周观察一次；隔油池的过滤效果排水时检查一次；

③化粪池尺寸、施工质量，排水管与化粪池的连接使用前检查一次；化粪池的贮水深度，每周观察一次；化粪池的清运、清掏、遗洒在清掏时检查一次。

2）施工扬尘的监视如下。

每次作业前对施工道路硬化、临时堆土的覆盖、未硬化地面的绿化检查一次；每次作业时，目测一级风扬尘控制高度0.3～0.4m，二级风扬尘控制高度0.5～0.6m，三级风扬尘控制高度小于1m，四级风停止土方作业；每次作业时对装车高度（低于槽帮10～15cm）、出场车轮清扫检查一次。

3）噪声监测如下。

①每次作业前，对设备的状况、使用数量、采取的降噪措施进行检查。

②每次作业中，对噪声排放限值（结构施工阶段白天60dB，夜间55dB；装修阶段白天70dB；夜间55dB）监听一次，每月监测一次。

③作业后，对噪声控制效果评估一次。

4）有毒有害气体监测如下。

①装饰材料使用前监测一次。

②对汽车尾气排放达标状况应在进场前检查一次。

③对食堂所使用的清洁燃料每月检查一次。

④每次作业时，对有毒有害气体浓度监测一次。

（3）监视方法。

目测、监听、观察、检查与仪器监测相结合。

（4）监视设备。

声级计、pH试纸、现场监视摄像头。

［案例3］ 某隧道工程环境管理方案

1. 场景

（1）工程概况。

该隧道是某高速公路的重要工程之一，分为左、右两线，长度分别为1836m和1940m。地质主要为灰岩和砂岩，其中灰岩占40%左右，有少量的泥岩和页岩，隧道通过1个断层、1个煤矿采空区，在此段落存在一定浓度的瓦斯，有较大的涌水，最大涌水量为200～350m^3/d，灰岩和砂岩的强度分别为80～120MPa和50～90MPa，洞身围岩类别以Ⅳ类为主，洞口为Ⅱ、Ⅲ类，围岩稳定性较差，易坍塌、掉块。

该隧道自西向东穿过南北走向的某山脉南部，该山体表面绿树、灌木丛覆盖，并有高压电缆、通信电网通过。通过地区受第四纪冰川运动主压应力作用，形成复式背斜，隧道中部540m地段位于背斜轴部的T3L＋T3J地层上，隧道两端240～365m位于该山背斜两翼的T3XL地层上，最大埋身280m。洞口地表有小溪流分布，常年流水不断。距洞口50m处有一条3m多宽的小河，雨季时山上的水全部流入该河流中，而且该隧道所处地区经常受到台风袭击，有时还会引起房倒屋塌、洪涝等灾害。

隧道断面最大净高7.17m，净宽11.74m。隧道左、右洞各设置两个洞内紧急停车带，左右洞之间设置一个汽车横通道，四个人行横通道。

(2) 技术工艺特点。

1) 洞口开挖。洞口开挖采用弱爆破配合挖掘机施工。

洞口段地质条件较差，地表水和地下水较丰富，易塌方，安全风险及施工难度较大。为此，在洞口开挖过程中先修建洞口环形截水天沟、天沟、边沟等防排水工程和刷边仰坡土石方、路堑挡墙，为开挖创造条件。

在边仰坡开挖过程中，因土质松软、石质破碎，稳定性比较差，采用临时支护措施，以确保施工安全。

洞口岩石开挖，拟采用光面爆破。在开挖施工前，首先进行爆破设计，报请监理工程师审批，并严格按已经批准的爆破设计方案进行爆破开挖作业。

2) 洞身开挖。采用新奥法施工。

洞内开挖，根据本工程的地质条件、岩石性质和围岩类别及隧道开挖断面尺寸，拟采用全断面开挖法。这是因为采用全断面开挖法施工，减少、减弱对围岩的扰动次数，避免工序间隔，使围岩长期暴露而产生危险。另外，全断面开挖法给运输机具创造了回转余地，从而提高了生产率。鉴于上述，我们选择采用全断面开挖法。

3) 锚喷支护。为了有效地控制粉尘和限制回弹量，本工程拟采用湿喷施工工艺。

爆破后应立即喷射混凝土，尽快封闭岩面，才能有效控制围岩松动变形。喷射作业应分段进行，岩面初喷一层混凝土后再进行钢筋网的铺设，并在锚杆安设后进行。

4) 结构防排水。该隧道防排水贯彻了“以排为主，防、排、堵相结合”的综合治理原则。一般地段以排为主，防堵结合；在断层破碎带、涌水地段以堵为主，防、排、堵相结合。

①柔性防水层。暗洞在衬砌背后设置隧道专用防水卷材，土工布设置在防水卷材与喷混凝土层之间，其作用兼作衬背排水层及缓冲层。明洞背部防水层采用2.5mm厚的SBS型改性沥青防水卷材，均选择晴朗干燥天气施工，防水层外部应作2～3cm水泥砂浆保护再作填土。在二次衬砌施工缝处设置BF遇水膨胀橡胶止水条（20×15mm），在设置沉降缝处设置E5型桥式橡胶止水带（规格290×ϕ25×R25×10mm）。

②疏排管道。在防水层与喷混凝土之间设置400g/m^{2}土工布，使漏水能从衬砌背面通过排水滤层排至墙角，再由墙角处衬背纵向盲沟集水，通过ϕ100mmUPVC引水管引至中央排水沟排出洞外。衬背纵向盲沟采用ϕ100mmHDPE波纹管外裹200g/m^{2}土工布，盲沟应设置在防排水层外面，固定在混凝土面上，且要求防水板“U”形包裹纵向排水管。

对于Ⅱ类、Ⅲ类围岩区段及富水区段和拱部局部渗水较大，形成径流区段，在衬背土工布排水层与喷混凝土之间加设环向盲沟，环向盲沟采用 ϕ50mm 软式透水管，Ⅱ类、Ⅲ类洞口及富水区段纵向间距为 1.5-3.0-5.0m，具体视富水情况，按（涌水、淌水）、（淌水、渗水）、（渗水、滴水）三种形态而定：Ⅲ-Ⅳ类围岩区段如有少量渗水、滴水地段，环向盲管应视情况按纵向间距 10～15m 铺设。

③刚性防水。为了防止柔性防水层由于施工原因而可能出现局部地方防水失败，故二次衬砌做成自防水混凝土结构，采用低碱性膨胀水泥混凝土，自防水结构抗渗等级要求达 P10。

5）二次衬砌。二次衬砌的施作在围岩和锚杆支护变形基本稳定后进行。模注混凝土衬砌配备全液压衬砌台车、HB-60 混凝土输送泵、自制混凝土拌和输送车输送、插入式振动棒振捣。

（3）各项工序质量要求。

为了减少由工序质量的不合格，而造成后续工作的安全风险加大，在施工中应对各工序进行严格检查验收。

1）开挖断面平顺，无欠挖，无超挖。

2）对围岩扰动小，不发生坍塌、裂缝等。

3）防水材料无破损、焊接紧密。

4）喷层与围岩粘结紧密，无空洞，表面无裂缝、脱落、漏筋、渗漏水等情况。

5）混凝土强度、防渗性能等满足设计要求。

6）二衬混凝土蜂窝、麻面情况符合设计要求。

（4）设备。

根据洞身所处地质条件不同，拟分别采用台阶分布法、半断面法、全断面法钻进。采用风钻钻孔，塑料导爆管光面爆破；无轨运输，装载机装碴，红岩汽车出碴；喷混凝土采用混凝土湿喷机、模注混凝土采用衬砌台车和混凝土输送泵结合，一次浇筑成型 10m；风机安装于洞外，用双抗（抗静电、阻燃）风筒送入新鲜空气，平导和正洞回风。施工测量采用全站仪、设三角网络控制隧道的方向和高程。

（5）现场安排及组织。

隧道工区一队、二队设在隧道进洞口处，隧道三队、四队设在隧道出洞口左右两侧（租用当地民房），隧道工区高峰期施工人员将达到 570 人，办公和生活用房计划建造（或租用）75 间；隧道一队、二队驻扎在进洞口，修筑材料仓库 2 间，炸药库 1 间（隔离修建），混凝土搅拌站及砂石料场 500m^2，钢筋加工车间 200m^2，钢模板及型钢构件加工场地 300m^2；隧道三队、四队驻扎在出洞口，计划修筑材料仓库 2 间，钢筋加工车间 200m^2，钢模板及型钢构件加工场地 300m^2。

隧道进洞口处设置一座 40m^3/h 混凝土搅拌站，负责供应隧道一队、二队所用的混凝土。搅拌站及砂石料场占地 500m^2，配备 2 台 JS500 型强制式混凝土搅拌机、1 台 PLD1000 型电脑计量自动配料机、2 只 25t 散装水泥罐、1 台 ZL50 装载机，并砌筑一座 20m^3 贮水池。

隧道出洞口处设置一座 40m^3/h 混凝土搅拌站，负责供应隧道三队、四队所用的混凝土。搅拌站及砂石料场占地 500m^2，配备 2 台 JS500 型强制式混凝土搅拌机、1 台 PLD800 型电脑计量自动配料机、2 只 25t 散装水泥罐、1 台 ZL50 装载机，并砌筑一座 20m^3 贮水池。

(6) 合作方和相关方情况。

1) 项目部与市气象局签订气象观测通报和恶劣天气预报协议，并通过电话、网络等方式，每日向项目部发布气象信息，若遇恶劣天气及时通报。

2) 武警部队、消防队以及医院位于距项目部 8km 的市区处，通过业主协调，委托武警部队参加抗台、山体滑坡、泥石流以及隧道塌方、瓦斯爆炸等多种紧急情况的抢险救援。

3) 现场 4 支劳务分包队，均成立义务消防队、工程抢险队，应急情况时接受项目部统一调调动和指挥，以保证各项应急准备和响应工作到位。

(7) 文化背景情况。

项目部施工及生活区域内及其周边地区均无少数民族居住和活动，亦无其他宗教信仰或特殊习俗。

2. 环境因素识别

(1) 开挖施工中环境因素。

环境因素。凿岩机钻孔产生产生扬尘、振动、噪声排放、废水流淌污染土地；废弃物遗弃；装渣倒渣中遗洒、扬尘、设备噪声排放、破坏植被、侵占农田。

炸药爆炸产生噪声、振动和大量废气污染空气、产生大量废弃物污染土地、污染地下水、破坏自然生态环境。

(2) 锚喷支护施工中环境因素和危险源。

喷浆机发出的噪声、喷射过程中产生的粉尘，锚杆钻孔产生的噪声，打眼产生的废浆的排放。

(3) 二衬施工中环境因素。

来往车辆产生的粉尘，清洗模板台车产生的含油废水。

3. 目标、指标

(1) 开挖施工环境目标、指标。

有害气体浓度：空气中一氧化碳浓度不得超过 24ppm（$30mg/m^3$）。施工人员进入开挖工作面时，浓度可允许到 80ppm（$100mg/m^3$），但必须在 30min 内降至 30ppm。

粉尘浓度允许值：每立方米空气含有 10%以上游离二氧化硅的粉尘为 2mg；含游离二氧化硅在 10%以下时，不含有害物质的矿物性和动物性的粉尘为 10mg；含游离二氧化硅在 10%以下的水泥粉尘为 6mg。

洞内风量：每人每分钟供给新鲜空气不少于 $3m^3$，内燃机械每千瓦供风量不小于 $3m^3/min$。

洞内风速：钻爆法施工，全断面开挖时应不小于 0.15m/s，坑道内不小于 0.25m/s，均不大于 6m/s。

洞内温度不能超过 28℃。

装渣倒渣中不遗洒，不破坏植被、不侵占农田；振动、噪声排放不超过 75dB。

杜绝炸药意外爆炸事故、杜绝人为的山体滑坡事故；避免暴雨、大风、泥石流冲坏设备和设施的事故。

(2) 锚喷施工环境及安全目标、指标。

钻孔产生振动、噪声排放不超过 75dB；钻孔加水不流淌，污染土地。

喷浆中不遗洒，清洗设备废水经两级沉淀率100%，沉淀池不溢流，废水二次利用率达50%，废水回收率100%，运输废水不遗洒，废水排入100%指定污水厂。

（3）二衬施工环境目标、指标。

拌制的混凝土不对河水造成污染。

混凝土运输与浇筑中不遗洒，清洗设备废水经两级沉淀率100%，沉淀池不溢流，废水二次利用率达50%，废水回收率100%，运输废水不遗洒，废水排入100%指定污水厂；

4. 工作准备

（1）施工组织。

1）按照施工组织设计要求，组建土石方施工处、混凝土施工处和后勤供应处，分别承担开挖、锚喷和混凝土工程的施工和工程所需的机械设备、材料物资的供应等工作。

2）项目部根据现场管理需要成立施工管理部、合约部、人力资源部、财务部、项目办公室等部室，负责工程项目的管理工作。

3）为满足工程检测、环境监视等要求，项目部成立国家认可的一级试验室一个。

4）为方便职工看病就医、工伤救治，公司职工医院派出主治医师、主管护师等医护人员，成立项目部医疗救助站。

（2）现场人员情况。

施工高峰期施工人员达570人，其中高级工程师4人，中级以上职称6人。持证专职质检员2人（总公司发证），持证专职环保员1人（省厅发证），环境监测巡视人员1人（公司培训）以及各分项工程、机械设备所需的专业技术（作业）操作人员。

（3）特殊设备和物资准备情况。

1）该工程共投入15t以上自卸汽车10辆，3m^3 装载机4台，1立方以上挖土机2台，手持凿岩机20台，2m^3 混凝土输送罐车6台，90kW发电机2部，JS750-1混凝土搅拌站两座，20m^3 电动空压机6台，大功率水泵4台以及其他相关施工和辅助、维修设备。

2）项目部投入洒水车1部用于施工现场和生活区降尘，编织布和塑料布600m^2 用于遮盖防尘。

（4）文件要求。

《中华人民共和国环境保护法》1989年第22号主席令。

《中华人民共和国水污染防治法》1984年第66号主席令。

《中华人民共和国水土保持法》1991年第49号主席令。

《建设项目竣工环境保护验收办法》2002年第13号国家环保总局。

《建设项目环境保护管理条例》1998年第253号国务院令。

《中华人民共和国环境影响评价法》2003年第77号主席令。

《中华人民共和国土地管理法》1999年第8号主席令。

《中华人民共和国文物保护法》2003年第377号国务院令。

《中华人民共和国节约能源法》1998年第90号主席令。

《报告环境污染与破坏事故的暂行办法》1987国家环保局等。

（5）主要标准要求。

《生活垃圾填埋污染控制标准》（GB 16889—1997）。

《建筑施工现场环境与卫生标准》（JGJ 146—2004）。

《环境影响评价技术导则（地面水环境）》（HJ/T 2.3—1993）。

《中华人民共和国大气污染防治法》实施办法。

5. 管理措施

（1）环境管理措施。

1）洞渣的堆置场地，应根据环评报告书的结论进行认定，明确弃渣场的范围。弃渣应在指定范围内严格按照设计要求进行堆置，并采取防护措施，可设置隔离墙，避免其流入水体。

2）现场排水区域属于Ⅱ类水域，按照施工期污水不得排入《地面水环境质量标准》G 3838—2002 中所规定的Ⅱ类水域的规定，现场设置污水处理池进行水质处理。

3）除抢修、抢险作业外，禁止夜间在产生噪声污染、影响居民休息的作业。项目部已经报环保局批准，进行夜间作业，但正常施工仍安排在白天进行。

4）水泥混凝土拌和站搅拌的排水、混凝土养生水等含有害物质的废水不经过沉淀后排入污水处理池。

5）对废料的处理与利用。隧道施工时难免产生许多废渣，应妥善放置，不能随便堆放，以免阻塞河道，造成水土流失或占用当地农田。对优质石碴可加以利用，如防护用的片石、路面骨料和混凝土集料可分类堆放，以便充分利用，有条件时也可利用荒沟，在其中筑坝填入废碴，变荒沟成良田，增加耕地。路边临时堆放的零星废渣，在公路封闭前应全部清理完毕，以免公路全封闭后难以清理。

6）隧道建设中所需的石材，在选择料场时应远离隧位，采取集中料场取料，切忌随意布置小料场，使山坡形成遍体鳞伤。对山坡及其植被肆意破坏，既影响环境面貌，也容易产生坍方滑坡。若采用商品石料，应在采购合同中提出对临时料场的环保要求。

7）严格控制影响范围，不应仅考虑方便施工而任意破坏场地以外的植被。

8）表土流失，由于坑道口的开挖和施工便道的开挖形成表土流失，开挖形成了较多的临空面，使原本比较松散的表层土，极易产生坍滑，并一级一级地逐步牵引，造成植被破坏，从而使环境受到影响，因此必须对以上情况出现的边坡进行必要的加固防护，以减小对环境的破坏。

9）施工中产生废气、废水是必然的，施工中各工区领导应引起足够重视，对废水应妥善处理，采用过滤、沉淀、稀释等手段，满足国家的排放标准后，方可汇入自然沟槽内。可在洞口设置水净化设施。

10）区内生活污染，关键是增强工作人员的环保意识，提高员工的自身素质，采取集中堆放、集中处理。注意工区内的环境卫生，保护工作人员的身体健康。

11）洞身弃碴场应统一设计，避免发生弃碴场容量不够等问题。隧道进口出碴有部分在河流附近，对该处水系宜作环保设计，另设计中碴顶考虑了设水沟排水的工程措施，但因弃碴随时间发生沉降引起水沟断裂，水沟起不到引流地表水的作用。可在弃碴场底清除表土后埋设透水管引流，弃碴场外缘适当位置设截水沟排截地表水。

12）洞内通风机的噪声会给作业人员以不舒适感，从而降低作业效率及涣散注意力、诱发车辆事故等。因此，在通风机上要安放消声器，以降低噪声的影响。此外，设在隧道洞口附近的通风机，应设在消声箱内或隧道洞内。

13）对于隧道施工工程中产生的有害气体应不定时地进行检测，当确认为危险或有害状态时，应立即清作业人员退避并排除有害气体，重新开始作业时，要由测定结果确认安全后方可进行。为了防止测定人员在检测时受到伤害，要注意以下几点：

①熟知有害气体的性质和危险性。

②预计有甲烷等可燃性气体涌出时，绝对禁止携带火柴、打火机等引火工具。

③预计有硫化氢等有害气体涌出时，要使用硫化氢用防毒口罩或空气呼吸器。

④缺氧时要使用空气呼吸器，同时要派两人以上作业，一人负责监视。

6. 监视和测量

(1) 对爆破震动的监视测量。

1) 应考虑爆破方法、药量、距离、地质状况等因素，确定爆破最大振幅、频率。

2) 爆破震动对地面的震动影响，宜在铅垂方向及相正交的两个水平方向（其中一方向为爆破点方向）上同时测定。

3) 爆破震动值的空间衰减情况，监视点至少设3个。

(2) 对塌方的监视测量。

1) 断层带及楔形部位。

2) 正洞与辅助坑道或避难坑道连接处。

3) 地层覆盖过薄地段塌方，其中主要发生在沿河傍山浅埋、偏压地段、沟谷凹地浅埋地段和丘陵浅埋地段等。

4) 开挖方法和爆破药量不当，以及工序不紧凑等引起塌方。

5) 洞口地段支撑不当。

6) 洞口刷方过高以及地表水处理不当。

7) 瓦斯地层。

8) 富水地段。

(3) 对瓦斯的监视测量。

1) 开挖面及其附近20m的范围内。

2) 断面变化交界处上部、导坑上部、衬砌与未衬砌交界处上部以及衬砌台车内部等容易积聚瓦斯的地方。

3) 局扇20m范围内的风流中以及总风流中。

4) 各洞室和通道。

5) 机械、电器设备及其开关附近20m范围内。

6) 岩石裂隙、溶洞和采空区瓦斯溢出口。

7) 局部通风不良地段。

8) 技术负责人指定的检测地点。

9) 导坑内瓦斯含量在0.5%以下时，每隔0.5～1h检查一次，0.5%以上时应随时检查，不得离开开挖面，发现异常应及时报告。

10) 当发现瓦斯含量在2%时，应加强通风稀释，在瓦斯含量降到允许值后，才可进入检查。

11) 瓦斯检查人员工作时应有安全防护装备。

［案例4］ 某大坝工程环境管理方案

1. 场景

（1）工程概况。

1）某水电站是一项“以发电为主，兼顾航运”的中型电航枢纽工程，工程总造价约4.2亿元。主体工程包括拦河坝、发电厂、航运三项工程。工程施工周期3个枯水期。

2）工程共开挖土石方1000多万 m^3，其中包括高边坡开挖；混凝土浇筑40多万 m^3，钢筋、钢结构制作与安装6000多吨，砌石4万多 m^3。

3）拦河坝由非溢流坝、泄洪冲砂闸、溢流坝、副坝及土坝，从左至右五部分组成，全长近1000m。

4）生活区、混凝土搅拌站等生活、生产设施，均在右岸靠近山林处布置，施工道路沿江边穿过右坝肩开挖区通往大坝基坑。

（2）技术工艺特点。

1）围堰施工。

①本工程围堰为土石建筑物，按五级设计，其洪水设计标准 $p=10\%$，$Q_p=2390m^3/s$。

②一期围堰全长1400m，其中上游横向围堰580m，下游横向围堰610m，纵向围堰210m，围堰顶宽16m。

③纵向围堰为过水围堰，采用卵石竹笼结构，黏土芯墙防渗，砂砾石基础透水层采用高喷灌浆垂直防渗；横向围堰为斜墙铺盖型土石体结构。

2）拦河坝施工。

①泄洪冲砂闸共9孔、长148m，包括闸坝及坝后消能设施两部分，闸坝由底板、防渗帷幕灌浆廊道、闸墩、闸房、闸门及其启闭控制系统等组成。

②闸坝底板宽28m，建基面高程268m，顶部高程▽283m，溢流面为宽顶堰型，坝体采用碾压混凝土“金包银”结构模式：临水面为2m厚C20常态防渗混凝土防渗层，内部为C10碾压混凝土，上部为1m厚C25常规混凝土；闸墩为梭形，高22m，边墩厚5m，中墩厚3m。

③坝后消能设施由护坦和海漫两部分组成，护坦宽48m，钢筋混凝土厚度1.5～2.5m；海漫宽42m，厚90cm，钢筋混凝土框格结构，框格内为M7.5水泥砂浆砌条石；在第一个汛期到来前，必须将坝体完成到▽283m。

④溢流坝为ＷＥＳⅠ型，长316m，底宽23m，建基面▽281～▽283m，坝顶▽294m；坝后护坦宽85m，双层钢筋混凝土板厚1～2m。

⑤副坝长350m，断面与溢流坝相似，底宽11m，坝高5m（▽281～▽294m），坝体为浆砌条石结构，溢流面为1m厚C20混凝土；坝后为消力池和海漫。

⑥副坝的左端为35m长的黏土坝；非溢流坝为重力式，连通闸坝检修平台和上坝公路。

3）右坝肩施工。

①右坝肩开挖高度50m，覆盖层下基岩为紫红色或棕紫色砂质黏土岩，黏土岩间夹不稳定的泥质强风化粉砂岩，还有零星分布的残坡积岩黏土夹砾石堆积层，边坡不稳定。

②右坝肩开挖采用小孔径造孔，光面爆破施工工艺，应防止爆破裂隙，山体滑坡，减少噪声、振动和扬尘污染。

（3）质量要求。

1）围堰施工后渗漏量符合设计要求、不发生坍塌、不裂缝等。

2）混凝土强度、防渗性能等满足设计要求。

3）右坝肩高边坡开挖要求断面平整如刀切，防止引发山体滑坡。

（4）资金情况。

1）不管是导流工程还是堰内工程，一旦开工就不允许停工，因此在开工前必须资金到位，充分保证每一枯水期的施工，因此，该工程虽为地方自筹资金，但在开工前资金已到位。

2）施工单位从工程进度款中拿出0.5%作为安全环境方面投入，能保证管理方案所需资金、物资、器材和人员到位，使影响环境的各个环节处于受控状态，预防或减少对环境方面的污染。

（5）周边环境。

1）地形地质情况。

①该电站位于嘉陵江下游，所在河段平面上呈马蹄形，坝北段河道开阔，河坝内有大片良田，两岸为高约500m以下的山峦，植被为片状原生态林，多为油松等针叶林，夹杂落叶乔木和灌木。

②电站所处河道河宽近1000m，两岸不对称，右岸较陡，右坝肩开往量大，对施工布置很不利；基岩为侏罗系、遂宁组（Jz Sn）紫红或棕紫色砂质黏土岩，黏土岩间夹不稳定的泥质强风化粉砂岩约3m厚。

③坝址地段第四系松散覆盖层分布较广泛，除右岸有零星分布厚度不大的残坡积岩黏土夹砾石堆积层外，主要为河流冲积层，卵砾石夹砂一般厚5～7m，局部达12m以上，左岸局部有0.3～2.2m的粉细砂覆盖层。

2）现场交通情况。

①施工现场对外交通十分不便，下游7km处有一简易码头，陆路只有一条13km的公路（路面为3级）须通过轮渡过江后通向外地，距最近的县城50km，汛期经常因洪水封渡。若遇紧急情况或突发事件，会直接影响外部救援。

②项目经理部到医院的陆路有1条，从现场西南角出入口出入，经轮渡过江、沿江边3级公路，经某某路、某某路到医院，整个线路狭窄，人流、车流量较多，白天高峰期经常堵车，夜间交通较为畅通，距离54km，白天行车时间约80min，夜间行车时间约50min；晚上10点钟后轮渡停运。外部报警和支援时，应考虑轮渡工作时间，以防止延误抢救时机。

3）合作方和相关方情况。

①回安水文站位于拦河坝上游2km处，在业主的协调下，项目部与水文站签订水文观测通报预报协议，委托水文站负责水位、洪峰流量等观测和洪峰预报等工作。

②项目部与县气象局签订气象观测通报和恶劣天气预报协议，每天早晨8：00通过现场电话即时通报当天及预报明后两天的天气情况；在每周一预测本周天气；若在重大天气变化来临前提前24h通知现场负责人，以便根据天气变化及时采取相关措施，防范天气变化带来的风险。

③武警舟桥部队位于拦河坝上游10km处，通过业主协调，委托武警舟桥部队参加围堰垮塌、围堰不能顺利合龙、车辆和人员坠江等多种紧急情况的抢险救援。

④现场3支劳务分包队，均成立义务消防队、工程抢险队，发生应急情况时接受项目部统一调动和指挥，以保证各项应急准备和响应工作到位。

(6) 设备情况。

1) 该工程共投入15t以上自卸汽车120辆，3m³装载机17台，1m³以上液压挖掘机12台，180马力推土机16台，碾压设备8台，潜孔钻机10台，25～50t吊车5台等施工设备。

2) 该工程共投入5～10t油罐车4台，90kW发电机4部，60m³混凝土搅拌站两座，20m³电动空压机6台，大功率水泵30台以及其他相关施工和辅助、维修设备。

(7) 现场人员情况。

施工高峰期参战人员达1200人，其中高级工程师10人，中级以上职称45人；项目部设安全监督管理部，具体负责安全环境监督、检查、巡视、处置等安全环境事务，配备持证专职质检员8人（省安全生产监督管理局发证）。

(8) 施工季节情况。

1) 该工程所处的气象环境是冬暖春早，夏热秋雨，阴多晴少；年最高气温41℃，最低气温3℃，最大风力5级，无台风预报。

2) 年最大降雨量1300mm，年降雨天数可达140天以上。暴雨多发生在6～9月，洪水与暴雨同步，江水暴涨暴落，洪峰时最大流量每秒23 800m³。

(9) 文化背景情况。

项目部施工及生活区域内及其周边地区均无少数民族居住和活动，亦无其他宗教信仰或特殊习俗。

(10) 施工组织。

1) 按照施工现场管理和工期要求，组建土石方施工队、混凝土施工队、机械加工队和混凝土搅拌站，分别承担围堰填筑、基础开挖、土石施工、机械加工修理、混凝土施工。

2) 项目部根据现场管理需要成立施工技术管理部、合约部、人力资源部、财务部、项目办公室等部室，负责工程项目的管理工作。

3) 项目部使用3支劳务队，每支300人。

2. 环境因素识别

(1) 围堰施工中环境因素。

1) 临时道路施工中环境因素。修路中破坏植被、占用农田，扬尘、设备噪声排放；装、运、卸土中土遗洒、扬尘、设备噪声排放；车辆行驶时的扬尘；植被、农田恢复中扬尘、设备噪声排放。

2) 临时围堰施工中环境因素。

①围堰施工中取土破坏植被、占用农田，扬尘、设备噪声排放；装、运、卸土中遗洒、扬尘、设备噪声排放、对河水污染。

②合龙中编竹笼废料遗弃；装笼中噪声排放；投料中对河水污染、多余竹笼遗弃，河水冲坏设施。

③围堰加高中扬尘、土遗洒、噪声排放；闭气中黄土扬尘、对河水污染；喷浆中拌制材料扬尘、废弃物遗弃、噪声排放，清洗搅拌机水排放污染土体、地下水，运输中遗洒，喷浆时遗洒、废弃物遗弃，清洗设备水的排放污染土体、地下水。

④挖沟做芯墙时噪声排放，装、运、弃土中扬尘、遗洒，弃渣破坏植被、侵占农田。

3) 设备使用中环境因素。

①设备加油时滴漏、遗洒污染土体、地下水；使用过程中油料、电消耗，油意外遗洒污

染土地、地下水；设备维修中油遗洒、废配件遗弃。

②油罐车事故燃烧污染空气、产生大量废弃物污染土地、污染地下水、破坏自然生态环境；油罐车翻倒在水中溢油，污染水体。

(2) 大坝施工中环境因素。

1) 基坑排水过程中的环境因素。排水中电的消耗；水的浪费、遗洒，冲坏设施，污染水体；抽水中噪声排放、废渣遗弃。

2) 围堰发生管涌、裂缝处理过程中的环境因素。围堰发生管涌、裂缝水遗洒，坍塌破坏设施、浪费资源；管涌、裂缝处理中拌制材料扬尘、废弃物遗弃、噪声排放，清洗搅拌机水排放污染土体、地下水，运输中遗洒，堵漏时遗洒、废弃物遗弃，清洗设备水排放污染土体、地下水。

3) 基坑开挖中环境因素。挖土中噪声排放；装、运、弃土中扬尘、遗洒；弃渣破坏植被、侵占农田。

4) 坝体、闸墩、海漫、护坦施工中环境因素。

①拌制混凝土扬尘、废弃物遗弃、噪声排放，清洗搅拌机水排放污染土体、地下水，运输中遗洒；施工碾压时遗洒、废弃物遗弃、对河水污染，清洗设备水排放污染土体、地下水。

②钢筋除锈中油、浮锈遗洒污染土体、地下水，加工噪声排放，安装中噪声排放，焊接中电弧光污染、废气污染，废焊条头、焊渣、报废电焊条遗弃污染土体、地下水。

③支模拆模中噪声排放，刷隔离剂流淌遗洒污染土地，废隔离剂、刷子遗弃污染土地。

(3) 右坝肩施工中环境因素。

1) 植被剥离施工中环境因素。植被剥离施工中破坏植被、侵占农田，扬尘、设备噪声排放；装、运、卸土中遗洒、扬尘、设备噪声排放、破坏植被、侵占农田。

2) 爆破施工中环境因素。

①钻孔产生扬尘、振动、噪声排放、废水流淌污染土地；爆破中产生扬尘、振动、噪声排放、废弃物遗弃；装渣倒渣中遗洒、扬尘、设备噪声排放、破坏植被、侵占农田。

②炸药意外爆炸产生噪声、振动和大量废气污染空气、产生大量废弃物污染土地、污染地下水、破坏自然生态环境。

③爆破失控发生山体滑坡或塌方破坏植被，造成大量岩石堵塞道路、涌入江中阻断航道、填塞河床影响泄洪；暴雨带来泥石流，冲坏设施、房屋污染河水、破坏生态环境。

(4) 设备使用中环境因素。

1) 设备加柴油和汽油遗洒，污染土地、地下水；使用过程中油料、电消耗，油意外遗洒，污染土地、地下水；设备维修中油遗洒、废配件遗弃。

2) 吊装中废钢丝绳废弃、噪声排放，吊装时意外损坏设备或设施、浪费资源。

3. 环境目标指标

(1) 围堰施工环境目标指标。

1) 修路中不破坏植被、不侵占农田；设备噪声排放不超过75dB。汽车行驶时一级风扬尘高度不超过0.3～0.4m、二级风扬尘高度不超过0.5～0.6m、三级风扬尘高度不超过1m、四级风停止作业。

2) 围堰取土不对河水造成污染；取土和弃渣不破坏植被、不侵占农田；设备噪声排放不超过 75dB。一级风扬尘高度不超过 0.3～0.4m、二级风扬尘高度不超过 0.5～0.6m、三级风扬尘高度不超过 1m、四级风停止作业。

3）合龙中废竹笼、编龙废料、石块、废喷浆材料、废配件分类回收、处理率达 60%以上，杜绝合龙冲坏设施事故。

(2) 大坝施工环境目标指标。

1）基坑清理的废渣按指定地点堆放，按规定要求分类回收，处理率达 60%以上。施工中杜绝坍塌破坏设施事故。

2）设备噪声排放不超过 75dB；喷浆中不遗洒，堵漏废料、拌和物等分类回收、处理率达 60%以上。

3）混凝土拌制中一级风扬尘高度不超过 0.3～0.4m、二级风扬尘高度不超过 0.5～0.6m、三级风扬尘高度不超过 1m、四级风停止作业；混凝土骨料及添加剂不污染河水。

4）运输、堵漏中不遗洒，清洗设备废水经两级沉淀率 100%，沉淀池不溢流，废水二次利用率达 80%，废水回收率 100%，运输废水不遗洒，废水排放合格率 100%。

5）挖、运土不遗洒，不污染河水；弃渣不破坏植被、不侵占农田；杜绝基坑被淹事故。

6）拌制的混凝土不对河水造成污染；拌制中设备噪声排放不超过 75dB；一级风扬尘高度不超过 0.3～0.4m、二级风扬尘高度不超过 0.5～0.6m、三级风扬尘高度不超过 1m、四级风停止作业。

7）混凝土运输与浇筑中不遗洒，清洗设备废水经两级沉淀率 100%，沉淀池不溢流，废水二次利用率达 80%，废水回收率 100%，运输废水不遗洒，废水排入 100%指定污水厂。

8）作业中废焊条头、焊渣、报废电焊条、废混凝土、报废水泥、油污、浮锈等分类回收、处理率达 60%以上。刷隔离剂不流淌，造成遗洒，污染土地；不发生电弧光污染；杜绝火灾事故。

(3) 右坝肩开挖环境目标指标。

1）植被剥离施工中不遗洒；弃渣不破坏植被、不侵占农田；设备噪声排放不超过 75dB；一级风扬尘高度不超过 0.3～0.4m、二级风扬尘高度不超过 0.4～0.5m、三级风扬尘高度不超过 0.5～0.6m、四级风停止作业。

2）钻孔加水不流淌污染土地；爆破时振动、噪声排放不超过 90dB；装渣倒渣中不遗洒，不破坏植被、不侵占农田；杜绝炸药意外爆炸事故、杜绝人为的山体滑坡事故；避免暴雨、大风、泥石流冲坏设备和设施的事故。

(4) 设备使用中环境目标指标。

设备加油时不发生油遗洒污染；使用过程中油不遗漏，污染土地、地下水；设备维修中不漏油、不遗洒，废配件、油手套等分类回收、处理率达 60%以上。吊装时不损设备或设施。

4. 工作准备

(1) 对人员、设备设施和监测装置的要求。

1）对人员的要求。

①环境巡视人员应视力好（1.2 以上）、善观察，掌握本项目部重要环境因素控制要求和处理方法，具有识别和判断造成环境污染险情的能力。

②消防人员应身体健壮，身高1.7m以上，组织纪律性强，服从命令听指挥，会正确使用现场各种灭火器材，具有较强的应变能力和责任心。

③现场救护人员应具有资格，有丰富的抢救能力、强责任心、较高职业道德，对抢救或救护过程产生的废弃物，能按环境规定进行有效处理，预防或减少环境污染。

④抢险队员应身体健壮，身高1.7m以上，组织纪律性强，服从命令听指挥，了解和掌握环境污染事故的现场抢险方法，并正确使用现场各种抢险工具，应变能力和责任心强。

⑤炮工（哑炮排除人员）应身体健壮，具有炮工资格证，责任心强、有较高职业道德和丰富排哑炮经验和应变能力，并掌握爆破中产生的噪声、振动、扬尘、有毒有害气体排放的控制和减轻其环境污染的方法。

⑥混凝土工应身体健壮，责任心强、有较高职业道德，并掌握混凝土施工中产生的噪声、扬尘、废弃物排放的控制和减轻其环境污染的方法和能力。

⑦架子工应身体健壮，适合高空作业，持有架子工资格证、责任心强、有较高职业道德，并掌握脚手架搭设中产生的噪声、油渗漏遗洒的控制和减轻其环境污染的方法和能力。

⑧中小型机械操作工应身体健壮，持有中小型机械操作资格证、责任心强、有较高职业道德，并掌握中小型机械操作中产生的噪声、油遗洒、废弃物排放的控制和减轻其环境污染的方法和能力。

⑨自卸汽车驾驶员应身体健壮，持有驾驶员资格证、责任心强、有较高职业道德，并掌握运输中产生的噪声、扬尘、油遗洒、废弃物排放的控制和减轻其环境污染的方法。

⑩挖掘机驾驶员应身体健壮，持有资格证、责任心强、有较高职业道德，并掌握挖掘中产生的噪声、扬尘、油遗洒、废弃物排放的控制和减轻其环境污染的方法。

⑪推土机驾驶员应身体健壮，持有资格证、责任心强、有较高职业道德，并掌握推土碾压中产生的噪声、扬尘、油遗洒、废弃物排放的控制和减轻其环境污染的方法。

⑫装载机驾驶员应求身体健壮，持有资格证、责任心强、有较高职业道德，并掌握装运中产生的噪声、扬尘、油遗洒、废弃物排放的控制和减轻其环境污染的方法。

⑬吊车司机应身体健壮，持有驾驶员资格证、责任心强、有较高职业道德，并掌握吊装中产生的噪声、扬尘、油遗洒、废弃物排放的控制和减轻其环境污染的方法。

⑭油车司机应身体健壮，持有驾驶员资格证、责任心强、有较高职业道德，并掌握油车装、运、卸料中产生的油遗洒、防止火灾对河水污染的控制和减轻其环境污染的方法。

⑮救护车司应身体健壮，持有驾驶员资格证、责任心强、有较高职业道德，并掌握相应救护知识及救护车使用、维护过程中产生的油遗洒、噪声、有毒有害气体排放的控制和减轻其环境污染的方法。

2）对监测装置的要求。

水质化验设备1套；声级计一支。

3）专业配合。

①正常情况下，各作业队长负责该作业区范围施工、质量、工期、安全、环境的综合管理；当某个作业班组施工环境管理需其他作业班组协调配合时，涉及的作业班组应服从作业队长的综合协调、指挥和管理。

②正常情况下，项目经理或项目值班负责人负责项目所属作业区内全部施工、质量、工期、安全、环境的综合管理；当某个作业队范围内施工环境管理需项目其他作业队协调配合

时，涉及的作业队应服从项目经理或项目值班负责人的统一协调、指挥和管理。

4）施工组织。

①按照施工组织设计要求，组建土石方施工队、混凝土施工队和后勤供应处，分别承担土石方挖运、围堰填筑、基础开挖、混凝土工程的施工和工程所需的机械设备、材料物资的供应等工作。

②项目部根据现场管理需要成立施工管理部、合约部、人力资源部、财务部、项目办公室等部室，负责工程项目的管理工作。

③为满足工程检测、环境监视等要求，项目部成立国家认可的二级资质的试验室一个。

④为方便职工看病就医、工伤救治，公司职工医院派出主治医师、主管护师等医护人员，成立项目部医疗救助站。

⑤施工现场应建立三支义务抢险队（义务消防队），围堰施工区 50 人，大坝施工区 150 人，右坝肩施工区 50 人；各分队由该区主管施工队长或安全环境值班人员负责；三个分队的统一协调管理由该项目值班领导负责。

⑥抢险队员在日常工作中分散在各作业队组中正常工作，突发紧急情况时集中待令，随时准备应对各种紧急情况，消除或减小突发事故对环境的不利影响。

(2) 现场人员情况。

施工高峰期参战人员达 1200 人，其中高级工程师 10 人，中级职称 45 人。持证专职质检员 8 人（总公司发证），持证专职质检员 8 人（省厅发证），环境监测巡视人员 2 人（公司培训）以及各分项工程、机械设备所需的专业技术（作业）操作人员。

(3) 主要特殊设备和物资准备情况。

该工程除施工设备外，另投入 8t 洒水车 3 部，用于施工现场和生活区降尘，救生船 1 艘，救护车 1 辆；其他消防、救护等设施设备以及编织布和塑料布 600m^2，用于遮盖防尘。

5. 管理措施

在施工中，应遵循“预防和减少对环境的污染，节能降耗”的方针，项目部应自觉宣传、贯彻、执行作业活动中涉及的国家和地方法律法规要求和其他要求、企业的环境管理程序、项目编制的施工环境保护专项方案或作业指导书。

在作业全过程中项目部应强化对全体施工人员的环境方面教育，不断提高全员环境意识，切实做到环境措施未审批不施工、作业前未进行环境交底不施工、环境设施未规定验收合格不施工、作业人员未按规定持有效操作证不施工、发现环境隐患未消除不施工、出现事故未按“四不放过”处理不施工。

(1) 围堰施工。

围堰采用分段、分期施工的方法，第一段一、二枯水期围右岸的泄洪冲砂闸和 150m 的溢流坝，渡过一个汛期后二期恢复围堰继续施工。导流时由左岸束窄河床（束窄度为 70%）泄洪通航。第二段围堰（三期）围左岸余下的溢流坝段和副坝，由泄洪冲砂闸导流。施工方案参照第一段。

1）填筑料运输及设备要求。

①设备选择要求。

a. 施工时选用技术先进、性能优良、安全可靠、能耗低、效能高的设备，以保证自卸汽车、挖掘机、装载机等施工设备产生的噪声及废气低于国家和当地有关标准要求。

b. 严禁使用国家明令限制使用的设备和淘汰的产品；在进行工艺和设备选型时，应优先采用技术成熟、能耗低、效能高、无污染或环境参数达标的设备。

c. 所有机械设备上坝时必须对各项指标（如噪声、废气、油污泄漏等）进行检测，符合要求方可进场。

②设备的使用要求。

a. 施工中定期进行机械设备技术状况检查，及时消除隐患，发现设备有异响时应立即停机，查明原因，排除故障后方可继续进行施工，严禁设备带病作业，作业中不得渗漏油。

b. 设备操作人员在每班工作前应对其要操作的设备进行例行保养，检查机械和部件的完整情况、油水数量、仪表指示值、操纵和安全装置（转向、制动等）的工作情况、关键部位的紧固情况，以及有无漏油、水、气、电等不正常情况。必要时要添加燃、润油脂和冷却水，以确保机械正常运转，减少机械噪声和废气的污染。

c. 使用柴油机械时应设置尾气吸收罩，减少尾气排放对环境的污染。

d. 用密封车运输填筑料，装载高度低于槽帮100mm，出场前车轮应清扫，避免或减少噪声排放、扬尘、遗洒对环境的污染。

e. 挖芯墙沟槽和拆除围堰时要仔细检查挖掘设备，除作业中不得渗漏油外，还要将挖掘机斗和臂清洗干净，擦净油污；在自卸汽车的后挡板与大箱底板接缝处铺一条约50cm宽的塑料布，然后装渣，防止沿途渗漏水，污染路面。

2）过程控制要求。

①围堰施工和合龙中对资源和废弃物控制要求。

a. 围堰施工和合龙时，要及时、准确掌握天气、水文情况，随时监测天气、水文变化，避免由自然因素给施工带来不利影响，导致延误工期，浪费资源。

b. 测量仪器在使用前应进行检验、校正，保证满足精度要求，避免因测量偏差而造成桩位、标高、放线等失误返工浪费和废弃物的产生。

c. 施工全过程中应按规范要求，及时对围堰位置、取方量、填方量进行精确测量和计算，保证围堰位置准确，取方量、填方量计算科学、合理并实施准确到位，防止出现超挖、超填而导致材料浪费和废弃物的产生。

d. 围堰合龙所需竹笼委托当地村民编制，编竹笼的剩余碎料由村民自己每天带回家烧柴或作为沼气池用料，并将地面拣拾和清扫干净；编竹笼所需竹子应用多少砍多少，避免浪费，砍竹子时不得砍未成材的竹子，防止破坏生态环境。

e. 临时道路洒水降尘应尽量利用基坑排水和沉淀池回收水，节约水资源。

f. 围堰施工和合龙时，必须设专人负责对车辆的行驶、调头、倒车、卸料、推料进行指挥；车辆指挥人员应用小旗指挥，举红旗时禁止通行，举绿旗时车辆才准通行；避免空车和重车无序行驶，造成堵车，浪费时间，延误工期，降低工效。

g. 拆除围堰时画出弃渣范围和运渣行驶路线，按指定地点运输和弃渣，专人指挥卸车，不得越界行驶，以免破坏和侵占农田。

h. 自卸汽车装拆除围堰填充用料卸车后将塑料布收起来，未破损的循环使用，不能再用的统一回收处理，防止污染环境。

i. 喷涂警示桩废弃的油桶应交供应商处理，并在采购合同中明示；废油漆、油手套、油刷、废塑料布统一回收，集成一个运输单位后，用封闭运输工具运输，交有资质单位处理，保存有毒有害废弃物移交、处置记录；避免乱扔，污染土地、污染河水。

②围堰施工和合龙中防止扬尘污染的控制要求。

a. 用密封车运输围堰填筑料，装载高度低于槽帮 50mm，出场前车轮应清扫，避免或减少扬尘、遗洒对环境的污染。

b. 施工路段及围堰入口处应设立明显的车辆限速标志，车辆进入围堰后，最高时速不得大于 10km/h，避免超速行驶，产生扬尘污染。

c. 临时道路应安排专车每天洒水降尘，其要求如下。

(a) 夏季和风季在无雨天气时，正常情况下每 1h 洒水 1 次；并安排专人随时目测路面扬尘状况，发现路面洒水已干时，根据洒水时间间隔增加洒水次数，以保持路面湿润，防止扬尘。

(b) 其他季节在无雨天气时，正常情况下每 2h 洒水 1 次；并安排专人随时目测路面扬尘状况，发现路面洒水已干时，根据洒水时间间隔增加或减少洒水次数，以保持路面湿润，防止扬尘。

(c) 每次洒水时，应覆盖所有路面和全部临时道路，洒水喷头应根据喷出的水量大小调整，以保证洒水量适中，路面湿润、不流淌，防止洒水量不足产生扬尘或过剩污染土地。

(d) 洒水用水应尽量使用经沉淀池沉淀后回收的水，以减少水资源的消耗。

③围堰施工中防止对河水污染的控制要求。

a. 对填筑料的要求。

(a) 施工前与业主一起根据地质报告、填筑量、运料线路等选择取料场，在取料场对所用黏土、石渣等进行化学成分检测；若检出含有毒有害物质氡、重金属铅、汞、砷等或酸碱度超过 7～9 时以及含有垃圾时不得使用，另选取料场。

(b) 施工期间每周一次对所用黏土、石渣等进行化学成分检测；若检出含有毒有害物质氡、重金属铅、汞、砷等或酸碱度超过 7～9 时以及含有垃圾时需立即停止填筑，并将自上次检测后一周内所施工部分拆除，填筑料运回原地，按照上述要求重新选择取料场。

b. 围堰施工过程控制要求。

(a) 在围堰施工和合龙时，应设置作业警戒区，在距围堰两侧边缘各 1.5m 处应作为施工危险区域，以防止自卸汽车在围堰边缘行驶时，因围堰边缘垮塌而导致设备坠江，污染河水。

(b) 危险区域应设立牢固的警示桩，警示桩用红、白荧光漆分段喷涂，桩与桩之间用警示条带连接；警示桩喷涂红、白荧光漆时，应远离河面在专门的加工场实施；喷涂时下垫塑料布，避免喷涂时污染土地、河水。

(c) 涉及的作业区域应设置重车行驶路线、空车行驶路线，进入作业区域内所有施工车辆必须严格按规定的空车、重车行车路线行驶，避免空车和重车无序行驶造成撞车损坏车辆，浪费资源，污染土地和河水。

(d) 应设置卸料区，卸料区距围堰边缘 1.5m、围堰端头 0.5m 处；所有载料重车必须严格按现场指挥人员的指挥驶入卸料区停车后卸料，再由推土机直接推入江中或龙口；严禁自卸汽车不按现场指挥人员指挥自行卸料，防止自卸重车在卸料时因车辆对地面的压力变化而导致围堰边缘、端头坍塌，造成坠江，污染河水，浪费资源。

(e) 相邻两辆重车之间的距离不应小于 20m，待第一辆重车卸料调头并由推土机推入江中或围堰合龙处后，第二辆重车才准按现场指挥人员的统一指挥进入卸料区卸料；避免相邻两辆重车距离太近互撞，造成车辆损坏，浪费资源。

（f）在距围堰合龙处4m处设置施工车辆调头区，施工车辆卸料后在现场指挥人员的指挥下倒车、调头；进入空车路线；当第一自卸车进入空车路线已行驶出卸料区10m后，第二辆自卸车才准在现场指挥人员指挥下进入调头区，避免驾驶员自行其是，造成两车相撞事故或掉入江中污染河水，浪费资源。

（g）重车卸料时，指挥人员应站重车卸料范围以外，距围堰边缘、围堰端头不小于0.3m，便于安全指挥重车卸料处，以防止驾驶员自行其是，将料乱倒在围堰上或靠近围堰端头滑入江中，污染江水，浪费资源。

（h）纵向围堰用的竹笼直径80cm，网孔10～15cm，委托当地村民小组在岸边人工编制，编制时应在硬地上进行，其加工场地上无油污等污染物；在运输、贮存期间，其周围10m范围内不准进行油漆、加油等活动，以防止竹笼被污染；被污染的竹笼（水深小于1m时）不得直接铺放或（水深大于1m时）在船上装好卵石，直接滚放进站。

（2）大坝施工。

1）基坑排水。基坑排水包括初期排水和经常性排水。初期排水总量由围堰闭合后的基坑积水、抽水过程中围堰及基础渗水量以及可能的降水量四部分组成。围堰闭合后的基坑积水量为围堰内面积×水深（平均水深3m），约为36万m^3；围堰及基础每日渗水量按基坑积水量的20%计算，计划4d完成初期排水，约为28.8万m^3；则初期排水量约为65万m^3。

①初期排水控制要求。围堰闭气后即可开始初期排水。

a. 按照排水方案要求，将排水设备布置在下游围堰内侧的特制浮船上，并将浮船固定、连接牢固，防止失稳发生倾覆事故，污染河水、财产损失。

b. 管路应按管理方案确定的位置、管径（200）、连接方法（卡接）、加固方式（每隔2m固定一处）、排水口地点等由有经验的人员负责实施，安装完毕后经现场质检员逐一检查验收合格才准使用，防止未连接好漏水，浪费水资源。

c. 排水管应越过下游围堰，出水口超过围堰底宽1.5m，避免出水口离围堰过近冲坏围堰；出水口附近5m范围内无油污等污染物，防止水被污染；排水时，排水口不准对着人员、设备、设施、临时施工道路而直接排入江中，避免乱铺、乱排水冲坏设备、设施，浪费水资源。

d. 放入河中的排水管应采用对河水无污染的软橡胶管，安放前应将附着在胶管的油污和残留物清理干净，以防止对河水的污染；排水中发现水中有油污、杂物时，项目值班负责人应安排人员先清理干净后再排水，避免对河水的污染。

e. 初期排水共安排20台30kW离心泵抽排，第一天可先启动8～10台水泵，排水量控制在5～8万m^3，一边排水一边注意观察围堰渗漏量是否增大、是否出现裂缝等情况，避免因基坑内水位下降过快造成堰内外侧压差过大，而导致管涌围堰坍塌，浪费资源、污染河水；同时，继续在围堰迎水面抛撒黏土防渗。

f. 第一天排水不正常，应一边堵漏，继续在围堰迎水面抛撒黏土防渗，仍按第一天排水量控制排水，防止坍塌；排水处于正常后，可启动15～18台水泵，排水量控制在10～15万m^3，一边排水一边继续观察围堰渗漏量是否增大、是否出现裂缝等情况，同时继续在围堰迎水面抛撒黏土防渗，避免因排水量控制不当而导致围堰坍塌，浪费资源、污染河水。

g. 在施工期间，除努力保证基坑供电外，要自备发电设备 1 台，一旦停电马上启动自备电源，保证排水设备能正常运转。

h. 施工期间每天安排专人每隔 2h 对基坑水位监测一次，一旦发现基坑水位未能正常下降或上涨时，应向值班负责人报告，以便组织人员对围堰两侧进行严密检查，查找管涌、漏洞进水口、裂缝等渗漏处，及时堵漏，控制水位继续上涨。

i. 在正常排水的情况下，每班至少 6 人值班，每天排水前应对设备、管路、排水口、水位等情况检查 1 次，处于正常状态开始排水。

j. 根据第一天水位下降情况和围堰稳定情况，第二天可适当调整排水量；若围堰无异常状况，可适当增加水泵排水，直到基坑积水抽干；避免水泵开启数量不合适，造成局部围堰坍塌，污染河水、浪费资源。

②经常性排水控制要求。

a. 初期排水完成后，进入经常性排水水泵移至集水井处排水；排水量包括围堰和基础的渗流量、排水时降水量及施工弃水量；经常性排水需布置排水系统，离心泵和潜水泵配套布置。

b. 基坑开挖过程中将排水平沟布置在基坑中部，排水沟宽度不小于 300mm 随基坑开挖的进展，逐渐加深排水沟和支沟，避免排水沟宽度不足造成基坑被淹，浪费资源；排水沟应加预制的混凝土盖，其周围 2m 范围内不得有油污等污染物，避免水被污染。

c. 排集水井布置在建筑物轮廓线外侧 1m 处，砌筑坝体时的排水系统，布置在基坑的四周，距坡脚不小于 500mm；避免集水井设置不当，影响排水效果。

d. 在水泵安装以及排水全过程中，应保持设备、所用工具干净，无油污，对水质无污染；水泵、电机应固定牢固，设备密封无渗漏油，防止污染河水；每天开始排水前，应对抽水设施和抽水口、排水口等处检查一次，发现杂物及时清理，以免污染，影响排水效果。

e. 排水过程中应安排专人观察水位变化情况。当发现水位上升时，应及时增加排水泵抽水，并及时诸漏消除险情，避免水泵开启数量不合适，造成基坑被淹，污染河水。

f. 当发现排水设备故障，值班人员应立即更换备用排水设备，并报告值班负责人，以便及时安排维修车间进行针对性抢修或更换，确保所有排水设备都处于完好状态，避免设备损坏未及时修理或更换，影响排水效果。

g. 在排水泵房维修时，应在作业面下垫可降解的塑料布，以防止对河水的污染；修理的废弃物应分类装袋，带回指定地点存放，防止乱扔，污染河水。

2）坝体、闸墩施工废水控制。坝体、闸墩施工的模板、钢筋、混凝土、脚手架等工程按环境控制规程和施工方案执行，但本工程混凝土拌和用水采用江水。在首次使用前按照有关标准进行检验，水质符合国家现行标准《混凝土用水标准》JGJ 63 的规定。

为最大限度节约水资源，同时将对环境的污染降低到最小，项目部根据在搅拌站旁边修建简易污水处理循环利用系统：洗刷污水收集──→一级沉淀──→二级沉淀──→装置净化──→再利用──→固体废弃物处理等。

①洗刷污水收集沉淀控制要求。

a. 在现场搅拌站出料平台附近修建洗车池，长宽尺寸应各超过混凝土运输车 500mm 以上，深度不少于 150mm。洗车池应采用砖砌筑后抹两层防水砂浆，防止污水渗入土壤中。

b. 车辆上洗车池前要擦净油污，确保无渗漏油；洗车水和洗混凝土搅拌罐水通过排水沟排入一级沉淀池；排水沟规格应满足污水排放要求。

c. 排水沟深度不小于250mm，宽度不小于300mm，可用砌块砌筑，水泥砂浆抹面，确保污水可顺畅地排入沉淀池内，在排水过程中不会溢流；在排水沟表面可加盖铁篦子（直径12钢筋焊接而成或专用铁篦子），便于车辆通行，同时防止杂物进入排水沟。

d. 洗刷水经一级沉淀后流入二级沉淀池，沉淀池设置的位置与搅拌机不宜过远，过远可能导致污水不能迅速排入沉淀池，一般以5m以内为宜。一、二级沉淀池之间的水沟上加盖铁篦子和密网，防止杂物掉入。

e. 沉淀池的尺寸规格可按照下式进行估算（略）。

f. 沉淀池可采用砌块，表面抹灰；一般上口与地面齐平或稍低于地面；沉淀池内壁应抹灰刮平，防止污水渗入土壤中；表面应加盖，防止固体杂物进入沉淀池，影响沉淀池的使用。

g. 巡视人员每天巡视水处理循环利用系统，当发现池底的沉淀物达到1/3时，通知有关人员清淘，保证沉淀池的正常使用；避免未及时清掏，使沉淀池沉淀物过多，影响沉淀效果。

h. 排水沟每周应安排人员清掏一次，避免排水沟未及时清掏，使其堵塞溢流，污染土地和地下水。

i. 清淘出的废渣装入密封车，用于施工道路硬化，达到废物利用或运到指定地点存放，避免乱扔，污染土地、污染地下水。

②现场简易净化装置控制要求。

a. 本工程处于嘉陵江边，附近无城市管网和污水处理厂，为了减少施工过程污水排放量，防止污水对土地和河水的污染，提高水的综合利用效果，项目部在二级沉淀后布置一套gl—3型简易水处理装置，经过装置净化过滤的水质符合表10-2的要求即可作为混凝土拌和用水，以节约水资源。

表10-2　　水质需符合的要求

项　　目	预应力混凝土	钢筋混凝土	素混凝土
pH值	＞4	＞4	＞4
不溶物/(mg/L)	＜2000	＜2000	＜5000
可溶物/(mg/L)	＜2000	＜5000	＜10 000
氯化物/(mg/L)	＜500	＜1200	＜3500
硫酸盐（以SO^{3-}计）/(mg/L)	＜600	＜2700	＜2700
硫化物（以S^{2-}计）/(mg/L)	＜100	—	—

b. 为保证混凝土质量，避免水资源的浪费，每次混凝土拌和前，应对混凝土的拌和用水所含物质进行检测，符合上表要求才准使用；避免使用不合格的水影响混凝土、钢筋混凝土和预应力混凝土和易性与凝结，有损于混凝土的强度发展，降低混凝土的耐久性，加快钢筋腐蚀及导致预应力钢筋脆断，污染混凝土表面。

c. 在高于沉淀池5m以上的坡上，修建净水池，储存经过净化和检测合格的水，用于混凝土拌和、养护、洗车和降尘等，减少水资源的消耗；储水池用4mm钢板焊制而成20m³水箱，水箱在加工场内完成并经灌水试验合格，涂刷对水无污染的防锈漆后，再拉到指定位置上固定牢固后才准使用，避免水箱未验收或未刷防锈漆或未固定牢就使用，浪费水资源。

d. 经gl—3型简易水处理装置净化过滤后的水的控制如下。

(a) 安排专人每天对经过gl—3型简易水处理装置净化过滤后的水质进行检测，达到混凝土拌和用水标准的水抽到水箱内用于混凝土拌和用水，减少水资源消耗。

(b) 经水质检测，达不到混凝土拌和用水标准但能利用的废水，应作为混凝土养护和降沉、降温用水，节约水资源。

(c) 经水质检测，不能利用的污水用密封罐将污水拉到附近污水处理厂指定位置排放，避免污水乱排，污染河水、地下水和土地。

(3) 右坝肩施工控制要求。

1) 土石方开挖总体要求。

①施工前，编制土石方开挖施工计划和技术措施，经业主和监理批准后方能实施。

②使用挖掘机配合推土机清理表面的树木和杂草，人工配合，用自卸汽车运往业主指定的地点栽种或堆放中的环境措施：

a. 机械作业人员持有效上岗证操作，作业前由技术人员对所有作业人员进行书面环境交底，使作业人员都掌握机械作业、杂草清除、树木移栽等环境控制要求，保证环境控制措施实施到位。

b. 作业前，设备管理人员应对所有作业设备逐一检查一次，发现有故障应及时排除或修理；设备作业中应按“十字作业法”加强设备的日常维护与保养（润滑、紧固、清洁、调整、防腐），使作业设备都保持完好，防止设备带病作业，致使作业过程中设备漏油、加大噪声污染、增大能源消耗。

c. 表面的大树应人工移栽时，当树木人工挖松开始晃动、松动后，运输途中和移栽全过程都应用木杆从三个方向对树木加固，使树木保持稳定或成活后才准进入下一步作业或拆除固定架，以防止树木转移中折断或不能正常成活。

d. 表面杂草清除时，应委托当地村民人工割草，割下的草由其作为肥料或沼气池用料，严禁焚烧树木与杂草，防止引发火灾。

e. 耕植土采用液压挖掘机挖装、自卸汽车运输至业主或工程师指定的地点临时存放，待完工再将耕植土拉回恢复原貌，避免侵占的耕地不能按要求恢复使用。

f. 挖方区修整出工作面，清理的树木、杂草及草皮土堆放到业主指定地点存放或交当地农民作沼气池用料，严禁焚烧树木与杂草，污染空气、破坏植被。

g. 自卸汽车运输土方到回填区时，时速控制在15km/h，以防止超速扬尘和撞车，造成人员伤害和设备损坏。

③临时道路防止扬尘措施。临时道路应安排专车每天洒水降尘，其要求如下。

a. 夏季和风季在无雨天气时，正常情况下每1h洒水1次；并安排专人随时目测路面扬尘状况，发现路面洒水已干时，根据洒水时间间隔增加洒水次数，以保持路面湿润，防止扬尘。

b. 其他季节在无雨天气时，正常情况下每2h洒水1次；并安排专人随时目测路面扬尘状况，发现路面洒水已干时，根据洒水时间间隔增加或减少洒水次数，以保持路面湿润，防止扬尘。

c. 每次洒水时，应覆盖所有路面和全部临时道路，洒水喷头应根据喷出的水量大小调整，以保证洒水量适中，路面湿润、不流淌，防止洒水量不足产生扬尘或过剩污染土地。

d. 洒水时应尽量用经沉淀池沉淀后的水，以减少水资源的消耗和浪费。

④在现场修建临时排水系统。为防止暴雨发生时地面雨水泻入开挖面、填方面，造成山体滑坡，破坏生态环境：

a. 修筑临时排水系统在满足业主要求的前提下，以方便现场施工为准。

b. 土石方开挖的排水措施，根据现场渗透水量情况，采用明沟导流，明沟应离本次作业区域5m以外，上部自上而下修筑，排水沟的宽度和深度都应不小于800mm。

c. 在雨期施工期间，应安排专人每天对排水沟进行检查清掏1次，以防止排水沟堵塞流入作业面，山体滑坡，破坏生态环境。

⑤台阶开挖，平行交叉作业环境控制措施。

a. 土层、全风化层、强风化层的土方包括不用钻孔爆破的小孤石，采用推土机、液压挖掘机按设计坡度比直接进行台阶开挖，平行交叉作业，避免施工方法选择不当，造成扬尘、振动、噪声污染。

b. 挖方边坡应符合设计要求，当工程地质与设计资料不符，需修改边坡坡度时，应向业主有关部门提交有关资料或建议，由业主和设计部门确定；作业时应遵守已指明的高程和坡度，挖方边坡应符合设计要求，避免挖方边坡设计不合理造成超挖，浪费资源。

c. 开挖顺序是从上到下、分区分层依次进行，随时做成一定的坡势，以利于排水，不得在影响边坡稳定的范围内积水，随时注意边坡的稳定情况并采取相应措施，以防边坡局部坍塌伤人，浪费资源。

d. 液压挖掘机的工作平台必须安全稳定，不能发生倾斜或倾倒，工作平台还必须有一定的高度，与挖装面之间有一定的距离并挖成防护沟状，确保土层中所夹带的大块石能被安全放下来，防止砸伤设备或设备倾翻，增大修车频次，浪费资源。

⑥爆破通用环境控制措施。

a. 根据设计要求，为了保护边坡，实施深孔预裂（光面）爆破；中等风化、微风化及新鲜岩层采用多排微差挤压深孔爆破，防止爆破方法选择不当造成滑坡，污染环境。

b. 爆破后再用液压挖掘机选料装车，自卸汽车运输至指定的区域，并按回填要求所标识的厚度和区域进行回填或储存，防止铺填厚度每层超过300mm，造成返工，浪费资源，以减少扬尘、振动、噪声污染。

c. 石方爆破结合开挖深度，采用分台阶梯段爆破；对于低挖方区，采用多钻孔、少装药的控制爆破，控制好飞石影响；高挖方区要控制最大一段装药量，控制好爆破地震效应的影响，以确保爆破安全，减少对振动、噪声、有害气体排放对环境的污染。

d. 根据《爆破安全规程》GB 6722—2003的规定，对爆破作业人员、设备、器材进行登记管理。所有爆破作业人员、爆破器材管理人员等必须持证上岗，爆破工程师、测量工程师负责爆破药量的计算、布孔、验孔、起爆网路连接指导、地形测量等；避免爆破作业人员、爆破器材管理人员资格及能力不足造成意外爆炸，加大振动、噪声、有害气体排放对环境的污染。

e. 每台钻机为一个作业组，3～4 人，机长对钻孔作业活动全权负责，并对施工的原始数据负责和记录；组内其他人员与机长能互补，工作相协调，避免机长能力不足或责任不清，致使孔钻偏、钻深，造成返工，资源浪费。

f. 每次爆破作业时，不管炮孔有多少，爆破工作面必须保证有 2 名或以上爆破员，随着爆破工作量的增加，爆破作业人员也随之增加，具体承担加工、装药、堵塞、连接网路、起爆及爆后检查等工作，并做好相应原始数据的记录；避免炮工配备不够或能力不足，加大振动、噪声、有害气体排放对环境的污染。

g. 安检人员负责爆破物品到工地后的安全保卫以及爆破时的安全警戒任务，并做好相应原始数据的记录；在钻孔、爆破班分设专（兼）职爆破环保员，负责施工安全、环境的监督，避免监督不到位，致使环境隐患未及时消除，造成意外爆炸，加大振动、噪声、有害气体排放对环境的污染。

2）边坡预裂（光面）爆破施工控制要求。

①为了保证开挖坡面的完整性，减少爆破裂隙，满足设计边坡要求，在主体爆破施工前，采用深孔预裂爆破工艺，在保留岩体与待开挖岩体之间爆出一条裂缝，预裂爆破分层进行，每次均在该层岩石爆破前进行，测量人员准确放出钻孔边线和预留平台位置，采用 CM351 型高压潜孔钻凿岩造孔，炮孔直径为 100mm。

②确定深孔预裂爆破参数。深孔预裂爆破参数见下表，避免钻孔直径、深度、炮孔间距、装药量等深孔预裂爆破参数选择不当，加剧扬尘、振动、噪声污染。

③深孔预裂爆破施工工艺流程。深孔预裂爆破施工工艺流程见下图（略），避免工艺流程不清或不按流程作业，加大扬尘、振动、噪声污染。

④场地平整。确保爆破施工场地的平整度和钻机施工的安全场地面积，每座钻孔平台面积不小于 2m×2m，避免计算不准或控制不到位造成面积过大，浪费资源。

⑤测量放样。首先进行测量布点，孔位应符合设计要求并做好布孔记录，避免布点不合理，加大扬尘、振动、噪声污染。

⑥钻孔。

a. 采用 CM351 型高风压潜孔钻钻孔，钻机开孔后，用坡度尺进行校核，确保钻孔和边坡坡度面一致，并且保持炮孔相互平行。

b. 钻孔过程中，应进行过程跟踪坡度检查，若有偏差应及时纠正并做好钻孔记录，避免跟踪检查不到位造成钻孔偏差，返工浪费资源。

⑦“药串”加工。

a. 严格按爆破设计图的线装药密度 Δ 线进行“药串”加工，加工过程中，用塑料绑扎带将药卷与导爆索、竹片绑扎牢固，防止药卷脱落并做好“药串”加工记录。

b. 药串加工时，周围 30m 范围内无其他易燃易爆物品，且远离居住区和办公区，周围 50m 范围内无其他人员；加工区设立警示标志，并用砖墙围挡。

c. 约串加工时安排专人值班，非施工作业人员不准进入；作业人员不准携带烟火进入作业区，严禁任何动火作业，确保药串加工安全，避免发生意外爆炸污染环境事故。

d. 严禁穿钉鞋和化纤衣服进入炸药加工场地，加工好的“药串”应编号，依次放置，要做好防雨、防潮、防丢失等措施。

⑧装药。

a. 装药前，专职质检员对炮孔的位置、坡度进行验收检查，验收合格后方可装药。

b. 装药时，竹片应紧靠在被保留的岩石一侧并做好装药记录；专职质检员对每个炮孔的装药量逐一进行验收检查，验收合格后方可堵塞，避免检查或控制不到位造成返工，浪费资源。

⑨堵塞。

a. 堵塞长度必须满足设计要求。先用草团堵塞至下部位置，然后再用钻孔石渣回填，并做好堵塞记录。

b. 专职质检员对每个炮孔的堵塞长度逐一进行验收检查，验收合格后方可网路连接，避免检查或控制不到位造成爆破失控，加大扬尘、振动、噪声污染。

⑩起爆网路。

a. 网路连接时，导爆索搭接长度不小于15cm，连接拐弯处的夹角应大于90°；技术人员在书面交底明确其控制参数，以防止操作人员随意性，不能保证其搭接长度、拐弯处的夹角满足规范要求，造成导爆索折断，引起拒爆返工。

b. 若用非电毫秒延期雷管来进行分段时，一定要按照非电毫秒延期雷管的连接方式进行并做好网路连接记录，技术人员在书面交底明确网路连接方法，以防止操作人员随意性造成网路连接错误，导致爆破失控，加大对环境的污染。

c. 专职质检员对每次放炮的网路连接、导爆索搭接长度、连接拐弯处的夹角等控制参数逐一进行验收检查，验收合格后方可进入引爆准备，避免返工，浪费资源，发生意外爆炸，污染环境事故。

⑪安全警戒。爆破物品运到工作面时就应设置警戒，警戒人员应封锁爆区，检查进出施工现场人员的标志和随身携带的物品，防止将其他易燃易爆物品私自带入，发生意外爆炸污染事故。

⑫爆破环境检查。起爆时，爆破员应全神贯注爆破情况，确认该批炮孔全部按规定时间引爆后，在全部起爆完后10～15min或烟尘散开后，环境管理人员随爆破员进入爆破场地进行有害气体检查或监测，监测结果符合控制标准且安全隐患消涂后，才能解除警戒，以防止作业人员进入过早，发生中毒。

3）多排微差挤压深孔爆破施工。深孔爆破施工在地表清理，风化岩剥离完成后进行。该爆破是按照国家级工法《多排微差挤压深孔爆破工法》（YJGF 14—1992）进行，采用多段别的塑料导爆管非电毫秒延期雷管起爆系统，组成的孔内、外延期相结合或孔外延期的爆破网路，实施多排微差挤压深孔爆破，主要应用于山体爆破开挖的主体爆破施工。

①多排微差挤压深孔爆破施工工艺流程（略）。

②多排微差挤压深孔爆破参数见下表10-3，要避免孔间距、排间距、孔深、堵塞长度、装药量等多排微差挤压深孔爆破参数选择不当，加剧山体滑坡、扬尘、振动、噪声污染。

表10-3　多排微差挤压爆破参数表

序号	项　目	单位	参　数	备　注
1	抵抗线(W)	m	$W=(25\sim40)D$	D为炮孔直径
2	孔间距(a)	m	$a=(1.0\sim1.25)W$	

续表

序号	项　目	单位	参　　数	备　　注
3	排间距(b)	m	$b=W$	
4	超深(h)	m	$h=(0.15\sim0.30)W$	
5	孔深(L)	m	$L=H+h$	H为开挖高度
6	堵塞长度(L_2)	m	$L_2=(0.8\sim1.2)W$	
7	装药长度(L_1)	m	$L_1=L-L_2$	
8	单耗药量(q)	kg/m^3	$q=0.45\sim0.55$	
9	单孔方量(V)	m^3	$V=a\times b\times H$	
10	单孔药量(Q)	kg	$Q=q\times V$	

③平整工作面。

a. 平整工作面一般视上层土石方挖装情况，在土石方挖装过程中尽量做到场地平整，局部可适当保留强风化岩，遇到个别孤石采用手风钻凿眼，进行浅孔爆破，推土机整平。台阶宽度以满足钻机安全作业、移动自如，并能按设计方向钻凿炮孔。

b. 钻孔放爆前应先洒水，装车时料斗应轻放，防止爆破时扬尘；装车高度低于槽帮50mm，用封密车运输，出场时车轮清扫干净，以防止遗洒。

④孔位放线。

a. 进行测量放出孔位，从台阶边缘开始布孔，为确保钻机安全作业，边孔与台阶边缘要保留一定距离，炮孔要避免布置在松动、节理发育或岩性变化大的岩面上。

b. 如遇到上述情况时，可以调整孔位；调整孔位时要注意抵抗线、排距和孔距之间的相互关系并做好孔位记录，以防止炮孔布置不合理，造成抵抗线、排距和孔距之间的相互关系不协调，加大扬尘、振动、噪声污染。

⑤钻孔。

a. 采用CM351或PCR100、CTQ-D100型高风压潜孔钻进行凿岩造孔，根据现场情况，孔径选用140mm，115mm或80mm；钻孔要严格按照爆破设计要求，掌握“孔深、方向和倾斜角度”三大要素。

b. 视施工面情况从台阶边缘开始，先钻边、角孔，后钻中部孔，并在钻杆标志钻孔深度，以便准确控制其深度，保证炮孔深度符合设计要求，防止钻孔先后顺序颠倒，炮孔深度超深造成爆破失控，加剧山体滑坡、扬尘、振动、噪声污染或返工浪费资源。

c. 钻机移位时，要保护成孔和孔位标记；钻孔结束后应及时将岩粉吹除干净，并用装有岩粉的编织袋将孔口封盖好，防止杂物掉入，影响爆破的控制效果，加大对环境的污染或返工，浪费资源。

⑥孔位检查。装药前，应对各个孔的深度逐一用测绳系上重锤，测量其深度，用长炮棍插入孔内逐一检查孔壁是否堵塞；检查合格后才准装药，避免孔深偏差或孔壁堵塞未及时处理就装药，造成爆破失控，加剧对环境的污染。

⑦装药结构、布孔及起爆模式。

a. 装药为手工操作，装药结构采用连续柱状或间隔柱状装药结构；装药时每个药卷一定要装到设计位置，严防药包在孔中卡住，造成返工或不能达到预期的控制效果，浪费资源。

b. 当炮孔中有水时，应将孔内积水用高压风吹干净；由技术人员书面通知选用乳化防水炸药并做好装药记录，防止炸药选用错误，导致不能正常引爆，造成隐患或浪费资源。

c. 装药结构：微差挤压深孔爆破采用柱状式装药，而预裂爆破则采用药串式的不耦合装药；为正确选择装药结构，由技术人员在每个炮孔上标注其装药结构，并由质检员监督实施，以防止装药结构选择错误，造成爆破失控，加剧山体滑坡，扬尘、振动、噪声污染并浪费资源。

d. 布孔和起爆模式：微差挤压深孔爆破选用垂直矩形布孔，对角线式或V形起爆，布孔和起爆模式就要根据爆破工作面的实际情况，由技术人员在现场确定；预裂爆破则为线形倾斜布孔，成排起爆，倾角与最终边坡设计坡度一致。

e. 为正确选择布孔和起爆模式，由技术人员在每个炮孔上标注其布孔和起爆模式，并由质检员监督实施，以防止布孔和起爆模式选择错误，造成爆破失控，加剧山体滑坡，扬尘、振动、噪声污染并浪费资源。

⑧起爆网路。

a. 由设计原则可知，本工程深孔爆破采用的起爆网路是塑料导爆管非电毫秒雷管起爆系统，孔外延期或孔内、外延期相结合的接力式起爆网路。

b. 其孔内起爆和孔外传爆雷管全部采用低段别毫秒延期非电雷管，根据最大一段安全药量的控制要求，将N个炮孔内毫秒延期非电雷管的导爆管集束式绑扎于孔外传爆毫秒延期非电雷管上，孔外传爆毫秒延期非电雷管之间头尾相接，使各组之间保持一个等间隔的微差起爆，用导爆雷管击发予以起爆；使用较少低段别的雷管，即可实现无数段的起爆，同时各段之间的间隔时间相等，误差量小，且绝无窜段、跳段爆破的可能，不会因雷电、杂电的作用而引起早爆，从而减少意外爆破污染环境的风险。

c. 当前普通毫秒延期雷管延时精度不够的条件下，不准冒险地采用振动波叠加的办法，来企图达到波峰与波谷叠加而降振的爆破网络；在振动要求严格的地区爆破，孔内应采用跳段毫秒延期非电雷管，孔外应采用低段别的毫秒延期非电雷管的爆破网络，使各段爆破振动波存在间隙时间，以便准确控制爆破振动，又能改善爆破效果。

⑨堵塞。

a. 多排微差挤压深孔爆破必须保证堵塞质量，以免造成爆炸气体往上逸出而影响爆破效果和产生飞石、扬尘。

b. 堵塞材料首先选用钻孔时吹出的石屑粉末，其次再选用细砂土或黏土。在堵塞过程中，一定要注意保护孔内的塑料导爆管并做好堵塞记录。

c. 专职质检员对每个炮孔的堵塞情况逐一进行验收检查，验收合格后方可网路连接，避免检查或控制不到位造成爆破失控，加大扬尘、振动、噪声污染。

⑩网路连接。

a. 按爆破网路设计要求，将塑料导爆管、传爆元件（四通连接雷管）和非电毫秒延期雷管捆扎连接，连接时要求每个接头必须连接牢固，传爆雷管外侧一般排列10～15根塑料导爆管为佳，并且必须排列整齐。导爆管末梢的余留长度应不小于10cm。

b. 敷设导爆管网路时，不得将导爆管拉细、拉长、对折或打结，导爆管在孔内不得有接头，传爆雷管聚能穴严禁对准被引爆的塑料导爆管并做好网路连接记录。

c. 网路连接实施中，质检员或兼职质检员应对全过程实施跟踪检查，以保证网络连接符合安全规定，防止接头连接不牢、导爆管末梢的余留长度不足、将导爆管拉细、拉长、对折或打结等错误，造成爆破失控，加剧扬尘、振动、噪声污染。

⑪安全警戒。爆破物品运到工作面时就应设置警戒，警戒人员封锁爆区，检查进出施工现场人员的标志和随身携带的物品。防止将其他易燃易爆物品私自带入，发生意外爆炸污染事故。

⑫爆破环境检查。起爆时，爆破员应全神贯注爆破情况，确认该批炮孔全部按规定时间引爆后，在全部起爆完后5～10min或烟尘散开后，环境管理人员随爆破员进入爆破场地进行有害气体检查或监测，监测结果符合控制标准且安全隐患消除后，才能解除警戒，以防止作业人员进入过早，发生中毒。

⑬爆破震动安全距离控制。

爆破震动衰减规律，可根据相似理论得爆破震动速度V的衰减规律为：

$$V = K \times \left(\frac{Q^{\frac{1}{m}}}{R}\right)^{\alpha} \quad (1)$$

式中 Q——爆破用药量，微差爆破时，主振相互分离条件下，为最大一段起爆药量，kg；

R——爆心距，m；

K、α——与介质、地形、约束条件等有关的系数。

另外，上式还可以写成如下形式，其中，$P=Q^{1/3}/R$称之为比例药包。

$$V = K \times P^{\alpha}$$

式中，m是一个整数，对于集中药包爆炸形成的球面波，$m=3$；而对条形药包爆炸形成的柱面波，$m=2$。深孔爆破的装药均为条形药包，其近区的m值应取2。但爆炸动力学的研究和大量的工程实测结果可知，对条形药包的远区，即当质点到药包的距离R远远大于装药长度L时，爆炸应力波波阵面的形式趋于球形，此时药包的几何尺寸可被忽略，近似看成为点状药包。实测结果显示，$R>(5\sim7)L$时，波阵面的形式即开始出现明显变化；$R>(20\sim30)L$时，波阵面趋于球形。本工程中，四周构筑物到爆破区域的距离均比较远，而装药长度均小于6m，所以，上式中的m值对本工程而言取为3，即有：

$$V = K \times \left(\frac{Q^{\frac{1}{3}}}{R}\right)^{\alpha} \quad (2)$$

最大一段安全起爆药量的控制。

⑭按照国家《爆破安全规程》和大量的实践施工经验表明，最大一段安全起爆药量，对四周建（构）筑物的临界震动速度一般以不超过5cm/s为宜，对于附近桥梁新浇混凝土等，另有严格的控制标准。对现场新浇大体积混凝土，安全允许振速：龄期终凝～3d，质点振动峰值速度2.0～3.0cm/s；龄期3～7天，质点振动峰值速度3.0～7.0cm/s；龄期7～28d，质点振动峰值速度7.0～12.0cm/s。为此，按上述公式（2），根据地质资料，该处岩石为中硬一硬岩，根据安全爆破规程，选取$K=150$、$\alpha=1.50$计算控制最大一段安全起爆药量Q。结果见表10-4：

表10-4　　最大一段安全起爆药量控制表　　单位：kg

距离R（m）	20	50	100	200	300	500
v=2.5cm/s	2.2	34.7	278	2222	7500	34 722
v=5cm/s	8.9	138.9	1111	8889	30 000	—

上表中的最大一段安全起爆炸药量，仅在施工初期作为控制指标，随着施工的全面展开，应对其进行调整。

爆破震动安全距离R，应根据实际环境情况进行控制，以免控制距离太近，影响爆破规模和施工进度及爆破成本。爆破震动安全距离，用最大一段安全起爆药量控制。

减震措施：使爆岩获得最大松动，一般而言，采用斜线起爆，使排间延迟时间大于邻孔延迟时间可以获得最大松动；通过试验选取适当的单位耗药量；减少布孔和钻孔偏差；布孔时使孔距大于排距，控制合理超深，一般是0.3倍的底盘抵抗线，钻孔过深时回填；减少单响药量；避免孔间殉爆；采用开挖减振沟。

⑮空气冲击波的安全距离。本工程为深孔松动控制爆破或深孔预裂爆破，无裸露药包爆破，建（构）筑物远在数十米之外，对建（构）筑物不会造成损坏，在此不予计算。

控制空气冲击波的措施：合理确定爆破设计参数、选择微差起爆方式、保证合理的填塞长度和填塞质量；避免裸露爆破，导爆索要掩埋20cm以上，一次爆破孔间延迟不要太长，以免前排带炮使后排变成裸露爆破；保证堵塞质量，特别是第一排炮孔，对水孔要防止上部药包在泥浆中浮起；在特殊地质条件下，例如断层、张开裂隙处要间隔堵塞，溶洞及大裂隙处要避免过量装药。

6. 监视和测量

（1）实施前监视和测量。

1）围堰施工前监视和测量。

①每次作业前，责任工长应对围堰施工防止对河水污染的环境控制措施的可操作性、有效性检查1次；对取土点、废弃物贮存地点状况察看1次；对作业人员环境教育情况检查考核1次；对搅拌站封闭状况、洗车用的两级沉淀池的规格尺寸（长、宽、高）冲洗管路和装置的完好状况检查1次。

②设备管理员应对挖掘机、装载机、自卸车、发电机、搅拌机、洒水设备等作业设备的完好状态、尾气排放达标情况、能耗状况等内容检查1次。

③材料人员应对作业所需油料准备情况、竹笼收集、卵石采集情况、合龙材料准备情况等内容检查1次；对围堰土质对环境的要求检测1次。检查中发现的不足，责任人员应在施工前举一反三纠正或制定、实施、验证纠正措施，保证各项环境管理准备工作到位。

2）大坝施工前监视和测量。每次作业前，责任工长应对基坑排水、废水处理方法等环境管理措施的可操作性、有效性检查1次对排水设备数量完好状态，管路位置、连接状况，对水有无污染，排水口位置检查1次，对简易水处理设备完好状态、处理效果，对洗车用沉淀池尺寸、数量等情况检查1次；检查中发现的不足，责任人员应在开工前举一反三纠正或制定、实施、验证纠正措施，保证各项环境管理准备工作到位。

3）右坝肩施工监视和测量。

①每次作业前，责任工长应对爆破、防滑坡、泥石流等施工环境控制措施的可操作性、有效性检查1次；对弃点、废弃物贮存地点状况察看1次；对作业人员环境教育情况检查考核1次；对安全警戒距离、钻孔深度、装药量、引爆装置等情况检查1次。

②设备管理员应对钻机、挖掘机、装载机、自卸车、发电机、洒水设备等作业设备的完好状态、尾气排放达标情况、能耗状况等内容检查1次。

③材料人员应对作业所需油料，爆破、防滑坡、泥石流材料准备情况等内容检查1次。

④检查中发现的不足，责任人员应在开工前举一反三纠正或制定、实施验证、纠正措施，保证各项环境管理准备工作到位。

（2）实施中监视和测量。

1）围堰施工中监视和测量。

①围堰施工作业中，责任工长应进行的监视和测量。

a. 每天设备工作时，应对设备振动、噪声排放值（不超过75dB）监听1次，每半个月检测1次；

b. 每次土方装卸时，应对扬尘控制高度（一级风扬尘高度不超过0.3～0.4m、二级风扬尘高度不超过0.5～0.6m、三级风扬尘高度不超过1m、四级风停止作业）观察1次，每半个月目测1次；

c. 每天作业结束前，应对取土点、倒渣点情况（不破坏植被、不侵占农田）观察1次，每半个月检查1次；

d. 每月对洗车用水二次利用情况（50%）检查统计1次，对沉淀池清掏情况每半个月检查1次，对废水用封闭车回收送当地污水处厂数量和状况（装、运、卸全程不遗洒）检查统计1次。

②围堰施工作业中，其他责任人员应进行的监视和测量。

a. 每次加油时，设备管理员应对挖掘机、装载机、自卸车、发电机等作业设备油遗洒情况观察1次，每半个月检查1次。

b. 每年设备管理员应委托环保部门对汽车尾气排放达标情况检测1次，对每台能耗状况每个月检查统计1次。

c. 每半个月，材料人员应对喷浆、编竹笼、设备维修等作业中形成的废弃物分类处置（60%）情况每半个月检查统计1次。

③对检查中发现不足的处置。

a. 检查中发现的不足，责任人员应在10d内举一反三纠正或制定、实施、验证纠正措施，保证各项环境管理措施执行到位。

b. 对噪声超标应选择噪声低的设备或增设隔声墙或改变隔声材料或调整作业时间或加强设备维修等措施。

c. 扬尘超标应对控制装卸速度或对施工道路混凝土硬化或裸露地面覆盖塑料布或增加洒水频次等措施。

d. 对遗洒污染应采取降低装车高度或控制行车速度或作业时下填塑料布或加强设备维修等措施。

2）大坝施工中的监视和测量。

①大坝施工作业中，责任工长应进行的监视和测量。

a. 排水作业中，每1h对排水管道运行状况（不遗流）、排水口排放情况（不污染、不乱排、不冲坏设施）、水位变化情况观察1次，每周检查记录1次；每半天对排水量变化情况检查1次。

b. 每次装卸土和混凝土拌制时，应对扬尘控制高度（一级风扬尘高度0.3～0.4m、二级风扬尘高度不超过0.5～0.6m、三级风扬尘高度不超过1m、四级风停止作业）观察1次，每半个月目测1次。

c. 每天作业结束前，应对倒渣点情况（不破坏植被、不侵占农田）观察1次，每半个月检查1次。

d. 每天作业结束前，应对简易水处理设备工作状况、运输设备冲洗用水经两级沉淀池沉淀效果（不溢流、不堵塞）、废水pH值观察1次，每半个月检查1次。

e. 每月对洗车用水二次利用情况（50%）检查统计1次，对沉淀池清掏情况每半个月检查1次，对废水用封闭车回收送当地污水处厂数量和状况（装、运、卸全程不遗洒）检查统计1次。

②大坝施工作业中，其他责任人员应进行的监视和测量。每次加油时，设备管理员应对挖掘机、装载机、自卸车、发电机等作业设备油遗洒情况观察1次，每半个月检查1次；每年设备管理员应委托环保部门对汽车尾气排放达标情况检测1次，对每台能耗状况每个月检查统计1次。

③对检查中发现不足的处置。

a. 检查中发现的不足，责任人员应在10d内举一反三纠正或制订、实施、验证纠正措施，保证各项环境管理措施执行到位。

b. 扬尘超标应对控制装卸速度或对场区道路混凝土硬化或裸露地面覆盖塑料布或增加洒水频次等措施。

c. 对遗洒污染应采取降低装车高度或控制行车速度或作业时下填塑料布或加强设备维修等措施或涂刷时沾量不能过多。

d. 对废水不达标，应改善水处理方法，增加对沉淀池清掏频次等措施。

3）右坝肩施工中监视和测量。

①右坝肩施工作业中，责任工长应进行的监视和测量。

a. 每次放炮时，应对放炮产生的振动、噪声排放值（不超过75dB）监听1次，每周检测1次；应对对扬尘控制高度（一级风扬尘高度不超过1.5m、二级风扬尘高度不超过2m、三级风停止作业）观察1次，每周目测1次。

b. 每天设备工作时，应对设备产生的振动、噪声排放值（不超过75dB）监听1次，每半个月检测1次；每次装卸渣料时，应对扬尘控制高度（一级风扬尘高度不超过0.3～0.4m、二级风扬尘高度不超过0.5～0.6m、三级风扬尘高度不超过1m、四级风停止作业）观察1次，每周目测1次。

c. 每天作业结束前，应对倒渣点情况（不破坏植被、不侵占农田）观察1次，每半个月检查1次。

d. 每天作业结束前，应对拌制设备、运输设备冲洗用水经两级沉淀池沉淀效果（不溢流、不堵塞）观察1次，每半个月检查1次。

e. 每次施工过程中，应对施工产生的废弃处置情况（不污染）观察1次，每次作业结束后记录1次。

②右坝肩施工作业中，其他责任人员应进行的监视和测量。

a. 每次加油时，设备管理员应对挖掘机、装载机、自卸车、发电机等作业设备油遗洒情况观察1次，每半个月检查1次；每年设备管理员应委托环保部门对汽车尾气排放达标情况检测1次，对每台能耗状况每个月检查统计1次。

b. 每半个月，材料人员应对爆破、设备维修等作业中产生的废弃物分类处置（60%）

情况检查统计 1 次；对滑坡、大风、暴雨产生的废弃物分类处置（60%）情况应在处置完后检查统计 1 次。

③对检查中发现不足的处置。

a. 检查中发现的不足，责任人员应在 10 日内举一反三纠正或制定、实施、验证纠正措施，保证各项环境管理措施执行到位。

b. 对噪声超标应改变爆破方法或调整装药量或选择噪声低的设备或增设隔声墙或改变隔声材料或调整作业时间或加强设备维修等措施。

c. 扬尘超标应改变爆破方法或对控制装卸速度或对裸露灰渣覆盖塑料布或增加洒水频次等措施。

d. 对遗洒污染应采取降低装车高度或控制行车速度或作业时下填塑料布或加强设备维修等措施。

（3）实施后监视和测量。

1）围堰施工结束后的监视和测量。

①围堰施工结束后，责任工长应对围堰作业、加高、防渗作业中总体环境管理绩效检查统计 1 次；对噪声排放控制总体效果（75dB）检查评价 1 次；对扬尘控制总体效果（1 级风扬尘高度不超过 0.3～0.4m，2 级风扬尘高度不超过 0.5～0.6m，3 级风扬尘高度不超过 1m，四级风停止作业）检查评价 1 次；对洗车用水二次利用情况（50%）、对施工废水回收送当地污水处厂总体状况检查评价 1 次。

②设备管理员应对参加取土、合龙、加高、防渗、发电等作业设备中环境管理绩效（平均能耗量、控制油遗洒）、设备环境事故统计 1 次。

③现场材料负责人应对取土、合龙、加高、防渗、发电作业所产生的废弃物分类回收处理情况的环境管理绩效检查统计 1 次。

④检查中发现与环境目标指标的差距或环境管理中薄弱环节，由检查评价人负责以后的管理工作中完善和改进，以便在其他分项工程借鉴，以提高整个项目的环境管理绩效。

2）大坝施工结束后的监视和测量。

①大坝施工结束后，责任工长应对简易污水处理系统、基坑排水效果，预防和减少对河水污染的环境管理绩效检查统计 1 次；对设备噪声排放控制总体效果（75dB）检查评价 1 次；对混凝土拌制、装土、弃土中扬尘控制总体效果（一级风扬尘高度不超过 0.3～0.4m，二级风扬尘高度不超过 0.5～0.6m，三级风扬尘高度不超过 1m，四级风停止作业）检查评价 1 次；对洗车用水二次利用情况（50%）、对施工废水回收送当地污水处厂总体状况检查评价 1 次。

②设备管理员应对参加排水、管涌裂缝处理、发电等作业设备中的环境管理绩效（平均能耗、控制油遗洒）、设备环境事故检查统计 1 次。

③检查中发现与环境目标指标的差距或环境管理中薄弱环节，由检查评价人负责以后的管理工作中完善和改进，以便在其他分项工程借鉴，以提高整个项目的环境管理绩效。

3）右坝肩施工结束后的监视和测量。

①右坝肩施工结束后，责任工长应对植被剥离、爆破施工、防滑坡施工中环境管理绩效检查统计 1 次；对噪声排放控制总体效果（75dB）检查评价 1 次；放炮扬尘控制总体效果（1 级风扬尘高度不超过 1.5m，2 级风扬尘高度不超过 2m，3 级风停止作业），装渣卸渣扬

尘控制总体效果（1 级风扬尘高度不超过 0.3～0.4m，2 级风扬尘高度不超过 0.5～0.6m，3 级风扬尘高度不超过 1m，四级风停止作业）检查评价 1 次。

②设备管理员应每天对参加植被剥离、爆破施工、防滑坡施工、发电等作业设备中的环境管理绩效（平均能耗、控制油遗洒）、设备环境事故检查统计 1 次。

③检查中发现与环境目标指标的差距或环境管理中薄弱环节，由检查评价人负责以后的管理工作中完善和改进，以便在其他分项工程借鉴，以提高整个项目的环境管理绩效。

参　考　文　献

[1] 李君．工程建设企业环境管理体系内部审核员培训教程．北京：中国标准出版社，2005.

[2] 李君，李果．工程建设企业职业健康安全及环境管理体系审核指导．北京：中国建筑工业出版社，2005.

[3] 中国认证人员国家注册委员会编著．环境管理体系国家注册审核员基本知识通用教程．北京：中国计量出版社，2000.

[4] 李君．工程建设企业环境管理手册．北京：中国标准出版社，2007.

[5] 李春田．环境管理体系的建立与内部审核．北京：中国标准出版社，2001.